LE

MASSIF DU MONT BLANC

INTRODUCTION

L'homme qui dépasse une altitude de 2,000 mètres au-dessus du niveau de la mer croit parcourir des solitudes où le silence, l'immobilité et la mort règnent perpétuellement. Il n'en est rien cependant; sur ces plateaux couverts de neiges, autour de ces sommets dépourvus de toute végétation, où la présence d'un être animé est un accident, la nature travaille sans relâche et aussi activement qu'au sein des océans.

Là, il est vrai, elle ne fait plus une part à la vie organique, et l'homme se sent isolé, au milieu d'un monde qui n'est pas fait pour lui.

Dans ces vastes laboratoires supérieurs l'homme est un intrus. Tout ce qui l'entoure semble lui dire : « Que viens-tu faire ici? Retourne à tes champs, à tes rivières, à tes vallées, tu es fait pour y vivre; sinon, ne t'en prends qu'à toi s'il t'arrive malheur. Dans ces hautes régions nous obéissons à des lois trop impérieuses pour toi, chétif! Va élever des digues le long des fleuves, des barrages pour retenir les eaux des ruisseaux; jette des promontoires de pierre sur tes côtes; perce la base des montagnes pour passer aisément d'une vallée dans une autre. Va, tout cela t'est permis. Ici, tu n'es rien, tu ne peux rien, laisse-nous ! » Et cependant cet homme inquiet, chercheur, prétend toujours monter plus haut, voir de plus près les redoutables phénomènes qui s'accomplissent sur ces sommets. Son intelligence lui dit qu'il se fait, au sein de ces laboratoires, des travaux gigantesques dont, après bien des recherches, il saisit à peine les premiers éléments.

Les sages, ou ceux qui passent pour tels, répètent en vain qu'il est insensé de surmonter tant de fatigues, de risquer sa vie pour visiter ces solitudes; un attrait mystérieux nous y porte, et toujours il se trouve des hommes qui entreprennent ce pèlerinage vers l'inconnu. Beaucoup, malgré les fatigues, les dangers, les privations, le recommencent sans cesse. Cela est une passion comme le jeu.

On rencontre dans les Alpes des habitués *ascensionnistes*, comme on voit à Baden ou à Monaco des familiers du tapis vert. Est-ce l'amour de la science qui les pousse? Non. Ils montent pour monter.

Dans la vallée, on les rencontre, préoccupés; ils se jettent sur les livres qui décrivent les altitudes, s'enquièrent des meilleurs guides, consultent les oscillations barométriques, endossent l'habit des montagnards, se lèvent au milieu de la nuit pour partir..... Arrivés sur quelque sommet, s'y arrêtent-ils? Semblent-ils impressionnés par le spectacle qui se déroule à leurs pieds? Non; ils redescendent au plus vite pour remonter le lendemain sur un autre pic.

J'ai maintes fois eu l'occasion d'observer ces malades du mal de l'ascension, et j'avoue qu'ils m'inspirent une sincère sympathie.

Ce sont des gens à la recherche d'un inconnu.

L'Angleterre fournit le plus fort contingent de cette

classe de passionnés. Parfois l'un d'entre eux reste au fond d'une crevasse ou tombe de quelques centaines de mètres, comme ces joueurs qui finissent par le suicide. On ne plaint guère plus les uns que les autres.

En France, ces amants platoniques des altitudes sont rares, et c'est tant pis. A part quelques savants français qui ont apporté leur contingent d'observations aux sciences géologique, géodésique et météorologique, et qui, par de très-remarquables travaux, ont acquis dans le monde une juste renommée, on ne compte chez nous qu'un petit nombre de ces amateurs montagnards, que l'Angleterre, la Suisse, l'Amérique et l'Allemagne possèdent par milliers.

N'ayant jamais cessé de me tenir au courant des découvertes faites par les observateurs des phénomènes de la nature, j'ai toujours profité avec empressement des occasions qui m'étaient offertes de parcourir les contrées où ces phénomènes se manifestent avec le plus de grandeur.

Prenant note de toutes les observations que la vue des montagnes me suggérait, sans savoir si jamais ces observations me conduiraient à des conclusions scientifiques, sans idée préconçue, sans esprit de système, il s'est trouvé que ces matériaux formaient, après bien des années, un ensemble de documents du rapprochement desquels il était possible de tirer des conséquences qui m'ont paru de nature à intéresser la science.

Depuis que le massif du Mont Blanc a été en partie annexé à la France, je m'étais donné la tâche de dresser la carte complète de ce massif à une échelle assez grande pour me permettre d'y marquer aussi fidèlement que possible la forme et la disposition des roches cristallines et des terrains qui le composent.

M'appuyant sur les travaux antérieurs qui m'ont été communiqués avec une extrême obligeance par le ministère de la guerre, sur la carte partielle de M. le capitaine Mieulay, sur les reliefs de M. Bardin, les relevés de M. Forbes et l'excellent ouvrage de M. Alphonse Favre, j'ai pendant huit étés parcouru toutes les parties de ce massif, m'attachant à compléter ce que les documents déjà recueillis ne donnaient pas et surtout à exprimer fidèlement le caractère des roches et des terrains, les lits successifs des glaciers, la disposition des moraines, leur nombre, la forme des cônes de déjection et enfin l'aspect réel de ce grand soulèvement.

J'avais été à même de constater que l'exactitude du rendu topographique des terrains éclaire singulièrement les phénomènes géologiques, qu'il est parfois bien difficile d'expliquer sur place.

Nous sommes si petits, les observatoires favorables sont si rares, ont si peu de relief relativement aux sommets voisins, ceux-ci sont si difficiles d'accès souvent, que les ensembles sont à peine appréciables et que le moindre détail prend des proportions tellement grandes à nos yeux qu'il nous empêche de nous attacher aux grandes lignes.

Une bonne carte figurative me paraissait absolument nécessaire pour servir de point de départ à toutes les observations de détail. C'était donc par là qu'il fallait commencer.

Je dois rendre compte des moyens employés pour la dresser. Indépendamment des mappes que j'ai pu rassembler, ainsi qu'il vient d'être dit, j'ai fait une vérification des positions relatives des sommets, par des relevés dessinés de points nombreux choisis sur les crêtes qui entourent le massif du Mont Blanc, tels que : la Croix de Fer au-dessus du col de Balme, le sommet des Posettes, les Aiguilles-Rouges, le Brévent, le Prarion, le mont Joly, la crête du Poulet, les sommets voisins du Bonhomme, la cime des Fours, le col de la Seigne, le Gramont, la montagne de la Saxe, le col Ferret, le Catogne, le Buet, sans compter beaucoup de points intermédiaires. Puis, attaquant le massif même, j'ai marqué un nombre considérable de stations sur ses rampes, d'où j'ai fait des visées obliques. Il suffira de citer les principales : le col de Balme, les rampes du glacier du Tour, celles du glacier de l'Argentière, les névés de l'Aiguille-Verte, les Rachasses, le Montenvert, et, quelques points au-dessus, le Plan de l'Aiguille, le glacier des Pèlerins, les rampes de l'Aiguille du Midi, les Grands Mulets, le Pavillon de Bellevue, le Bionassay, les rampes au-dessus de Champel, le glacier de Tré-la-Tête, le plan Jovet, les rampes du Grand Glacier au-dessus des Motets, les rampes du Miage italien, les rampes italiennes des Grandes Jorasses, le glacier du mont Dolent, celui de Saleinoz, le Trient.

Puis enfin, pénétrant dans le massif même, j'ai pu faire des visées intérieures : du Talèfre, du Tacul, du rocher de la Vierge, de l'Envers de Blaitière, du Grand Plateau, des parties intérieures du Miage, de Tré-la-Tête, de l'Aiguille de Bellaval, des glaciers de l'Argentière, du Tour, d'Orny, du Trient et de Saleinoz, etc. Ainsi, j'obtenais au moins trois visées pour un même sommet. Rapprochant ces trois visées, il m'était possible de figurer, sur plan horizontal, ce sommet, d'apprécier l'inclinaison et la direction de ses arêtes, l'étendue relative qu'occupe sa base et la physionomie de son système cristallin.

Une longue habitude de dessiner des objets sur place et de déduire le géométral d'une série d'effets perspectifs me facilitait, d'ailleurs, ce genre de travail.

Pour que cet examen sur place et les figurés qui en résultaient pussent me fournir les éléments d'une carte topographique exacte et non point conventionnelle dans le tracé des détails, ainsi que cela se pratique habituellement, j'ai dû revoir fréquemment les mêmes points. En effet, la direction des rayons solaires, la chute récente de la neige, permettent d'apprécier à certains moments ce qui n'était pas visible quelques heures auparavant, dans des circonstances différentes. L'extrême pureté de l'air sur les hauteurs, en facilitant d'une part les opérations graphiques, est souvent une cause d'erreurs, en ce que des plans très-distants les uns des autres se confondent. Il faut alors attendre que le soleil, en s'inclinant, marque des ombres qui n'étaient pas d'abord apparentes, et permette ainsi de distinguer ces plans. Puis il faut dire que de fréquents séjours sur les hauteurs donnent aux yeux une expérience de l'échelle réelle des objets, que ne peut posséder le voyageur visitant pour la première fois les altitudes. C'est en cela que le dessin l'emporte toujours sur la photographie, ou du moins doit la contrôler; car la photographie reproduit les illusions auxquelles l'œil est sujet au milieu de ces solitudes où rien n'indique l'échelle, puisque les points de comparaison font défaut, et où la transparence de l'air supprime presque entièrement la perspective aérienne.

S'il m'était possible d'obtenir des visées très-étendues autour du massif ou même sur ses parois, ou de certains points de l'intérieur; en maintes circonstances, le peu de longueur du rayon visuel, l'étroitesse des vallées de glace, l'importance énorme que prennent les plans rapprochés, m'obligeaient à procéder par séries de dessins, soit purement topographiques, en me servant de petits instruments faciles à transporter, soit perspectifs. Après chaque excursion, ces documents composaient une masse de notes que je m'empressais de coordonner, de comparer aux cartes existantes et de traduire sur un figuré topographique d'ensemble. Mais il m'est arrivé souvent d'être obligé de revoir les mêmes lieux et de contrôler mon travail par un deuxième, un troisième et même un quatrième examen.

Peu à peu, j'arrivais ainsi à compléter un polygone, et, lorsque je le croyais exactement rempli, la topographie du polygone voisin m'obligeait souvent à revoir le premier et à le modifier. Ce n'était donc que par une série de tâtonnements que j'arrivais à la configuration exacte du terrain.

Un de mes confrères, M. Révoil, a eu l'idée, il y a quelques années, d'appliquer le prisme de la chambre claire à la lunette, afin de pouvoir dessiner des ensembles à longue distance et à une grande échelle.

Ayant reconnu le parti que l'on pouvait tirer du téléiconographe (c'est ainsi que M. Révoil appelle son instrument) pour l'étude des roches dont on a beaucoup de peine à distinguer la structure générale de près et qu'on ne voit qu'imparfaitement de loin, j'ai fait faire par un excellent constructeur, M. Lefebvre, un instrument plus précis, qui consiste en une planchette sur laquelle est fixée solidement et parallèlement une lunette. Le prisme de la chambre claire étant appliqué à l'oculaire de cette lunette, on dessine sur la planchette les objets éloignés, grandis en raison de la force de la lunette et de son éloignement de la planchette. Celle-ci se meut au moyen de cercles gradués dans le sens horizontal et dans le sens vertical, en entraînant la lunette dans son mouvement.

Ainsi peut-on obtenir des figurés exacts, grandis, à longue distance, et faire, si bon semble, un panorama tout entier à une échelle vingt fois plus grande que celle apparente, à 12 kilomètres de rayon. Le cercle, étant gradué, permet en même temps de prendre des angles.

A l'aide de cet instrument, j'ai pu, du sommet du Brévent, des Grands-Mulets et du Grand-Plateau, reconnaître sûrement le mode de structure et de dislocation par retrait des grands cristaux qui composent le sommet de l'Aiguille du Midi, et dessiner les courbures qui terminent ce sommet. De la Flégère et de Plan-Praz, obtenir des figurés très-grandis et par conséquent détaillés de l'Aiguille Verte, des Grandes-Jorasses, etc., etc.; reproduire très-exactement, et à une grande échelle, des pentes supérieures du Montenvers, la masse de calcaire qui constitue encore le sommet de la plus haute des Aiguilles Rouges. De Plan-Praz j'ai pu aussi détailler les rochers Rouges et de la Côte, au-dessous du sommet du Mont Blanc, marquer, sur les rampes de l'Aiguille du Midi, les points de suture entre la protogyne et les schistes cristallins qui l'encaissent à la base du côté nord, comme une écorce qui devait être souple pendant la période de soulèvement, puisqu'elle moule, pour ainsi dire, la protogyne, et ne s'est point rompue.

Cet instrument m'a permis encore de dessiner à longue distance, et avec un grandissement considérable, les neiges des altitudes supérieures, et de rendre compte ainsi des phénomènes de glissemement et de chute de ces neiges qui n'agissent que par leur pesanteur et n'ont pas encore, sur ces hauteurs, acquis les propriétés expansives de la glace.

La triangulation arrêtée, les mappes partielles préparées, les documents graphiques réunis, les photographies excellentes de M. Civiale et de M. Bisson consultées, il s'agissait de savoir quel serait le moyen à employer pour faire la carte, pour rendre l'image.

J'avais d'abord songé aux courbes de niveau, ce procédé étant celui qui présente le plus de correction, et permet d'exprimer les reliefs avec le plus d'exactitude. Aussi l'ai-je employé en bien des cas pour dresser mes notes. Mais il était en contradiction avec l'apparence, l'image, que je voulais avant tout exprimer d'une manière aussi voisine que possible de l'effet produit par la nature.

Avec les courbes de niveau, il devenait difficile d'exprimer les roches, leur structure cristalline, les failles, les éboulements, les moraines, les parties dénudées des lits de glaciers. Je ne rendais plus — ce à quoi je visais avant tout — la lecture facile au voyageur, je ne pouvais indiquer l'obstacle ou le passage à celui qui est habitué aux explorations alpestres. Il devenait impossible de donner les apparences qu'affectent les diverses natures de terrain et qui possèdent chacune leur physionomie propre. J'ai donc adopté le moyen graphique qui peut le mieux exprimer le modelé mou, effacé des rampes, vif, abrupt des roches et sommets.

Au lieu d'éclairer la carte, ainsi que cela se pratique habituellement pour les cartes modelées, du nord-est, et suivant un angle de 45°, ce qui jamais ne se présente dans la nature, j'ai adopté le modelé que donne le soleil à onze heures du matin environ, pendant le mois de juillet et d'août. Je mettais ainsi la carte d'accord avec la plupart de mes visées, je facilitais mon travail et je rendais mieux compte, je crois, de la position des glaciers, de la conservation des névés protégés par l'ombre des sommets.

Quant à l'échelle, j'ai cru devoir adopter celle de la carte du capitaine Mieulet, au 1/40,000^{e}, le double de celle de l'état-major, c'est-à-dire 0^{m},025 pour 1,000 mètres.

C'est à l'aide de plus de cinq cents dessins et croquis, indépendamment des mappes tracées sur place, que j'ai pu commencer et achever cette carte.

Je suis bien loin de prétendre que l'œuvre soit parfaite, et j'ai trop l'expérience des difficultés d'une pareille entreprise pour croire que, si l'on parvenait à photographier le massif du Mont Blanc à 10,000 mètres d'altitude, cette épreuve fût identique au figuré topographique que je livre au public.

Mais, au moins, suis-je certain que cette carte ne peut induire le voyageur alpestre en erreur, et qu'elle lui permet de se rendre, par avance, un compte exact des parties qu'il veut parcourir.

Quand on opère sur ces hautes régions, la pureté de l'air, l'absence d'échelle de comparaison, le malaise ou l'excitation que l'on éprouve souvent, ajoutent aux difficultés que présenterait seule la configuration des soulèvements. Il est certains observatoires où l'on ne peut arriver qu'après huit ou dix heures de marche, en partant d'un point déjà très-élevé, où l'on doit revenir plusieurs fois s'il prend fantaisie aux vapeurs de vous cacher la vue des sommets voisins; et il faut être possédé de la passion des altitudes pour recommencer infructueusement plusieurs jours de suite ces ascensions, afin d'obtenir quelques heures d'un jour clair.

Mais, aussi, ces quelques heures vous font oublier bien vite la fatigue, et il n'est pas de plaisir et d'heureuse fortune qui vaille, à mon avis, les journées passées au travail entre 3,000 et 4,000 mètres d'altitude, sous un beau soleil et quand on domine ces vastes solitudes de névés que percent des pointes de rochers déchirés; ruines gigantesques que l'imagination cherche à reconstruire.

C'est seulement après avoir, aussi scrupuleusement qu'il m'a été possible de le faire, dressé cette carte, que je me suis décidé à réunir les observations recueillies depuis longtemps; observations qui ne font, pour la plupart, que confirmer les aperçus derniers des savants sur le mode de soulèvement des montagnes, sur leur forme primitive, sur l'influence des époques glaciaires et sur la configuration actuelle de ces soulèvements, mais qui peut-être aussi pourront en suggérer de nouveaux.

Je devais en quelques mots, à ceux qui voudront me lire, expliquer comment et pourquoi un architecte a laissé de temps à autre l'architecture pour entrer dans un domaine qui semble n'être pas le sien.

De fait, notre globe n'est qu'un grand édifice dont toutes les parties ont une raison d'être; sa surface affecte des formes commandées par des lois impérieuses et suivies d'après un ordre logique.

Analyser curieusement un groupe de montagnes, leur mode de formation et les causes de leur ruine; reconnaître l'ordre qui a présidé à leur soulèvement, les conditions de leur résistance et de leur durée au milieu des agents atmosphériques, noter la chronologie de leur histoire, c'est, sur une plus grande échelle, se livrer à un travail méthodique d'analyse analogue à celui auquel s'astreint l'architecte praticien et archéologue qui établit ses déductions d'après l'étude des monuments.

Heureux si je puis éveiller dans quelques esprits le désir de compléter ce qu'un homme, livré à ses seules ressources, à ses connaissances imparfaites, peut entreprendre lorsqu'il s'agit d'observer des phénomènes de cette importance et dont l'étude exige une patience à toute épreuve, une certaine aptitude physique et la passion des recherches excitée par les difficultés matérielles.

Peut-être les savants qui ont déjà traité ces matières avec tant d'autorité, trouveront-ils que ce livre n'a pas des allures suffisamment scientifiques.

J'écris pour tout le monde, ç'a toujours été le but auquel je visais, et n'ai d'autre prétention, en donnant au public le résumé de mes observations, que de faire pénétrer, chez le plus grand nombre, le désir ardent d'étudier la nature, notre mère commune, et dont les enseignements sont toujours les plus sains et les plus profitables pour l'esprit.

LE

MASSIF DU MONT BLANC

I

Configuration primitive du massif du Mont Blanc.

La croûte terrestre, refroidie au moment du plissement qui a formé le massif du Mont Blanc, n'avait pas encore atteint le degré de dureté qu'elle a acquis depuis. Elle conservait une certaine élasticité et mollesse, soit qu'elle fût composée de matières susceptibles de se cristalliser par refroidissement lent, soit qu'elle eût reçu les couches épaisses des lias, des terrains jurassique, néocomien, etc., demeurant encore à l'état mou et flexible.

La protogyne, dont se composent les parties les plus élevées du massif, en se faisant jour entre cette croûte qui, tout en s'épaississant et se refroidissant, tendait de plus en plus à se contracter, refoula les couches supérieures, les souleva, non comme si ces couches eussent été rigides et homogènes, mais en les plissant, les tordant pour ainsi dire, ou les faisant glisser les unes sur les autres.

Cependant, là où l'effort avait une grande puissance, des cassures durent se produire, comme elles le feraient dans une matière gélatineuse ; de telle sorte qu'il y eut souvent courbure prononcée des couches soulevées, mais aussi, failles et larges brisures avec écartement des parois.

En effet, si les couches plissées conservaient une grande élasticité par suite de leur état de mollesse, elles n'étaient pas susceptibles de s'étendre comme une matière liquide ou comme du caoutchouc, et de perdre en épaisseur ce qu'elles auraient gagné en étendue.

Examinons la figure 1, et soit A une section de la croûte terrestre avant le plissement. Pour trouver une issue, la protogyne P (voir la section B) dut supprimer ou écarter toute la partie *a b* de cette croûte. Mais il faut penser que cette croûte avait une tendance à se contracter, c'est-à-dire à perdre, par suite du refroi-

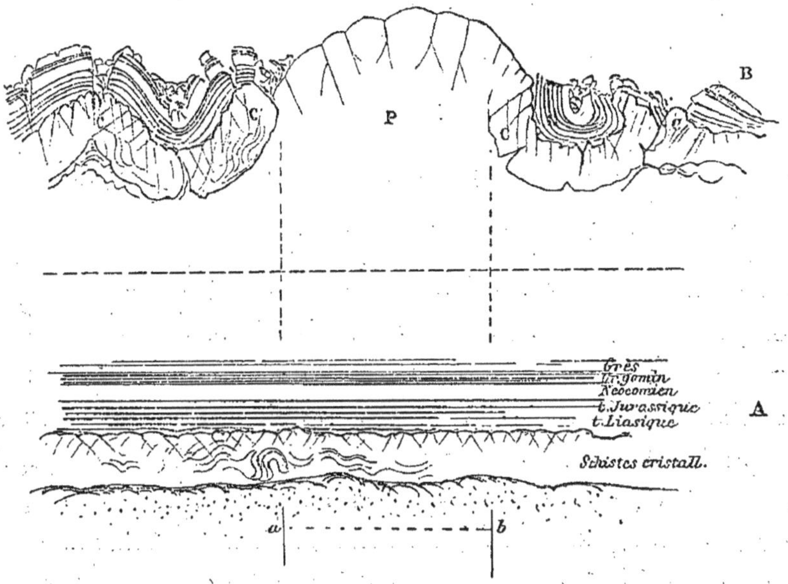

1. — Mode de soulèvement.

dissement, une partie de son étendue, en s'appuyant avec une grande énergie sur le noyau qu'elle enveloppait par la force d'attraction.

Deux forces agissaient donc simultanément et en sens contraire. Les matières intérieures comprimées tendaient à briser leur enveloppe, et cette enveloppe tendait à enserrer de plus en plus ces matières intérieures.

Nécessairement, la force expansive dut l'emporter; elle souleva la croûte sur un point faible, et quand celle-ci fut arrivée à la limite de ses propriétés élastiques, elle craqua, et tendit, par suite de ces conditions, à se contracter, à élargir la plaie ouverte. La protogyne soulevée repoussa les parois qui l'enserraient, les refoula et les plissa parallèlement au grand axe de la fissure.

Les terrains superposés qui composent la croûte, encore flexibles, se courbèrent parfois violemment, mais ne purent occuper plus d'étendue qu'ils n'en avaient lorsqu'ils recouvraient une surface unie.

Or, la surface plissée donnant un développement plus grand que la surface unie, nécessairement les couches soulevées laissent entre leurs fragments d'autant plus de vide qu'elles sont plus éloignées du centre. C'est ce phénomène de plissement et de refoulement qu'indique la section B faite sur le massif du Mont Blanc, perpendiculairement à la vallée de Chamonix et au val Veni.

La protogyne ayant débordé la fêlure en P, les schistes cristallins refoulés, plissés, apparaissent en C sur le versant nord et aussi quelque peu sur le versant sud, et les terrains liasiques fortement déprimés et plissés apparaissent en D, tandis qu'ils ont été enlevés sur le versant opposé et ne laissent voir que des fragments ; si bien que, de ce côté, tout le long du val de Chamonix, les schistes cristallins sont à nu. Quant aux terrains jurassique, néocomien, etc., à peine, de ce côté, si on en trouve quelques vestiges. Nous reviendrons sur les causes qui ont fait disparaître ces immenses débris.

Cette mollesse relative des couches soulevées permettait à la protogyne, qui elle-même était à l'état pâteux, très-ferme, de se mouler entre ces couches, d'y adhérer et même parfois de les déborder ainsi que cela se voit sur les rampes de l'aiguille du Midi, côté occidental.

La protogyne, qui aujourd'hui affecte des formes prismatiques, et même parfois une apparence stratifiée, présentait au moment du soulèvement des formes mamelonnées, comme font encore les granits du Morvan et des Vosges. Mais cette substance, dont l'apparence externe était celle d'immenses rognons, en se cristallisant par refroidissement lent, se contracta et se divisa, en laissant apparaître des surfaces de retrait, suivant certains angles présentant des formes prismatiques et pyramidales. Ces surfaces de retrait ont cela de particulier, qu'elles sont plus dures que n'est la masse intérieure, ou plutôt qu'elles présentent de plus grands cristaux et un moins grand nombre de fendillements. Entre elles, souvent, se sont formés des cristaux qui tapissent les plans de retrait et qui ajoutent à leur dureté (1).

La partie la plus élevée du massif du Mont Blanc, entièrement composée de protogyne, offrait donc primitivement une surface mamelonnée dont les mamelons étaient séparés par des plans de

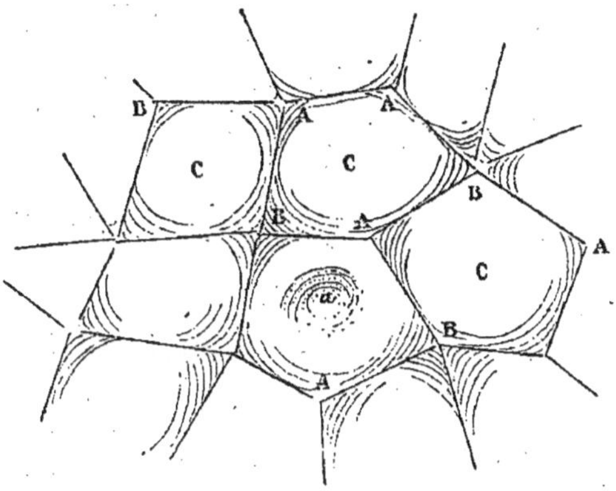

2. — Plans de retrait de la protogyne.

jonction, ainsi qu'il arrive lorsqu'une substance molle, subissant une pression latérale, dispose sa surface externe en rognons, figure 2. Parfois une dépression, dans ce cas, se fait sentir au centre des rognons (voir en *a*).

Mais comme les lignes AB ne sont que la projection horizontale des plans de retrait, plus durs ou présentant des masses de cristaux mieux formés que le reste de la surface mamelonnée, ces surfaces résistèrent mieux aux causes de destruction et formèrent

(1) Il ne faudrait pas ici faire confusion : au contact de la roche encaissante, la plupart des roches granitiques présentent généralement une densité moins grande que dans le milieu même de la masse, surtout s'il y a une forte pression contre cette roche encaissante; mais, quand le soulèvement éruptif est très-considérable, la masse subit des actions de retrait en se cristallisant, et la cristallisation est plus énergique près de ces surfaces de retrait qu'elle ne l'est au milieu de chacune des masses ; de plus, les gaz qui s'échappent entre ces surfaces tapissent les parois de cristaux, ou remplissent même les fissures de filons de quartz homogènes et très-résistants. Mais, suivant les observations recueillies par M. Delesse, dans ses *Études sur le métamorphisme, Annales des mines,* tome XII, on remarque cependant que si le

les arêtes qui réunissent la plupart des sommets actuels, lesquels sont les points de jonction A B, tandis que les surfaces C se dégradaient jusqu'à former des concavités à la place des surfaces planes légèrement ondulées primitives. Nous expliquerons dans les chapitres III et IV les causes principales de cette modification des surfaces externes du soulèvement.

Seules, quelques parties des points culminants du massif du Mont Blanc ont conservé leur forme première de rognons, notamment le sommet de la chaîne qui, préservé par une couche de neiges perpétuelles, ne s'est point dégradé sur le versant nord et conserve de ce côté son apparence de coupole, tandis qu'il se ruine chaque jour du côté sud.

Ces aiguilles, si aiguës aujourd'hui, qui entourent le sommet principal du massif et dont les flancs montrent des amas de prismes disjoints et souvent des strates parallèles, ne sont que les ruines du mamelonnage général que donnait le soulèvement de la protogyne. C'est ce que nous allons essayer d'expliquer.

Prenons une partie du massif de protogyne, comprenant : le sommet du Mont Blanc, A ; B, l'aiguille du Midi ; A C, l'arête qui du sommet principal s'étend jusqu'aux Grandes-Jorasses C, les aiguilles du plan D, de Blaitière E, de Charmoz F et de Greppont G, figure 3.

Au moment du soulèvement cette surface devait présenter l'ap-

granit du Hartz, au contact du Hornfels, donne une densité de 2,608 au centre et de 2,570 sur les bords, près de la roche encaissante, celui du Chippal, au contact du calcaire cristallin, donne, au contraire, une densité de 2,580 au centre et de 2,656 sur les bords. Aussi M. Delesse ajoute-t-il : « C'est dans les roches granitiques que la densité varie de la manière la plus irrégulière ; il arrive assez souvent qu'elle est plus grande vers les bords. » C'est-à-dire au contact avec la roche encaissante. Plus loin, le savant auteur dit encore : « Observons encore que la plasticité de la roche, au moment de son éruption, a dû exercer une influence sur la manière dont la densité y est répartie. Or, comme les caractères des roches granitiques montrent qu'elles étaient généralement peu plastiques, on conçoit que leur densité échappe souvent à la loi de variation qui a été signalée..... Enfin, je ferai observer que, plus que toute autre cause, les actions moléculaires ont contribué à faire varier la densité de la roche éruptive. En effet, il est facile de comprendre que cette densité augmente vers les bords, lorsque l'oxyde de fer, la magnésie, et, en général, les bases y sont en plus grande quantité. Cela paraît avoir eu lieu surtout pour les roches granitiques..... »

parence que donne la figure 4 (1). Les mamelonnages primitifs de protogyne se seraient donc en grande partie détruits, plutôt sur leur convexité qu'aux points de leur rencontre.

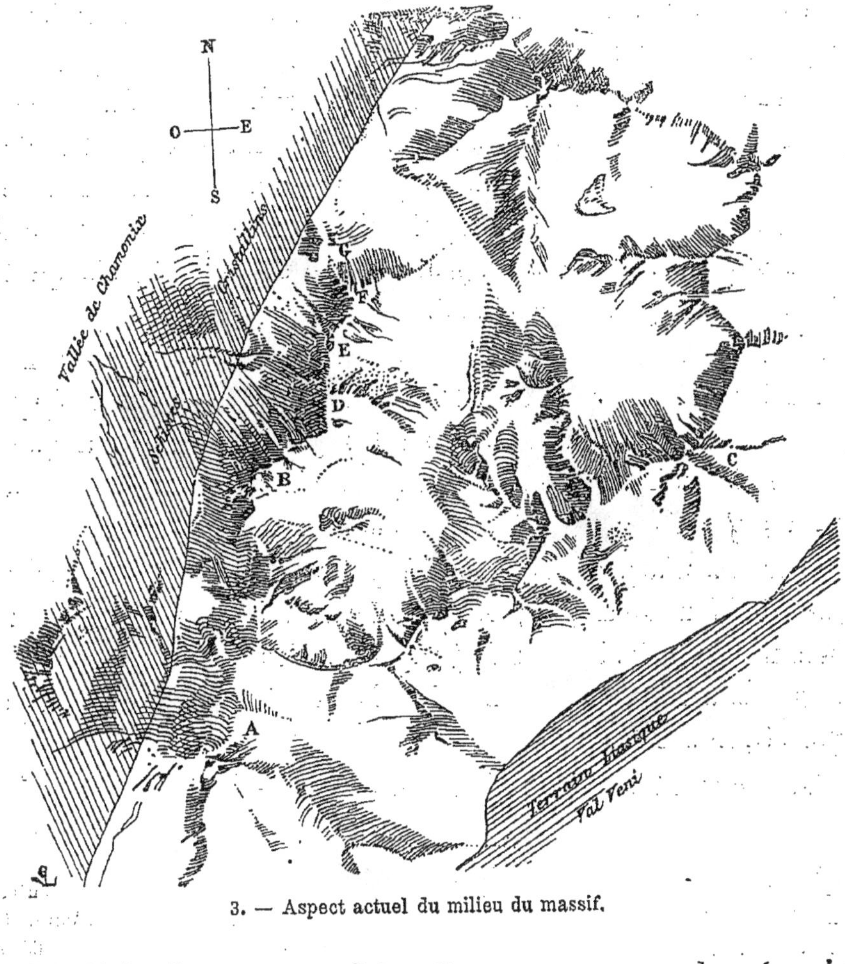

3. — Aspect actuel du milieu du massif.

Mais d'abord cette convexité, cette apparence mamelonnée existait-elle ?

Nous avons des traces encore visibles de cette forme mamelonnée.

Sans parler du sommet même du Mont Blanc, caché sous la neige, mais qui présente l'apparence d'une coupole ; le sommet

(1) Sur cette dernière figure, les lignes de séparation des mamelons indiquent les arêtes et sommets actuels à la jonction de ces arêtes. Voir, pour l'intelligence plus exacte, notre grande Carte du Massif.

actuel de l'aiguille du Midi montre des couches concentriques de protogyne se courbant vers l'est et qui ne sont que les restes de l'immense rognon que formait jadis sa masse, laquelle se prolongeait suivant une convexité inclinée vers le sud-ouest. La figure 5

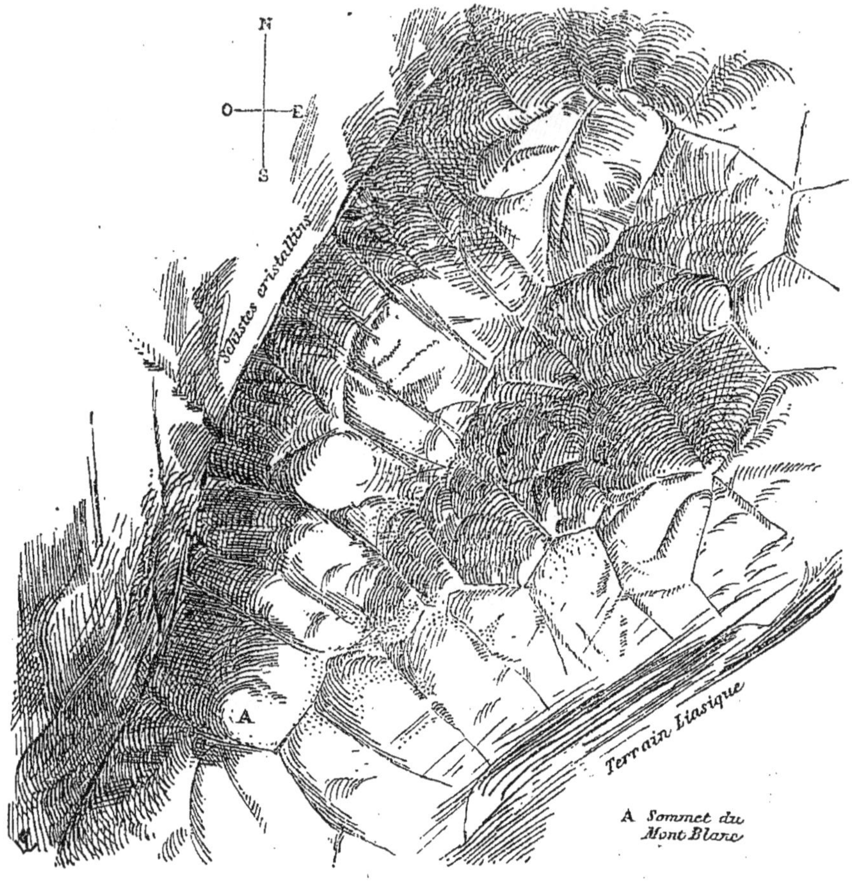

4. — Aspect primitif du massif.

donne la configuration actuelle de l'aiguille du Midi, prise des rampes au-dessous de la Pierre-Pointue (1). La figure 5 *bis* donne le sommet actuel de cette aiguille, pris de Plan-Praz (2).

(1) Les lignes ponctuées indiquent la prolongation des couches ruinées de la protogyne et la ligne AB le grand plan de retrait séparatif. La partie hachée indique les schistes cristallins encaissants.

(2) Ce figuré est obtenu à l'aide du téléiconographe. Saussure avait déjà observé la configuration concentrique des plans de retrait de la protogyne, au sommet de l'aiguille du Midi.

On observe une tendance à la courbure des fines aiguilles ruinées qui entourent l'aiguille Verte et celle de Charmoz ; mais nous revenons sur cette question importante.

Les granits et les syénites présentent fréquemment le même phénomène sur leur face externe. Nous en trouvons un exemple très-remarquable dans la gorge située entre le Pont-du-Diable et Andermatt (1), figure 5 *ter*. Là les syénites se sont disloquées par grands plans verticaux (voir en A). Mais la surface externe de la poussée présente des couches concentriques parfaitement nettes.

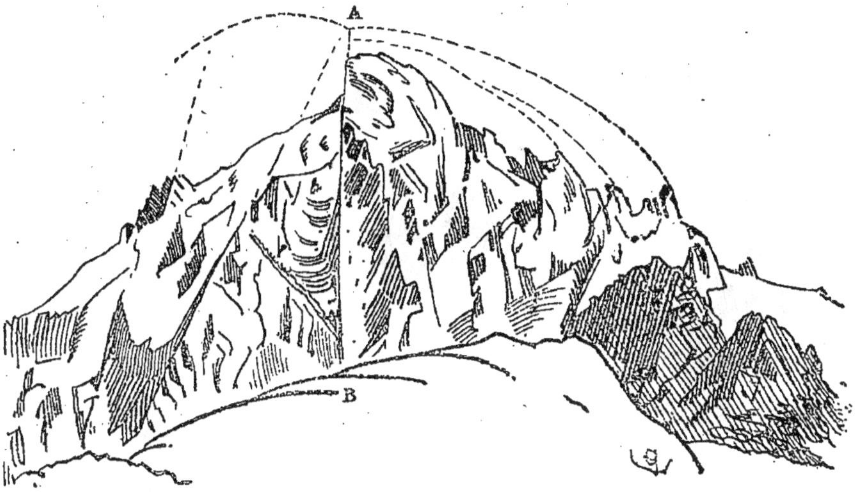

5. — L'aiguille du Midi.

Pour en revenir au massif du Mont Blanc, les aiguilles du Plan, de Blaitière, de Charmoz et de Greppont formaient une série de mamelons, les uns inclinés vers le val de Chamonix, les autres vers la vallée Blanche, ainsi que l'indique la figure 4, réunis par des plans de retrait qui aujourd'hui composent les sommets et les arêtes de ces aiguilles.

Entre les sommets mamelonnés de Charmoz et de l'aiguille Verte existait une dépression. Quant à l'aiguille Verte elle-même, elle se composait d'un groupe mamelonné s'inclinant vers l'ouest, vers le nord, le sud-est et le sud, dont il ne reste plus que des débris, bien que le sommet de l'aiguille Verte laisse voir l'ancienne forme supérieure de ce groupe actuellement divisé en plusieurs

(1) Au-dessus du tunnel de la route du Saint-Gothard.

aiguilles qui sont, outre la principale, le Dru, le Moine et partie des Droites.

Sur l'autre versant du Mont Blanc, une série de mamelons s'étendaient vers le nord-est avec déclivité vers le sud-sud-est et vers le nord-nord-ouest jusqu'au point qui, aujourd'hui, est

5 *bis*. — Sommet de l'aiguille du Midi.

occupé par les Grandes-Jorasses. De là, les points de jonction culminants des groupes de mamelons allaient en zigzags joindre le sommet du groupe de l'aiguille Verte.

Nous avons essayé de rendre aussi intelligible que possible ces amas de protogyne présentant une surface bossuée, divisée par des lignes qui ne sont autres que les plans de retrait de la masse refroidie et cristallisée. Or ce sont ces lignes qui, actuellement, forment ces arêtes aigues, déchiquetées, et leur réunion qui compose ce qu'on appelle les aiguilles, c'est-à-dire les points culminants perçant le névé.

Mais l'examen de ces figures 3 et 4 donne lieu à d'autres observations importantes.

On remarquera (fig. 4) que la partie la plus élevée du massif, le sommet du Mont Blanc, se trouve précisément au point où les

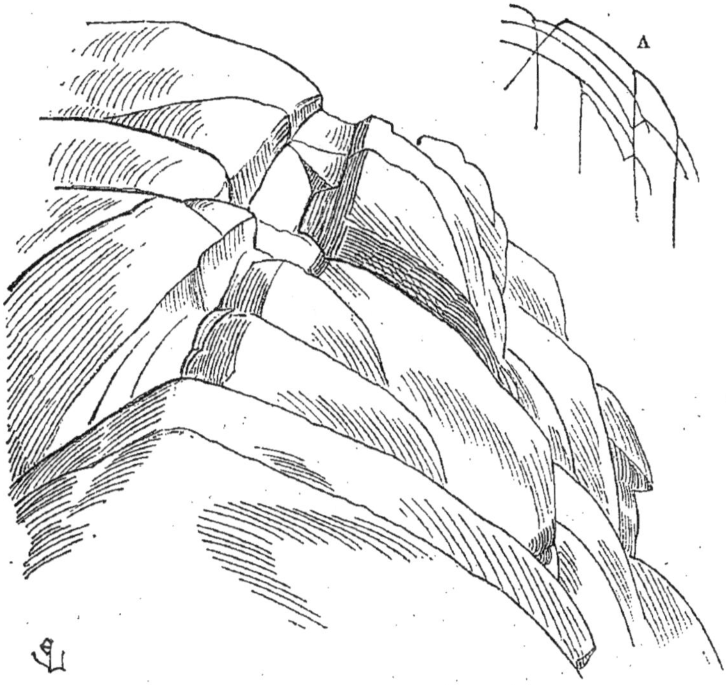

5 *ter.* — Syénites au-dessous d'Andermatt.

roches encaissantes se rapprochent et ont offert par conséquent le plus de résistance à la protogyne, poussée par une force agissant de bas en haut, et comprimée fortement par des pressions latérales; tandis que là où les roches encaissantes s'écartent, il y a eu affaissement central de la masse de protogyne soulevée. Vers le nord-est les schistes reparaissent, encaissant aussi la protogyne de ce côté, de telle sorte que l'ensemble du soulèvement présente la configuration générale suivante, figure 6.

A, étant le sommet du Mont Blanc, les schistes cristallins s'élèvent assez abrupts vers le nord, l'ouest et le sud-ouest et s'appuient sur la masse de protogyne qui, s'échappant comme à travers une large boutonnière, s'est rejetée sur les lias vers l'est et le sud-est sans les soulever le long de son escarpement de ce côté, mais en les renversant violemment.

Cette masse qui, à l'état gélatineux ou pâteux, à une température plus ou moins élevée, formait d'abord comme un plateau bombé, s'est affaissée en se refroidissant dans la partie la plus large du soulèvement, ainsi que le fait une pâte qui refroidit, s'est divisée

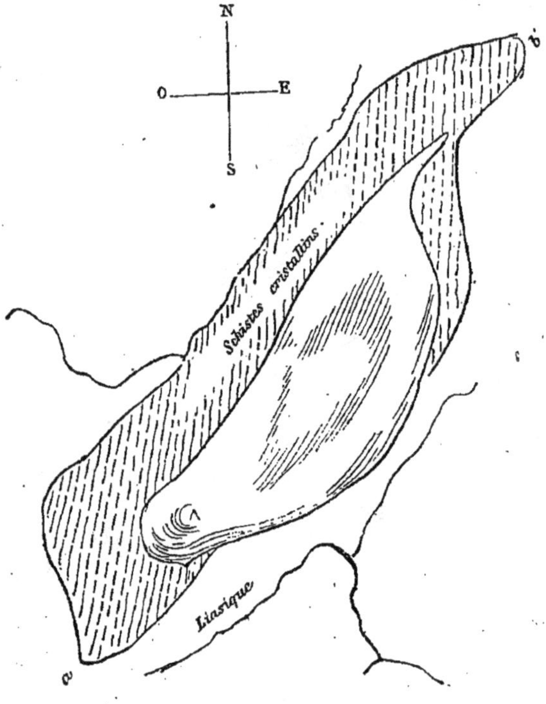

6. — Ensemble du soulèvement du massif.

par lobes, redivisés eux-mêmes par suite du retrait et d'une lente cristallisation, et a laissé autour de cette partie affaissée une lèvre dont la partie dominante devait être celle qui s'était soustraite au mouvement d'affaissement, par suite de l'étroitesse de l'ouverture. C'était donc le point A, sommet du Mont Blanc, qui, dès l'origine du refroidissement, devait être le plus élevé comme il l'est encore aujourd'hui; bien qu'au moment même de ce soulèvement et alors que la protogyne n'avait pas acquis sa dureté, le profil sur *a b* (longitudinal) dût être celui présenté en B (fig. 6*bis*) pour arriver à la section C après l'entier refroidissement et l'affaissement des parties amples.

A voir les figures précédentes, on pourrait croire que la masse de protogyne qui diffère comme composition de la masse des schistes cristallins et qui s'est fait jour entre ces schistes et les terrains liasiques, a dû, en présence des agents atmosphériques, de l'action des névés, des glaces et des eaux, se comporter tout autrement que ces roches cristallines encaissantes et présenter une tout autre apparence générale de ruine. Il n'en est rien. Le système cristallin et de retrait, qui a imposé certaines formes à la protogyne, qui a déterminé ces arêtes et ces sommets, se continue au moins dans l'ensemble, sinon dans les détails, sur toute la

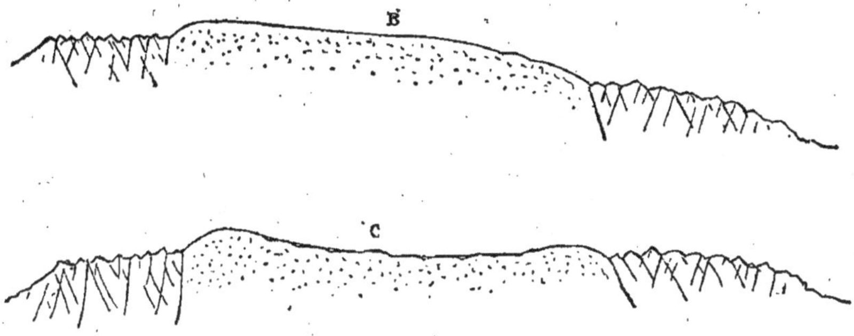

6 *bis*. — Ensemble du soulèvement du massif.

partie des roches encaissantes ; si bien qu'il faut nécessairement admettre qu'au moment du cataclysme, ces roches encaissantes étaient dans un état de mollesse ou d'imperfection qui leur a permis de subir un métamorphisme normal et de se conformer aux lois de retrait et de cristallisation que subissait la protogyne elle-même. Ce n'est qu'en examinant le détail du terrain que l'on reconnaît dans les schistes cristallins et la protogyne un mode de désagrégation différent. Mais nous aurons à nous étendre plus loin sur ces faits. Il faut ajouter, à ce qui vient d'être dit, une observation propre à faire ressortir les actions diverses qui ont produit la forme primitive du soulèvement après son entier refroidissement.

Il est évident que le point A, figure 6, se maintenant à un niveau plus élevé, par suite de l'encaissement étroit qui l'enserrait et l'empêchait de s'affaisser, devait exercer une action de pression sur les parties voisines qui, elles, tendaient à s'affaisser.

Aussi remarque-t-on que les plans de retrait de la protogyne s'inclinent perpendiculairement à cette pression. Du sommet du Buet, on voit en effet que les plans de retrait du mont Maudit, du mont Blanc du Tacul, des aiguilles du Midi, du Plan, de Blaitière

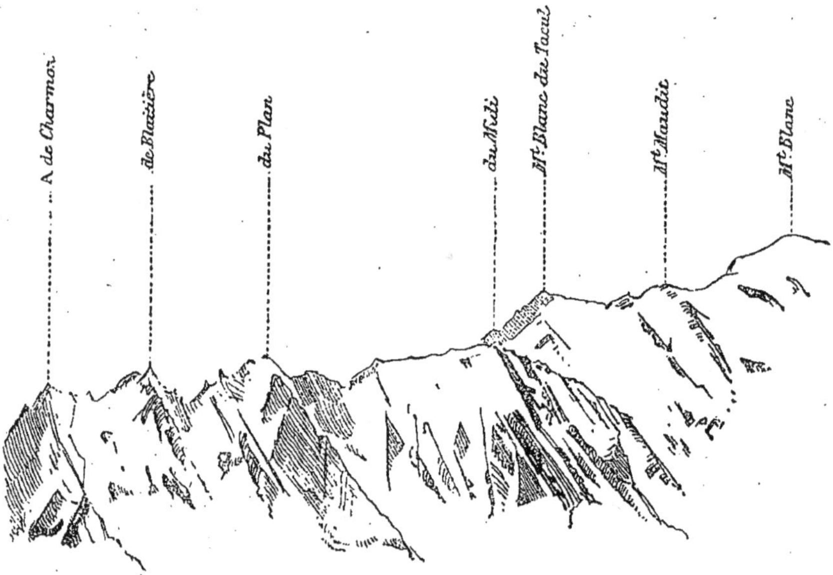

7. — Massif vu du sommet du Buet.

et même encore de Charmoz, présentent l'inclinaison tracée dans la figure 7 (1). Cet effet diminue à mesure qu'on s'avance vers le nord, c'est-à-dire qu'on s'éloigne du sommet du Mont Blanc pour atteindre les sommets du glacier du Tour. De ce côté, les plans de retrait sont verticaux et ont même une tendance à s'incliner dans le sens opposé par suite de la pression exercée par les roches encaissantes de l'extrémité septentrionale du massif. Si bien qu'en reprenant la section C de la figure 6 bis, les plans de retrait de la protogyne présentent les directions suivantes, figure 8. Ce qui était d'ailleurs une conséquence de l'affaissement du milieu M.

Dans le sens de la coupe transversale du massif, au contraire,

(1) C'est ce que beaucoup de savants observateurs, Saussure en tête, considèrent comme une structure stratifiée.

les plans de retrait (voir en N) se disposent en éventail tendant au centre du massif, ce qui s'explique de même par la pression latérale exercée par les roches encaissantes k, l.

C'est là structure en éventail observée par un grand nombre de géologues. Nous ne rappellerons ici que très-sommairement les diverses opinions émises par les savants observateurs : M. A. Favre ayant exposé ces opinions avec une grande lucidité dans ses *Recherches géol.* (Savoie, Piémont et Suisse, t. III, p. 123 et suivantes).

Il résulte de l'ensemble de ces observations que si la structure

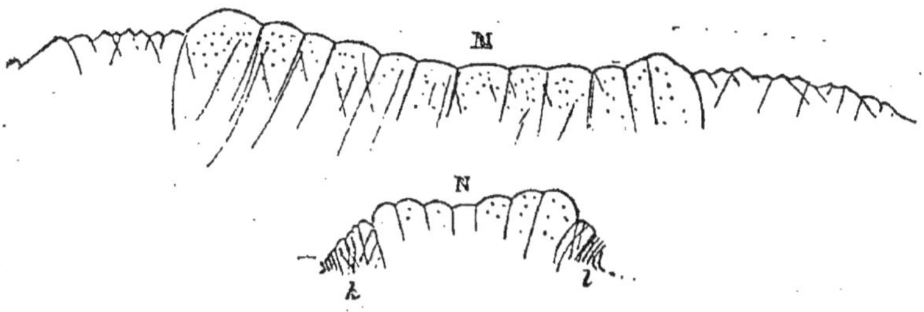

8. — Sections longitudinales et transversales du massif.

en éventail n'est pas douteuse, que si l'apparence stratifiée, ainsi que le montre notre figure 7, ne l'est pas moins, ces deux observations ont quelque chose de contradictoire. En effet, si l'apparence stratifiée existe parallèlement à un plan quelconque, on ne peut considérer comme une stratification des plans perpendiculaires aux premiers. Plans de retrait, soit; mais non stratification.

En supposant la masse toute formée d'une juxtaposition de rhomboèdres par exemple, on trouvera six plans de stratification dans cette masse, se coupant suivant certains angles. C'est à peu près ce que montrent les plans de retrait de la protogyne. Dès lors, l'épithète *stratifiée* ne paraît guère applicable à l'objet.

Quant à l'état primitif de la protogyne au moment de son apparition, lorsqu'elle déborda les schistes cristallins, sollicitée par leur pression, les opinions des savants, jusqu'à ce jour, diffèrent.

Quelques-uns veulent que la protogyne ait été soulevée à l'état pâteux; d'autres, à l'état solide.

Cette dernière opinion ne paraît guère soutenable.

Si la protogyne eût été soulevée à l'état solide et telle que nous la voyons aujourd'hui, elle n'eût pas rempli, comme elle le fait, l'énorme *boutonnière* à travers laquelle sa masse apparaît; elle eût présenté des cassures immenses et occasionné de bien autres désordres dans les roches encaissantes, que ceux observés. Elle ne montrerait pas ces couches concentriques que l'on observe si fréquemment dans le voisinage des sommets actuels (voir fig. 5), elle ne se moulerait pas comme elle l'a fait dans les roches encaissantes.

Consulté sur l'état de mollesse que pouvait présenter la protogyne, M. Sainte-Claire Deville nous écrivait en novembre 1869 : « *A priori*, et sans que l'expérience et l'observation permettent « d'établir un jugement précis sur la question, je pense que cer- « taines roches, même les plus compactes à l'extérieur, pour- « raient être supposées dans un état de mollesse intérieure suffi- « sante pour que leur cristallisation par stratification puisse « s'effectuer après un mouvement déterminé par une cause de « métamorphisme quelconque. Admettez, si vous voulez, un état « gélatineux particulier; pour de grandes profondeurs, un état de « ramollissement par la chaleur, et le phénomène que vous consi- « dérez comme possible, le devient en effet..... »

M. Bischof de Bonn, comme l'a fait remarquer M. Élie de Beaumont (système de montagnes, p. 1,231), a montré que les roches qu'on suppose éruptives, telles que le granit, éprouvent une contraction que M. Ch. Deville a pu mesurer. M. Delesse croit que le rayon terrestre a diminué par la formation des roches cristallines que nous voyons à la surface de la terre.

D'ailleurs, M. Delesse n'attribue pas à la présence du granit le métamorphisme des roches cristallines qui l'encaissent généralement : « Si, dit-il (*Études sur le métamorphisme, Annales des mines,* t. XII), le métamorphisme accompagne généralement la cristallisation des roches granitiques, il ne paraît pas toujours résulter de leur action directe. En effet, lorsqu'on jette les yeux sur une carte géologique, on est frappé de la petite étendue que les roches granitiques éruptives présentent relativement aux roches métamorphiques. Quelquefois même le gneiss, le micaschiste, le schiste ardoisier et les divers schistes cristallins sont très-développés, et cependant il n'y a dans leur voisinage aucune roche granitique ni même aucune roche éruptive qui soit visible. Il est donc naturel de mettre en doute que ces roches métamorphiques aient été formées par une action directe des roches granitiques. Elles me paraissent avoir simplement participé à leur cristallisation. Elles résultent d'une action générale et non pas d'une action de contact. En un mot, elles ont été modifiées par le métamorphisme normal. »

M. Lory paraît avoir rendu compte de la structure en éventail que présentent les plans de retrait de la protogyne et des granits. »

« Il faut, dit-il (*Descript. géol. du Dauphiné,* p. 180; voir, dans « l'ouvrage cité de M. A. Favre, les figures jointes à cet extrait « du livre de M. Lory), supposer que, refoulées par des pres« sions très énergiques, les couches des terrains cristallisés ont « formé un pli très-saillant et ont été rompues par l'excès de la « courbure (voir notre figure 1). De cette manière, le granit, qui « était situé dans les profondeurs de la terre, au-dessous des « schistes talqueux et des gneiss, se montre dans le centre de la « rupture. Mais la chaîne, ainsi produite, dominant toutes les « autres, les parties supérieures des couches redressées ne subis« sent que de faibles pressions latérales, tandis que les parties « profondes de ces mêmes couches sont comprimées avec force « par la réaction des plis voisins moins saillants, par le refoule« ment général qui a produit l'ensemble de ces plis. Alors, les « roches de la chaîne principale éprouvent, au niveau de la base « des chaînes voisines, moins élevées, un *serrement* qui ne se « produit pas dans les parties culminantes de la même chaîne. « Elles prennent, en quelque sorte, la disposition des pailles « d'une gerbe fortement serrée. »

Mais pour subir cet effet de pression, il faut bien admettre un état de mollesse de la matière pressée.

Les soulèvements basaltiques présentent, en effet, très-souvent, cette apparence en éventail. La matière épanchée s'écarte et les plans de retrait affectent l'apparence d'une gerbe.

Mais si la protogyne du Mont Blanc était fortement comprimée à la base, dans le sens transversal du massif, il n'en pouvait être de même dans le sens longitudinal, puisque les roches encaissantes, les extrémités de la *boutonnière* atteignent le niveau supérieur de la masse de protogyne. Dans le sens longitudinal, c'était la surface externe du soulèvement même qui subissait la pression, laquelle, d'ailleurs, devait être beaucoup moins énergique dans le sens du grand axe que dans le sens du petit axe. La structure en éventail n'apparaît donc pas dans le sens longitudinal, ou plutôt, cette structure est renversée par suite de la pression exercée par la partie la plus élevée et la plus étroite du soulèvement (voir fig. 7 et 8).

Quant à l'affaissement central de la masse soulevée, M. de Buch, à propos des couches qui plongent dans l'intérieur des masses de porphyre pyroxénique, qui paraissent les avoir soulevées, s'exprime ainsi : « Il est possible que la dilatation des masses « pyroxéniques ait été considérable lors de leur soulèvement, « et leur contraction, lente et progressive, peut avoir forcé les « couches voisines (celles qui étaient en contact immédiat avec les « porphyres pyroxéniques) à suivre le vide qui se formait peu à « peu et à s'incliner vers ce côté; c'est-à-dire vers l'intérieur de « la montagne. » (*Annales de chimie et de physique,* XXIII, 286.)

Cet affaissement s'est produit dans bien des cas, tant par suite du retrait des matières pâteuses que par l'action du refoulement des parties encaissantes. Or, à ce propos, nous citerons un passage fort important, à notre avis, et, suivant nous, concluant, de M. Alphonse Fabre (*Recherches géol. dans la Savoie,* t. III, p. 138) : « Les réflexions au sujet de la structure en éventail nous con- « duisent naturellement à quelques considérations sur l'origine « des montagnes, qui ne peut s'expliquer par un *soulèvement.* « Ce n'est pas à dire cependant que les roches d'une cime élevée « aient été déposées à la hauteur où elles sont maintenant. Il est « évident qu'elles ont subi un exhaussement; mais cet exhausse- « ment ne peut être attribué à un soulèvement, c'est-à-dire à une « force exerçant sa puissance de bas en haut, et voici pourquoi. « Examinons une montagne ayant la forme d'une voûte sans « rupture... » Et en effet M. Favre démontre que si la force agissante s'était exercée de bas en haut, la voûte eût été rompue et ses débris jetés à droite et à gauche, que par conséquent, là où les couches forment voûte, il a bien fallu qu'il y eût plissement, dépression, affaissement plutôt que soulèvement. Si cela est incontestable pour les exemples cités par le savant géologue, il faut admettre que les matières qui se sont fait jour, comme les granits, les protogynes, les porphyres, etc., ont brisé cette croûte, fait une boutonnière dans l'écorce. C'est le cas du massif du Mont Blanc. Pour ne pas jouer sur les mots, il est entendu que quand nous parlons de soulèvement, l'action peut être l'effet d'une compression, d'un refoulement et d'un affaissement latéral, d'un plissement, en un mot; mais le refoulement, occasionnant des plis, ne soulève pas moins certaines parties d'une écorce au-dessus du niveau existant pendant que les parties voisines s'affaissent.

Si l'on revient aux figures 3 et 4, on voit que les plans de retrait forment des polygones exactement comme le font les argiles qui perdent leur humidité, et même les basaltes. Ces plans de retrait principaux qui circonscrivent les grands mamelonnages ne sont pas les seuls, et il ne faut pas croire qu'entre eux, la masse cristalline était compacte, homogène, comme le serait une substance amorphe. Ces polyèdres formés par les plans principaux du retrait sont subdivisés par d'autres plans, se coupent suivant certains angles qui tendent habituellement à former des rhomboèdres; et les surfaces de ces plans secondaires de retrait sont plus dures aussi que ne sont les milieux, sans avoir cependant la résistance de la croûte des plans principaux.

C'est cette structure de la protogyne et aussi des schistes cristallins qui préparait leur destruction; mais cette destruction devait se faire suivant certaines lois que nous allons indiquer, figure 9. Soit la section de deux grandes masses de protogyne après refroidissement et cristallisation. Soit A B, C D les plans principaux de retrait qui séparent les mamelons.

Les lignes secondaires indiquent les fissures courbes et planes secondaires causées dans les masses mêmes par l'action de retrait. Lorsque les agents atmosphériques, les névés et glaces entameront la roche, les surfaces des grands plans présentant plus de dureté et de résistance que l'ensemble de la masse, le mamelonnage, par suite de la destruction et de l'enlèvement successif des parties les moins résistantes, sera remplacé par une surface dentelée et creusée, ainsi que l'indique le profil haché.

De sorte que les points A et C, qui présentaient des sillons ou des lignes à peine visibles sur la surface, formeront les arêtes du massif, et que cette surface FE externe, mousse, ondulée, rayée de sillons ou même de côtes peu sentis à l'origine, est remplacée par une série d'arêtes aiguës, dentelées, saillantes. Et ce que

Fig 9.

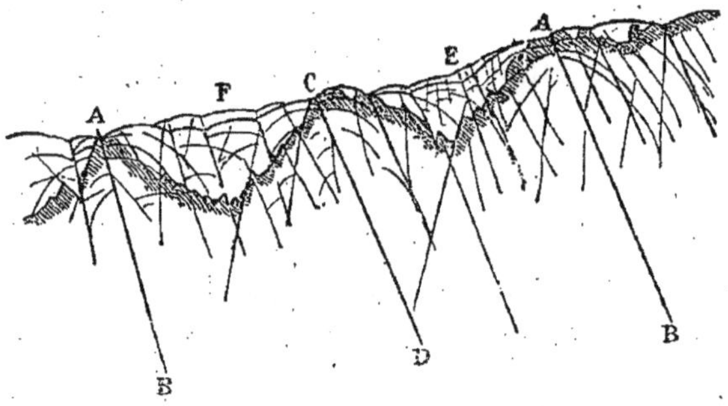

9. — Mode de décomposition des surfaces de la protogyne.

nous observons là en grand se répète à l'infini pour chacune des masses secondaires, tertiaires, etc. C'est-à-dire que toujours les surfaces de retrait résistent, tandis que la masse elle-même se décompose, se creuse en laissant dominer et saillir des arêtes qui ne sont que les plans de retrait.

D'où l'on peut admettre que la protogyne se faisant jour, conformément au profil B, figures 6 et 6 *bis*, s'est d'abord affaissée dans le milieu du soulèvement par suite d'un refroidissement et peut-être aussi de l'échappement de gaz; que, continuant à se refroidir, elle s'est divisée en grands polyèdres dont les faces apparentes externes étaient généralement convexes, ainsi que le démontrent les restes encore existants de sommets (voir la fig. 5); que les gaz continuant à s'échapper de la masse qui se retraitait, ont formé de solides croûtes cristallines sur les premières grandes surfaces de retrait, et que ce phénomène s'est répété à l'infini et toujours suivant la même loi, dans chaque grand polyèdre, à mesure que le refroidissement gagnait et que la cristallisation s'achevait.

En effet, où trouve-t-on, par exemple, les plus beaux cristaux de quartz?

C'est précisément dans les parties du massif où les surfaces de retrait sont les plus nettes, les plus planes, où la protogyne est la plus pure, où le phénomène que l'on vient de décrire s'est produit avec le plus de régularité. C'est, en un mot, au centre même du massif, au Talèfre, aux Droites, au fond du glacier de l'Argentière, aux Courtes, à l'aiguille du Triolet (1). Là, on rencontre de belles géodes, mais surtout des plans de retrait entièrement tapissés de magnifiques cristaux de quartz blanc, enfumé, améthyste. La croûte qui sert d'assiette à ces cristaux est d'une extrême dureté jusqu'à une profondeur de plusieurs centimètres: puis, peu à peu la protogyne est moins résistante. Rencontre-t-on une surface de retrait secondaire, le même phénomène se produit; mais avec moins d'énergie.

On ne saurait douter donc que le massif du Mont Blanc, qui présente actuellement une surface composée d'arêtes se réunissant sur certains points pour former des polygones dont les côtés sont saillants et dont les milieux sont creux, présentait primitivement, au contraire, une surface bossuée de polygones convexes, avec côtes plus ou moins tracées en creux et, au total, une sorte de plateau peu accidenté, ainsi que le fait voir la figure 8.

Mais, qu'étaient devenus les terrains que ce soulèvement avait percés, gneiss ou schistes cristallins, terrains triasique, liasique, jurassique, néocomien, urgonien, etc.? Déchirées, plissées, refoulées, les couches inférieures, gneiss, schistes cristallins, plus dures, plus épaisses, résistaient, tandis que les couches supérieures, sauf sur quelques points où elles demeurèrent accrochées, étaient enlevées par les névés et les glaces qui bientôt envahirent ces altitudes.

Si, avant le refoulement, les terrains liasique, jurassique, quoique non durcis encore, présentaient des strates horizontales, l'eau

(1) Voir la Carte générale du Massif.

ayant rempli un rôle important dans leur formation, quelle était la structure des schistes cristallins, des gneiss sous-jacents?

Il est difficile de répondre à cette question. Ces roches, actuellement, présentent des plans de retrait parallèle et croisés obliquement qui tendent à diviser la masse en rhomboèdres plus ou moins réguliers.

Cette structure a dû se produire lorsque ces masses se sont cristallisées après refroidissement lent. Cependant, on pourrait croire que la surface externe des schistes cristallins, avant de recevoir le dépôt des terrains qui les ont recouverts, était inégale et présentait une série de sillons plus ou moins accusés, comme des plissements.

On a la preuve de ce fait au sommet de la plus haute des Aiguilles-Rouges. Sur ce sommet est resté en place un témoin des trias et calcaire jurassique dont les lits ont conservé leur position normale horizontale, tandis que le schiste cristallin sur lequel reposent ces couches présente une surface externe dentelée. Donc, cette surface externe possédait cette forme dentelée avant le dépôt des strates, du trias et du calcaire jurassique.

La figure 10 explique clairement ce que nous disons ici (1).

La croûte primitive terrestre déjà refroidie, avant l'époque où l'eau put déposer les premières strates, était donc inégale d'épaisseur, rugueuse, peut-être déjà fendillée par des plans de retrait résultant d'un premier refroidissement, sans avoir acquis sa dureté définitive. Il y a là un phénomène difficile à résoudre. Ces roches avaient-elles ou n'avaient pas alors subi l'action de métamorphisme normal qui plus tard, au moment des grands refoulements, semble avoir été produite par l'émanation très-énergique des gaz intérieurs se faisant jour à travers cette première croûte non encore durcie (2)?

(1) Ce sommet est pris au-dessus des lacs Blancs, au sud-est de la plus haute des Aiguilles-Rouges. Voir aussi *Recherches géologiques dans les parties de la Savoie voisines du mont Blanc*, A. Favre, t. II, p. 324.

(2) M. Delesse nous semble avoir parfaitement limité, dans ses savantes recherches (*Études sur le métamorphisme*; *Annales des mines*, tome XII), l'action du métamorphisme produit par les roches encaissantes sur les roches éruptives et de celles-ci

Il est possible que cette conformation de la surface des schistes cristallins ne fût qu'accidentelle et que la présence de ce lambeau calcaire sur ce sommet soit due précisément à ce lit dentelé qui l'aurait ainsi maintenu à la place où nous le voyons encore; car, en bien des cas, on voit les terrains houillers, les lias, les schistes argileux et les terrains jurassiques se succéder parallèlement à la

10. — La plus haute des Aiguilles-Rouges.

surface plane des schistes cristallins qui leur ont servi d'assiette.

Il n'en faut pas moins admettre qu'après un premier bouleversement, au moins accidentel, des schistes cristallins à un niveau inférieur, les strates de grès, de calcaires se sont déposées horizontalement, et qu'ensuite l'ensemble ait été plissé et refoulé.

On doit observer encore cependant que les schistes cristallins d'où sort la protogyne du Mont Blanc, sur les rampes nord-ouest

sur les roches encaissantes, laquelle action est peu étendue. Ce métamorphisme de contact et restreint ne saurait être confondu avec le métamorphisme normal, qui a modifié des énormes masses de terrains. Mais il est bien difficile, jusqu'à ce jour, de savoir si les deux actions ont été simultanées ou si déjà ces masses avaient subi un métamorphisme normal, quand les grands désordres survenus dans la croûte ont, à leur tour, produit une action de métamorphisme partiel au contact des roches éruptives avec les roches encaissantes.

du massif, paraissent avoir été soulevés dans un état de dureté très-imparfait, puisque, entre eux et la protogyne, il y a adhérence complète et même parfois mélange.

En admettant le glissement de la protogyne à l'état pâteux, le long des schistes cristallins, si ceux-ci eussent acquis la dureté qu'ils possèdent actuellement, il y aurait eu des brisures et des solutions d'adhérence entre les deux matières, solutions et brisures qu'on n'observe pas. Remarquons encore que la protogyne, sous une apparence compacte, fissurée par des plans de retrait innombrables qui donnent aux débris des formes prismatiques ou pyramidales, perd en partie cette apparence lorsqu'on se dirige sur le versant sud-est du massif. De ce côté, la protogyne est souvent feuilletée et son aspect se rapproche de celui du schiste avec lequel elle alterne parfois, ainsi qu'avec le porphyre et la serpentine.

Il semblerait donc que le soulèvement du massif s'est fait lentement du nord-ouest au sud-est, sa rampe du nord-ouest étant beaucoup moins abrupte que n'est sa rampe du sud-est. Alors la protogyne aurait soulevé ces schistes cristallins moins brusquement d'un côté que de l'autre (1), aurait même débordé ces schistes sur le versant sud-est en les laissant à peine percer, et peut-être est-ce à la pression énorme qu'elle a subie de ce côté qu'il faut attribuer son apparence feuilletée, et la présence de matières qui lui sont étrangères, mais qu'elle aurait entraînées avec elle et qui auraient subi une action de métamorphisme.

Quant aux schistes cristallins, aux gneiss, leur apparence stratifiée serait due, semble-t-il, à une action de pression, et un effet de retrait.

Cette stratification apparente s'est-elle fait horizontalement ou obliquement ou même verticalement, en raison des actions qui agissaient sur la matière au moment de son refroidissement?

A ce moment, la contraction de la croûte terrestre encore mince a dû produire des phénomènes de plissement dont il est impossible d'apprécier l'étendue et la puissance, et cette croûte, inégale

(1) Voir la figure 1.

d'épaisseur, évidemment, devait former, à mesure qu'elle se refroidissait, une surface terrestre singulièrement rugueuse, présentant des ondes et des plis profondément accusés. Les terrains supérieurs qui se sont déposés à la surface de cette croûte inégale ont nivelé nécessairement ces rugosités; puis, la croûte continuant à se refroidir, sont intervenus les grands plissements montagneux avec éruption de granits ou de protogyne (1). Ces refoulements se sont naturellement déclarés là où la croûte sous-jacente présentait les plus faibles épaisseurs ou des inégalités. Il ne faut donc pas être surpris si, dans les massifs montagneux, les gneiss, les schistes cristallins montrent des désordres dans leur structure. Ces désordres ne sont pas la conséquence du plissement et de la rupture accidentelle des parties qui ont laissé ainsi apparaître les roches dites éruptives, mais ils ont pu en être la cause.

(1) Quand nous disons éruption, il ne faut pas l'entendre comme lorsqu'il s'agit des basaltes et surtout de la lave. Nous croyons, avec M. Delesse et d'autres illustres savants, que les matières cristallines ont pu se former par voie humide, et que les granits, syénites, protogynes, serpentines, ont pu être soulevés à l'état de pâte à une température bien inférieure à celle de la fusion.

II

Causes accessoires de l'amoncellement des neiges.

Après le soulèvement du massif du Mont Blanc, il dut y avoir une longue période stationnaire.

La protogyne et les schistes cristallins soulevés ne pouvaient arriver à cet état de cristallisation parfait que sous l'action d'un refroidissement très-lent.

Ces matières durent longtemps laisser échapper des gaz. L'atmosphère terrestre, encore très-chargée, ne permettait aux vapeurs d'eau de se convertir en neige qu'à une altitude excessive, et ces neiges, tombant, fondaient avant d'arriver sur les plus hauts sommets ou en les touchant. L'eau pouvait avoir une action sur leur surface, mais non la gelée.

Ces premières pluies diluviennes contribuaient à déblayer les pentes des menus débris qui les couvraient et, recueillies dans des réservoirs avec les matières entraînées, formaient ces poudingues et conglomérats d'une époque relativement récente, que l'on rencontre souvent dans les parties basses des vallées, mêlés à quelques fossiles de l'époque quaternaire, notamment dans la vallée du Rhin.

Il ne paraît guère douteux aujourd'hui, qu'après les soulèvements successifs des Alpes, il y eût une période antéglaciaire tempérée (époque pliocène), pendant laquelle les eaux seules purent modifier la surface du soulèvement. Cette période vit éclore la faune et la flore quaternaires dont on trouve des débris sous les dépôts glaciaires, et même mêlés parfois à ces dépôts. Les pluies diluviennes qui précédèrent la première époque glaciaire, ne purent toutefois que se réunir au fond des plis laissés entre les couches soulevées et former des lacs profonds, allongés, ne trouvant le plus souvent un exutoire qu'à une assez grande hauteur, ou brisant une digue peu résistante pour se répandre plus bas. Ainsi, les vallées furent ébauchées ; ainsi partie des terrains non cristallins soulevés put être entraînée, réduite en cailloux roulés, et composer des dépôts mêlés à des détritus organiques.

Ce serait sortir de notre cadre que de rapporter ici toutes les opinions qui ont été mises en avant par un grand nombre de savants distingués sur les causes déterminantes des époques glaciaires (1). Nous imiterons la réserve du savant professeur de Genève, M. Favre, sur ce sujet. Mais, préoccupé de la recherche des causes premières des phénomènes, peut-être n'a-t-on pas suffisamment observé et fait la part des causes accessoires ou secondaires qui ont pu avoir sur l'étendue et l'intensité des périodes glaciaires une influence considérable.

Là nous ne sommes plus dans le champ des hypothèses, mais nous restons dans le domaine de l'observation et nous tenons beaucoup à n'en point sortir ; car, comme le dit si justement M. A. Favre : « Le temps est venu où, en géologie, il vaut mieux ne donner aucune explication et laisser une question pendante, que de construire des hypothèses reposant sur de mauvaises bases. »

Dans le chapitre précédent nous avons essayé de présenter un tableau de la configuration du soulèvement du massif du Mont Blanc, à l'origine, et avant que l'action des agents atmosphériques eût pu exercer une influence sur les surfaces de ce soulèvement (2).

Laissant donc de côté les causes générales qui ont pu provo-

(1) Voyez Agassiz, *Actes, Soc. helvét.*, Zurich, 1841, p. 63. — Lartet, *Comptes rendus de l'Académie*, 1865, 21 août. — Ch. Martins, *Revue des Deux-Mondes*, 1867, 1er mars. — De Charpentier, *Essai*. — Lecoq, *Des Glaciers et des Climats*. — La Rive, *Actes de la Soc. helvét.*, Archives, 1865, XXIV, 48. — Frankland, *De la cause physique de l'Ép. glac.*, Philosoph. Mag., mai 1864. — A. Favre, *Causes et effets de l'ancienne extens. des glaciers. Recherches géol. dans la Savoie voisine du Mont Blanc*, tome II. — Tyndall, *Glaciers of the Alps. La Chaleur*.

(2) Ce qui, dans cet exposé, peut paraître hypothétique, est plus amplement développé dans les chapitres suivants.

quer l'amoncellement des neiges sur les soulèvements terrestres; causes qui n'ont pas encore été démontrées scientifiquement, nous nous bornerons aux observations de détail et locales qui ont une importance considérable.

Les formes dentelées qu'affectent aujourd'hui les sommets du massif du Mont Blanc, ces débouchés larges et profonds des vallées hautes, ces cirques concaves n'existaient pas à l'origine. La masse présentait une sorte de plateau ondulé dont l'altitude atteignait 4,000 mètres en moyenne (1). Mais, en recourant à la figure 6 et à la carte générale du massif, on reconnaîtra que ce plateau était déprimé au centre et que ses bords atteignaient une altitude uniforme, sauf à l'extrémité sud-sud-ouest où le sommet dépassait sensiblement ces bords. Sur ce plateau, l'atmosphère très-chargée d'humidité, ce que l'on ne saurait mettre en doute, dut déposer les neiges en masses épaisses puisqu'elles ne pouvaient s'ébouler que le long des escarpements formant le périmètre du plateau. Les schistes cristallins encaissants s'étaient élevés à peu près à la même altitude que la protogyne, surtout vers l'extrémité sud-sud-ouest (2), de sorte que, sur une surface occupant 400,000,000 mètres (3), les neiges s'amoncelaient sans pouvoir s'épancher autrement que sur les parois nord-est et sud-ouest; car, aux deux extrémités nord-est et sud-ouest, le massif se rattache à des sommets très-élevés.

En admettant que l'altitude générale du plateau ne dépassât pas sensiblement celle des sommets actuels (4), soit 4,000 mètres

(1) Hauteurs : le Mont Blanc, 4,810 ; le mont Maudit, 4,771 ; le mont Blanc du Tacul, 4,250 ; l'Aig. du Midi, 3,843 ; le dôme du Goûté, 4,331 ; les Bosses du Dromadaire, 4,556 ; l'Aig. blanche de Peuteret, 4,081 ; la cîme des Flambeaux, 3,533 ; le sommet au sud de l'Aig. du Géant, 3,878 ; les Grandes Jorasses, 4,206 ; l'Aig. de l'Éboulement, 3,608 ; l'Aig. du Talèfre, 3,745 ; l'Aig. du Triolet, 3,879 ; le mont Dolent, 3,830 ; l'Aig. Verte, 4,127 ; l'Aig. de Blaitière, 3,533 ; l'Aig. du Plan, 3,673 ; l'Aig. du Chardonnet, 3,823 ; l'Aig. de l'Argentière, 3,801 ; le Darrey, 3,881 ; le Tour Noir, 3,843.

(2) Le sommet du Bionnassay, 4,061 ; l'Aig. du Goûté, 3,873 ; la Tête-Carrée, 3,701 ; l'Aig. de Tré-la-Tête, 3,930 ; l'Aig. de Saussure, 3,834. Cette dernière aiguille, à laquelle M. Ch. Martins a donné le nom de *Saussure*, que nous lui conservons, est désignée habituellement sous le nom d'*Aiguille du Glacier*, dénomination générale, qui est cause d'erreurs.

(3) La longueur du plateau est de 40 kil. ; sa largeur moyenne, 10 kil.

(4) Voyez les figures 3 et 4.

environ, les vapeurs qui s'élèvent beaucoup plus haut dans l'atmosphère, y déposèrent des couches de neige qui, chaque année, augmentaient l'épaisseur du dépôt puisqu'elles ne pouvaient descendre sous forme d'avalanches et qu'elles ne perdaient pas en été ce qu'elles gagnaient en hiver (1). Cette couche atteignit et

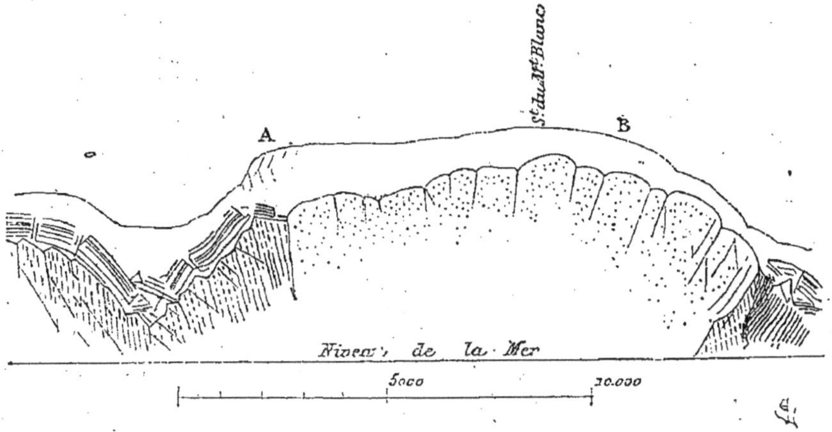

11. — Accumulation des neiges sur le massif à l'état primitif.

dépassa même probablement une épaisseur de 1,000 mètres après plusieurs siècles. En tenant compte des éboulis sur les deux parois du plateau, cette masse donnait un cube de 300 milliards de mètres. Il n'y avait pas de motifs pour que cette couche ne s'élevât jusqu'à la limite des vapeurs, si elle ne tendait pas, en raison même de son accumulation, à s'ébouler de plus en plus dans les sillons qui bordaient le massif et dont les principaux forment aujourd'hui les vals de Chamonix, Veni et Ferret. Ces dépressions furent un jour entièrement remplies.

Un tracé permettra de comprendre ce que nous venons d'indiquer. Soit (fig. 11) la coupe du massif de l'ouest à l'est sur le

(1) Encore aujourd'hui, les hauts névés ne perdent pas par la fonte leur volume d'approvisionnement de l'hiver, et, s'ils ne glissaient pas, leur masse atteindrait des épaisseurs énormes. Les couches de névés comprimées, et ayant subi la fonte estivale, présentent une épaisseur moyenne, par année, de 0,50 c. sur le mont Blanc du Tacul. Cette épaisseur était au moins doublée pendant une période très-humide. En mille ans, les névés avaient donc pu atteindre, sur le grand plateau du Massif, 1,000 mètres d'altitude, très-probablement beaucoup plus; car les fontes sont moins considérables sur des surfaces planes, à une altitude de 4,000 mètres, qu'elles ne le sont sur des pentes et dans des conditions atmosphériques plus sèches.

sommet du Mont Blanc, avec le profil tel que le soulèvement l'avait donné.

La ligne A B présente l'accumulation des neiges à 1,000 mètres en moyenne, sur le plateau ou sur le sommet actuel que nous

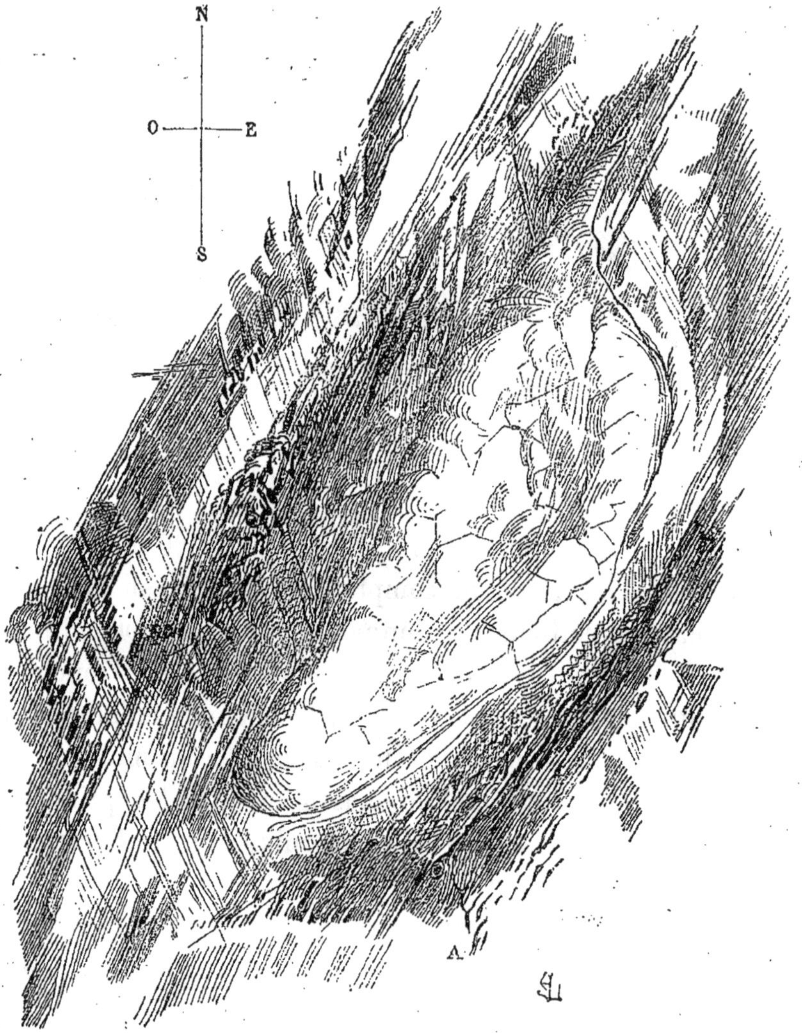

12. — Aspect topographique du massif après le soulèvement.

considérons comme n'ayant pas été modifié; on voit que ces neiges devaient nécessairement s'ébouler en avalanches dans les creux et les remplir.

Les neiges ne possédant pas, comme la glace, une force expansive de dilatation, mais étant poudreuses à une altitude de

4,000 mètres, ne pouvaient avoir d'action sur un plateau que par leur poids, par les éboulis que provoquaient leur accumulation et les élévations de la température. En tombant dans les cavités, au fond des plis du soulèvement, à une altitude moindre, une partie fondait et composait ainsi des névés. C'est alors que l'action destructive commença.

On voudra bien observer que, par suite du soulèvement, il restait entre les parties soulevées de la croûte des espaces creux, affaissés, sortes de bassins sans issues. Nous avons la trace encore bien visible de cette configuration primitive; et la vallée de Chamonix nous en fournit un exemple, figure 12 (1). Du côté du col de Balme, au nord-nord-ouest, les schistes et terrains houillers s'élèvent encore aujourd'hui à une altitude de 2,204 mètres, et ces terrains ont été en partie enlevés par les glaces, tandis que le village des Houches, le point le plus bas de la vallée au sud, est à 1,000 mètres d'altitude. Il est évident que ce point était beaucoup plus bas avant les atterrissements qui ont nivelé le fond du val de Chamonix. Au-dessus des Houches, au sud, le Prarion s'élève de 1,969 mètres et était, de même que le col de Balme, beaucoup plus haut avant l'époque glaciaire. Le Prarion s'unissait à l'Aiguillette, à l'ouest des Houches, et formait ainsi une digue qui laissait le thalweg du val actuel de Chamonix, en contre-bas de plus de 1,000 mètres. Du côté italien, le col de la Seigne est à 2,521 mètres d'altitude, au sud, et le col Ferret à 2,544 mètres, au nord. Ces deux cols ont perdu de leur hauteur, tandis que le village d'Entrèves, au point le plus bas, où les deux vals Veni et Ferret se joignent sur une même ligne, est à 1,285 mètres d'altitude, bâti sur des atterrissements qui ont au moins 500 mètres sur ce point. De ce côté donc, les vals Veni et Ferret formaient un fossé profond de 1,500 mètres au-dessous des parties les plus basses de ses bords, sauf peut-être vers Cormayeur, où le soulèvement présentait une partie faible et une brisure. Cette superficie, que rend notre figure 12, était de plus couverte des énormes débris des terrains soulevés et dont nous ne

(1) Voir la Carte générale.

trouvons plus aujourd'hui que des lambeaux. Les neiges accumulées sur le plateau du massif et sur les sommets qui l'entourent, en s'éboulant dans ces cavités, entraînèrent naturellement la plus grande partie des fragments des terrains soulevés et les précipitèrent avec eux au fond des plis qui se trouvèrent ainsi grossièrement remblayés. Puis, ces neiges furent pénétrées d'eau par les fontes et produisirent d'immenses glacières sans issue, et dont le volume n'était pas moindre de 40 milliards de mètres cubes dans le val de Chamonix avant d'atteindre les crêtes les plus basses du soulèvement, et de 12 milliards de mètres cubes dans les vals Veni et Ferret, avant de pouvoir déborder les arêtes les moins élevées. La puissance de dilatation de ces amas de glace ne trouvait à s'exercer que sur les parois qui les enserraient et, ne pouvant les briser, la glacière s'élevait d'autant. Du côté italien, trouvant un point faible, peut être une faille en A, dans un angle rentrant du soulèvement, les glaces se firent jour et commencèrent à descendre dans le val d'Aoste. Mais les soulèvements alpins présentent du côté italien des rampes plus abruptes que du côté du nord et de l'ouest, par conséquent des réservoirs de neige beaucoup moins étendus. Aussi, les glaciers qui descendaient de ce côté, indépendamment de l'orientation favorable à leur ablation, étaient-ils beaucoup plus courts que ceux dirigés vers le nord et l'ouest, arrivaient plus rapidement à une altitude où ils devaient fondre, et c'est ce qui expliquerait comment même, pendant la période glaciaire, la faune pliocène aurait pu se maintenir sur le versant méridional alpin, dans le voisinage de ces glaciers. Du côté de Chamonix, le seul point faible était le Prarion et sa jonction avec l'Aiguillette de Merlet. Là les lias, les terrains houillers, les terrains triasiques, n'ayant pas la consistance des schistes cristallins, ne purent endiguer la glacière qui, arrachant les sommets de cette partie du soulèvement dès qu'elle eut atteint leur niveau, passa par-dessus la digue pour se répandre dans la vallée de Sallanches.

Les soulèvements qui entouraient le massif atteignaient une altitude supérieure à celle actuelle, présentaient eux-mêmes des surfaces planes, relativement à ce que nous voyons aujourd'hui et conservèrent longtemps sur leurs sommets et leurs pentes les plus faibles, de larges et épais lambeaux des terrains postérieurs soulevés, qui augmentaient leur altitude; de telle sorte que les soulèvements qui encaissaient le massif atteignaient et dépassaient même peut-être sur quelques points, comme par exemple aux aiguilles Rouges, au Brévent, au Buet, aux monts de Saxe, l'altitude moyenne du plateau de protogyne.

Deux conditions principales étaient donc favorables à l'accumulation des névés ; la configuration du massif du Mont Blanc, sous forme d'un plateau ondulé, à une altitude moyenne de 4,000 mètres sur une surface de 4,000 hectares environ; et, tout autour de ce massif, un état de soulèvement moins régulier, mais atteignant à peu près la même altitude, puis des fossés profonds, cavités sans issues dans lesquelles la neige s'accumulait comme dans des glacières immenses.

Un état très-humide de l'atmosphère et cette configuration locale étaient des causes suffisantes pour provoquer un amoncellement prodigieux d'eau à l'état de neige, de névé ou de glace. D'autant que, plus les amas de neige prenaient de surface et d'épaisseur, plus la température tendait à se refroidir dans un rayon étendu, plus l'évaporation était considérable en été, plus les orages étaient fréquents et plus les causes d'approvisionnement se développaient. Il est entendu que nous ne nous occupons que des causes purement locales que l'examen des phénomènes actuels et des lieux permet d'apprécier exactement.

La propriété de l'eau à l'état de congélation est d'absorber l'humidité de l'atmosphère à l'état liquide et de se l'approprier. Tout le monde sait qu'autour d'une carafe glacée, l'eau que contient l'air, vient se condenser en gouttelettes et irait se joindre à la glace si le verre ne lui faisait obstacle. Le glacier opère en grand comme le fait la carafe ; il absorbe l'eau à l'état de vapeur, prend sa chaleur et fond d'autant, ou regèle cette eau.

Si le glacier a peu d'étendue relativement au volume d'eau qu'il peut absorber, il tend à diminuer ; mais si sa masse est très-considérable relativement au volume d'eau qu'il attire à lui, il la regèle, s'en nourrit et augmente d'autant.

Nous ne faisons qu'indiquer ici un phénomène sur lequel nous avons l'occasion de nous étendre, mais qui a dû prendre une importance considérable pendant l'extension des névés, et contribuer encore à augmenter les immenses glacières primitives, sous une atmosphère très-humide. Nous nous servons à dessein du mot *glacière,* parce qu'en effet, les premiers amas de névés dans le fond des sillons de soulèvement, qui depuis sont devenus des vallées, n'ont pu procéder comme des glaciers que quand ils ont rempli ces cavités, ont passé par-dessus leurs bords ou les ont brisés et ont pris une marche régulière. Mais on comprend qu'avant d'en venir là, les approvisionnements devaient avoir une puissance telle que le phénomène glaciaire à son apogée se produisit jusqu'à des distances énormes des plateaux supérieurs. D'autant que ce que nous décrivons ici sur un coin des Alpes, se répétait sur toute la surface de ce vaste soulèvement; que ces digues, ces encaissements de vallées sans issues se retrouvent partout; et que, dès qu'une glacière avait franchi ses bords, et, se mettant en marche, devenait glacier, ce glacier pouvait trouver en contre-bas une autre glacière qui arrêtait encore son cours jusqu'à ce que les deux amas réunis fissent un effort pour descendre plus bas. Et, en effet, entre Sallanches et Cluses, le soulèvement des terrains néocomien et valengien formait une digue dont le bord supérieur dépassait de plus de 1,000 mètres le fond de la vallée de Sallanches, largement remblayé aujourd'hui, et qui présentait un second creux sans issue, bien autrement considérable que n'était celui de Chamonix. Ce creux était bordé au sud par l'extrémité du massif du Mont Blanc, à l'est par le grand plateau soulevé des calcaires et des lias, qui s'étend du mont Joli au mont Vergys, à l'ouest par l'autre partie de ce soulèvement dont la crête commence aux Fis pour finir au-dessus de la Frasse. Ce soulèvement calcaire qui présentait et présente encore une surface générale relativement peu accidentée, malgré les profonds ravins qui la sillonnent aujourd'hui, formait donc deux plateaux à une altitude moyenne de 3,000 mètres, singulièrement favorables à l'accumulation des neiges.

En franchissant la digue du Prarion, la glacière du val de Chamonix tombait donc dans une autre glacière un peu plus basse, mais qui devait être alimentée par les neiges accumulées sur les soulèvements dont nous venons de parler.

Les forces réunies de ces deux amas glaciaires avaient à trouver leur issue, et ils l'ouvrirent naturellement au point le plus faible et le plus bas, c'est-à-dire à travers les terrains néocomien, valengien et calcaire schisteux, qui aujourd'hui bordent la gorge de Cluses.

Dans la vallée de Bonneville ce glacier primitif trouva encore un barrage à la hauteur de Faucigny et de Sentrier; car, si on jette les yeux sur la carte géologique de la Haute-Savoie (1), on verra que les plis des soulèvements sont généralement parallèles au massif du Mont Blanc, sauf sur le parcours que nous venons d'indiquer où il y a eu brisure, désordre, entrecroisement de parties soulevées. Le glacier primitif qui, descendant de la vallée de Chamonix, arrivait jusqu'à l'extrémité sud du lac de Genève, avait donc profité de ces failles, de ces irrégularités et de ces parties plus faibles et brisées de la masse soulevée, pour faire son chemin. Même phénomène se manifeste dans des proportions plus grandioses encore dans la vallée du Rhône.

L'immense glacier qui fit sa route de ce côté pour remplir le lit du lac Léman et le dépasser, suivit une grande faille, les dépressions, les brisures et affaissements produits entre les massifs principaux des alpes Bernoises, du Mont Blanc, du Simplon, du Saint-Gothard et du mont Rose. Mais, pour ne pas étendre trop loin notre examen, on remarquera qu'au contraire, les glaciers secondaires qui viennent se jeter dans les deux grands glaciers principaux des vallées du Rhône et de l'Arve, suivirent les terrains soulevés et descendaient surtout vers le sud-ouest où le soulèvement est plus régulier, parallèlement au grand axe du massif du Mont Blanc. Quant au glacier de la vallée du Rhône qui, à la hauteur de Martigny, se détournait brusquement vers le nord-nord-ouest, il reprenait à la hauteur du lac Léman une direction parallèle au grand axe du massif du Mont Blanc, et par

(1) Voyez la Carte géologique des parties de la Savoie, du Piémont et de la Suisse, voisines du Mont Blanc, par A. Favre, 1862.

conséquent, aux plis que le soulèvement de ce massif avait provoqués dans la croûte terrestre.

Mais il ne saurait être douteux que les causes d'amoncellements des névés produites par la configuration primitive des soulèvements, ne peuvent être que secondaires ; elles ne suffiraient pas à expliquer l'accumulation relativement considérable des névés sur des chaînes beaucoup moins élevées comme le sont les montagnes du Jura et des Vosges.

Sur le massif même du Mont Blanc et sur les montagnes qui le bordent, en déclinant vers le nord et l'ouest, cet amoncellement des névés fut tel que, pendant bien des siècles, toute cette surface fut couverte d'un immense manteau de neige inerte par sa masse même et ne pouvant produire une action puissante sur la forme des soulèvements qu'elle protégeait contre les intempéries.

Mais les phénomènes de la nature sont complexes ; la nature n'arrive jamais à un résultat, ou à ce que nous considérons comme un résultat, que par une série d'efforts gradués, interrompus, repris.

On ne saurait mettre en doute que l'époque glaciaire est divisée en deux périodes avec un intervalle entre ces deux périodes, pendant lequel la faune et la flore actuelles ont pris possession des Alpes, mêlées à quelques individus perdus. La trace de cette période interglaciaire est laissée de la manière la moins contestable dans ces dépôts de lignites et de tourbes, mélangés à des fossiles que l'on rencontre sur les premières roches moutonnées et qui sont à leur tour recouverts d'apports morainiques, dus à la seconde période glaciaire. Celle-ci semble avoir pris une plus grande extension que la première et avoir été suivie d'un refroidissement très-marqué de l'atmosphère, puisque la flore arctique se prolonge encore longtemps pendant la phase de décroissance des grands glaciers (1).

L'ébauche des vallées pendant la première période glaciaire s'était améliorée, mais elle n'était encore qu'incomplète ; des

(1) Voyez le *Paysage morainique, son origine glaciaire*, etc., par E. Desor. Paris, 1875.

cuvettes étaient déjà comblées ou remplies de marécages qui ont laissé leur trace dans ces tourbières interglaciaires. L'action destructive des plateaux supérieurs et régulatrice des vallées recommença non par le haut, mais par le bas, au déclin de la seconde et grande période glaciaire. C'est ce que nous essaierons d'expliquer. Mais auparavant il est nécessaire de définir exactement la nature et l'action des névés ainsi que celle des glaces.

III

Les neiges et les névés.

Aujourd'hui, lorsqu'on atteint et qu'on dépasse une altitude moyenne de 2,500 mètres, ce qu'on foule aux pieds ce n'est pas de la glace, ce n'est pas de la neige en tout semblable à celle qui pendant l'hiver couvre nos plaines ; c'est, sur les points les plus élevés, une poussière de cristaux fins, brillants et, dans les cirques, là où les neiges se sont accumulées pendant la saison hivernale, une agglomération de granules de glace à laquelle on donne le nom de *névés*. Ces amas sont composés de couches successives comprimées, tassées, d'une apparence opaque saccharoïde, d'un blanc gris dans les cassures, et peu perméables, une fois formés.

Car, si le soleil est ardent, l'eau provenant de la fonte des cristaux de la surface s'est infiltrée lentement en regelant les cristaux sous-jacents sous forme de granules transparentes, mais dont la réunion n'a que la translucidité du sucre.

Les hauts cols, les plateaux supérieurs sont occupés par des champs de neige dont les délicats cristaux, d'un aspect étincelant, non soudés comme ceux des névés, sont enlevés facilement par les rafales en tourbillons de poussière. Pendant l'hiver, sous une température toujours inférieure à 0°, cette neige conserve sa mobilité et est entraînée au gré des vents dans les oules, gorges ou cirques. Lorsque surviennent les premières chaleurs, sa croûte seule fond et forme un glacis brillant qui empêche la masse sous-jacente d'être entraînée par le vent ; mais cette masse n'en reste pas moins incohérente, ce qui permet à l'air froid des nuits de la maintenir à l'état pulvérulent farineux. Cependant il arrive, dans le voisinage des sommets, que les neiges non encore passées à l'état de névé s'imbibent d'eau dans leur épaisseur; lorsque par exemple des pentes neigeuses sont exposées directement aux rayons du soleil et sont abritées des vents du nord-est, ou bien lorsqu'elles sont frappées par le vent du sud-est (fœhn). Nous avons vu les névés de l'aiguille Verte, parfaitement durs le matin, devenir très-mous en quelques minutes sous l'influence de ce vent et des premiers rayons solaires. Chaque pas se remplissait d'eau.

C'est ce que M. Desor avait observé, de son côté, en montant au Schreckhorn. Alors, pendant la nuit, ces neiges passent à l'état de glace sans subir la transition du névé.

Les névés sont plus compactes à leur partie inférieure que près de la surface externe, par suite de la pression qu'ils ont subie. Ils sont adhérents en apparence aux roches de fond, perpétuellement gelées.

Le névé n'est qu'un état transitoire entre l'état de neige et l'état de glace, et il faut distinguer, ainsi que l'a très-bien fait observer Agassiz, les champs de neige des névés, en ce que ce sont ces derniers qui alimentent directement les glaciers (1).

L'accumulation des névés se fait suivant certaines conditions imposées par le vent, par la nature et la configuration des roches et par les lois de la pesanteur.

(1) « De ce que les champs de neige aboutissent aux névés, on pourrait en con- « clure que ce sont eux qui les alimentent. Rien ne serait plus erroné qu'une pareille « supposition. Sans doute, les champs de neige viennent mêler, dans tous les cir- « ques, leurs glaces à celles du névé; mais ce n'est pas à dire que ce soient eux qui « les approvisionnent. S'il est un massif qui fournisse beaucoup de ces glaces, c'est « bien le Schreckhorn. Son revers septentrional, depuis l'Abschwung jusqu'au col « de Lauteraar, est complétement tapissé de champs de neige, qui, par quatre « affluents divers, viennent apporter leur tribut au névé du Lauteraar, qui est au bas. « La masse de glace qu'ils y versent est, sans doute, très-considérable, et, malgré « cela, la place qu'ils occupent dans le lit commun, au pied de l'Abschwung, est « très-faible; c'est à peine si les quatre affluents réunis (celui du Schreckhorn, les « deux du Lauteraarhorn et celui de l'Abschwung) égalent le quart de la largeur du « grand bras du Lauteraar. On les retrancherait complétement, que le glacier n'en « subsisterait pas moins, puisqu'il ne se trouverait diminué que d'un quart..... » *Système glaciaire, ou Recherche sur les glaciers*, p. 52; L. Agassiz (1847), Leipsig. Voyez, dans le même ouvrage, le chap. V : *De la neige, des névés*, etc.

Ce sont ces lois aussi qui donnent la forme qu'affectent les masses glissantes et éboulées.

Quelle était la direction habituelle des vents pendant l'époque glaciaire ? Nous l'ignorons ; mais l'observation des ruines actuelles porterait à croire qu'alors les vents dominants venaient de l'ouest-sud-ouest, et que l'amoncellement des névés fut très-considérable sur le plateau et le versant faisant face à cette orientation (1).

(1) Alors, avant et pendant la période glaciaire, la mer Adriatique baignait les rampes méridionales des Alpes, et toute la Lombardie était un vaste golfe, d'une assez faible profondeur. M. Charles Martins nous avait signalé la présence de fossiles de gastéropodes à la base des moraines frontales de Camerlata, et M. Desor a publié récemment une description de ces coquilles fossiles trouvées à Bernate, dans le *Paysage morainique*. Nous croyons utile de citer quelques passages relatifs à cette importante découverte (p. 33) :

« Le noyau du tertre est composé de matériaux entièrement meubles, de sable et de gravier mêlés de fragments plus gros ; tous ces matériaux sont comme lavés, sans aucune adhérence, ainsi que cela arrive lorsqu'ils ont été battus par la vague ou charriés par un courant. Chaque coup de bêche amenait, avec les graviers détachés du tertre, une quantité de coquilles blanchies; pour la plupart des gastéropodes....

« La composition du terrain n'était pas moins caractéristique. Les matériaux étaient formés de débris erratiques alpins, très-variés de dimension et aussi de nature, amoncelés sans la moindre stratification, sans aucune disposition régulière, les plus gros fragments se trouvant épars au milieu des plus petits. Mais, ce qui nous frappa le plus, ce fut de trouver, sur beaucoup de ces cailloux, en particulier sur ceux de calcaire des Alpes, des raies et des stries parfaitement marquées et se croisant en tout sens, comme celles qu'on voit sur les débris erratiques recueillis auprès des glaciers actuels. Ces matériaux striés révélaient, d'une manière incontestable, l'action d'anciens glaciers. Ajoutons encore qu'au nombre des cailloux calcaires, il s'en est trouvé plusieurs qui étaient percés de trous de pholades. » Suit le catalogue des coquilles fossiles, au nombre desquelles on n'en compte pas moins de 22 vivantes encore dans la Méditerranée.

« Il est donc constaté, ajoute M. Desor, qu'on trouve à Bernate, en plein paysage morainique, une faune pliocène parfaitement caractérisée, côte à côte avec des cailloux polis et striés, qui annoncent que les glaciers se sont étendus autrefois jusqu'à l'extrémité méridionale du lac de Côme, où ils ont rencontré la mer. »

Si les observations de M. Desor ne sont point contestées, les conclusions qu'il en tire ne sont pas acceptées sans discussion; mais le savant géologue nous semble avoir, dans l'ouvrage auquel nous empruntons ce passage, répondu de la manière la plus satisfaisante aux objections qui lui étaient adressées.

Cette étendue d'eau, peu profonde, devait produire des vapeurs considérables, qui contribuaient à saturer l'atmosphère d'humidité le long de ces rampes, et à augmenter la masse des névés sur le versant nord et les hauts plateaux. Les lacs de Lugano et de Côme étaient alors de véritables fiords glaciaires, comme ceux que l'on rencontre sur les côtes d'Islande et de Suède. M. Agassiz considère le voisinage d'un climat maritime comme une des causes de l'extension des glaciers. « Les glaciers

En effet, du côté italien, bien que les traces des époques glacières soient visibles, incontestables, les érosions des rampes n'ont pas le caractère de puissance qu'elles affectent sur les versants opposés, et les rampes ont été ruinées bien plus par les agents atmosphériques que par les éboulis de névés et par le passage des glaces. Les escarpements sont plus déchirés, plus abrupts vers le sud que vers le nord où l'on reconnaît qu'un immense courant glaciaire a emporté des masses prodigieuses de terrains sur une surface très-étendue, en élargissant les vallées, enlevant les aspérités, limant des obstacles formidables, arrondissant des sommets secondaires, tels que le Salève par exemple. Si bien que vers le Septentrion, à l'apogée de l'époque glaciaire, peu de sommets émergeaient, tandis que sur le versant méridional les glaciers laissaient entre eux des crêtes nombreuses que les intempéries décomposaient chaque jour.

La configuration du soulèvement se prêtait aussi à cette variété dans les effets de l'action glaciaire. Les Alpes présentent du côté italien des rampes beaucoup plus abruptes que du côté de la France et du Jura. Le massif du Mont Blanc affecte cette disposition. Le versant du côté du val de Chamonix donne une pente générale de 20°, tandis que du côté de Cormayeur la pente générale est de 40°. Observons de plus que le plateau supérieur de ce massif (voir la figure 11) donnait une surface ondulée, légèrement inclinée vers le nord-ouest. Tout contribuait donc à l'accumulation et à la conservation des neiges sur ce plateau : configuration du massif, orientation, et, comme on va le voir, conditions de dépôt des névés.

Recourons à la figure 12 ; on voit que la partie la plus élevée du plateau se trouve sur le bord de la protogyne, dans la direction sud-est ; que ce soulèvement de protogyne et des roches encaissantes affecte une forme allongée, présentant la plus grande face vers le nord-ouest. Les vents, amenant les vapeurs du sud, de l'ouest ou du nord-ouest, trouvaient ainsi une surface toute préparée pour recueillir et conserver les neiges.

« des Alpes. dit-il, seraient plus grands qu'ils ne sont réellement s'ils se trouvaient « sous l'influence des vents de mer. » *Syst. glaciaire*, p. 37.

Ces neiges s'accumulaient-elles parallèlement à la surface du plateau ? Non, elles s'arrêtaient alors sur cette surface comme elles s'arrêtent aujourd'hui sur des plans présentant des sections analogues et orientés de la même manière, c'est-à-dire qu'ils s'accumulaient conformément au profil donné par la figure 13 (1).

La direction du vent étant suivant A B, les couches successives de neige se déposent plus épaisses là où il y a ressaut, que là où la pente se rapproche de l'horizontale. Le courant d'air rase les parties plates et y dépose peu de neige, tandis qu'il ressaute et tourbillonne là où il y a une pente plus accusée et y laisse des amas plus épais, ainsi qu'on le voit en C E.

En D, la direction du vent échappe par la tangente et balaye

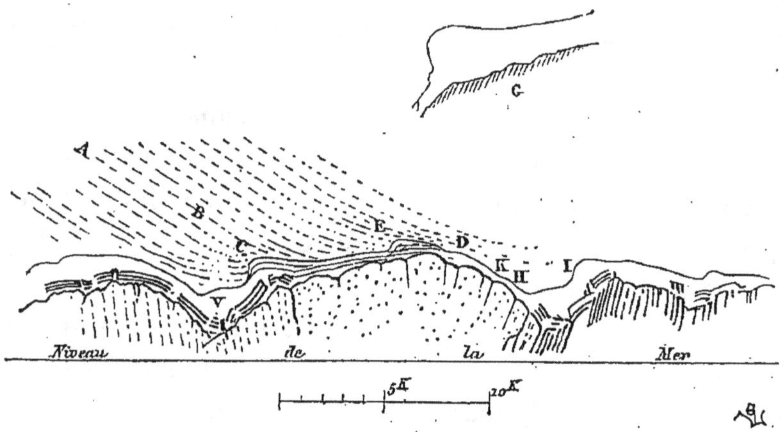

13. — Mode de dépôt des neiges.

la neige qui ne se dépose que faiblement. Si bien que dans des conditions analogues on voit les neiges former des bourrelets ainsi que le montre le profil G ; et plus le bourrelet s'accuse et plus il tend à accroître sa section.

Naturellement ces amoncellements G finissaient par s'ébouler en énormes avalanches qui remplissaient le val V de Chamonix, déjà chargé de névés.

En H, du côté du val Veni, le même phénomène se produisait. Les neiges s'accumulaient en I, tandis qu'elles ne laissaient qu'un dépôt relativement mince en K, le long des rampes abruptes,

(1) Section de l'ouest à l'est, faite sur le sommet du Mont Blanc.

regardant le sud-est. Aussi ces rampes étaient-elles plus exposées aux intempéries que celles du nord-ouest, et durent-elles commencer à se dégrader bien avant ces dernières ; mais seulement, cependant, au déclin de l'époque glaciaire ; car à l'apogée de cette époque les neiges couvrirent d'une épaisse calotte la surface totale du soulèvement.

Lorsqu'un profil de montagne présente une pente abrupte opposée au vent chargé de neige, et à l'opposite un plateau peu incliné, le dépôt donne une section différente de celle présentée figure 13.

Soit, figure 14, un soulèvement offrant la section AB. La direc-

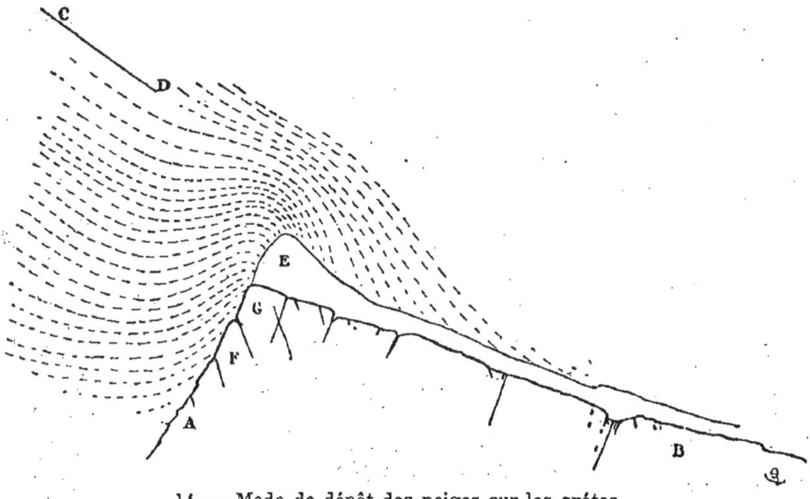

14. — Mode de dépôt des neiges sur les arêtes.

tion des vents chargés de cristaux de glace étant suivant la ligne CD, les neiges forment un épais bourrelet en E. En effet le courant, trouvant un obstable F, ressaute, tourbillonne et amasse sur l'arête G beaucoup plus de poussière glacée qu'il ne le peut faire sur la pente GB, au-dessus de laquelle il passe en la rasant ; plus le bourrelet s'accentue et plus il provoque sur sa surface l'amoncellement des cristaux de glace. Ces deux observations générales recueillies, il est nécessaire d'étudier la question dans ses détails, car de cette étude résulte l'explication de la marche particulière aux champs de neige et aux névés.

Soit le cas présenté dans cette dernière figure. La pente GB est trop faible pour que les neiges puissent glisser sur sa surface. Mais comment se comporte ce dépôt? Composé de couches successivement comprimées, stratifié en un mot, les couches inférieures *a b*, figure 15, ont subi une pression très-forte en *a*, moins puissante en *b*. Les couches supérieures ont moins de consistance que les couches sous-jacentes. La résultante des pressions qui agissent de A en a, a pour effet d'exercer une poussée de *a* en *b*. Mais si en C est un relèvement, un obstacle qui a provoqué un bourrelet de neiges, il se produit une boursouflure en D qui a pour conséquence d'occasionner une rupture, une faille en F (1) et

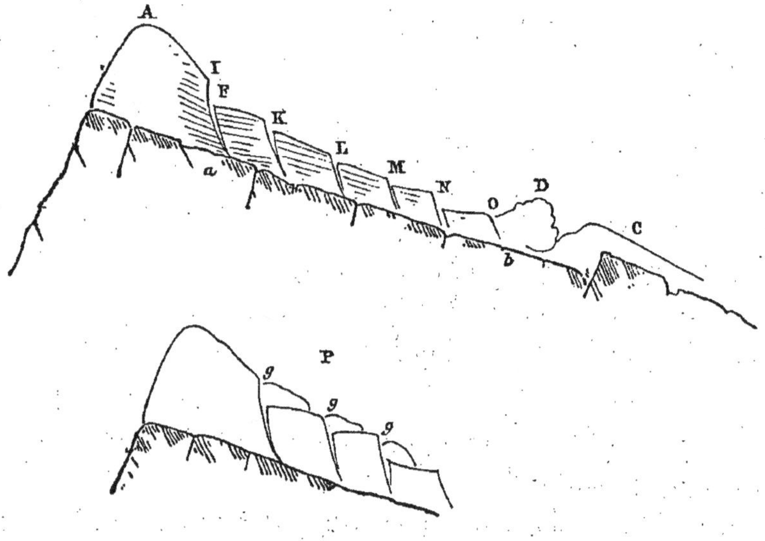

15. — Mode de glissement des neiges.

un abaissement du point I en F. Cet abaissement, résultat de la poussée qui s'est exercée de *a* en *b*, ne peut se faire qu'en gerçant toute la surface ID, ainsi qu'on le voit en K, L, M, N, O, etc., avec renversement des faces externes, ce qui, à chaque crevasse, produit un dénivellement, une faille. Dès lors les aspérités I, K, L, M, etc., sont autant de causes nouvelles d'amoncellement des neiges par le trouble que ces dénivellements apportent dans la direction du courant d'air chargé de cristaux glacés; de telle

(1) On donne à ces failles des névés le nom de rimayes, quand elles se présentent le long des escarpements.

sorte (voir en P) qu'il se forme des amas en *g*, lesquels chargent les parallélipipèdes du côté d'amont, tendent à les faire basculer, à leur faire faire *quartier* (comme disent les carriers) et à amener leurs diagonales parallèlement au plan d'assiette ; d'où une action de poussée d'autant plus active, qui se traduit par des plis, des dénivellements, des boursouflures dans les parties inférieures. Nous avons eu l'occasion d'observer ce phénomène sur les champs de neige presque plats, au mont Rose et notamment au Weissthor (1).

Ainsi, en basculant, en produisant des soulèvements résultats d'une poussée, les neiges arrêtent d'autant mieux les cristaux de glace chassés par le vent, et en se déposant sur un plan suivant une épaisseur inégale, en raison des obstacles, ceux-ci provoquent encore le mouvement de bascule des masses disjointes et par suite leur action de poussée. Peut-être y a-t-il contraction d'une part et dilatation d'autre part, aussi bien sur les champs de neige que sur les névés proprement dits.

Si par exemple les névés se sont accumulés dans un cirque, ils présentent une section plus épaisse au milieu que sur les bords, par conséquent, une pression beaucoup plus forte vers ce centre et une action de tirage sur les bords qui se traduit par ces rimayes que l'on observe toujours à la jonction des névés avec les roches des cirques ou des oules.

Il ne faut pas oublier cependant un point important. Les roches sur lesquelles sont assis les névés sont gelées à la surface, et ces névés paraissent y adhérer fortement. L'action de poussée rencontre donc, de ce fait, une résistance puissante ; aussi, même sur des pentes assez abruptes, voit-on parfois des plaques de neige qui semblent immobiles et ne se pas prêter au mouvement, si par exemple elles sont solidement arc-boutées par une contre-pente. Alors, il se produit un phénomène de même ordre que le précédent, mais qui, quoique étant circonscrit, n'en a pas moins pour

(1) Au point dit : *le Passage,* on suit pendant près d'une demi-heure une arête A bordée d'une grande rimaye F. De cette arête, on distingue les *marches* séparées par des crevasses, que les parallélipipèdes du névé ont fait en basculant. On peut observer le même phénomène au mont Maudit du Mont Blanc, au dôme du Goûté.

conséquence la marche des neiges supérieures par voie d'éboulement

Sur le flanc gauche du col du Weissthor, en regardant du côté suisse, s'élève une rampe rocheuse qui donne le profil suivant,

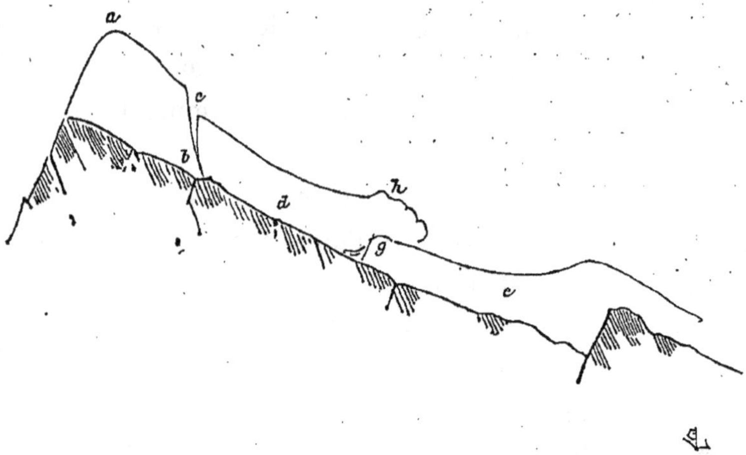

16. — Autre mode de glissement des neiges.

figure 16. La surcharge de l'arête *a* a produit une poussée en *b*, une rimaye énorme en *c* et le glissement de toute la masse *d*. Mais en *e* est un amas arc-bouté, qui a opposé en *g* une résistance iné-

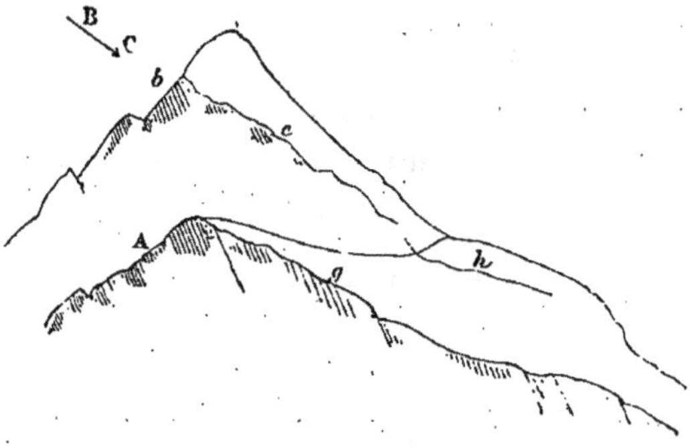

17. — Dépôt des neiges par un col étroit.

branlable. Il s'est produit dès lors en *h* une boursouflure qui se résout en des avalanches recouvrant la surface du plateau *e*, lesquelles à leur tour prennent une marche perpendiculaire à notre section.

L'action des courants d'air chargés de cristaux de glace produit encore d'autres phénomènes qui contribuent à faciliter le déblaiement des neiges supérieures.

Quand, par exemple, il existe une interruption, un créneau, un intervalle A entre deux masses rocheuses dominantes *b*, figure 17, la direction du vent chargé de cristaux glacés étant BC, les neiges s'accumulent sur les arêtes *b*, ainsi que le montre la figure 14; mais l'air poussé violemment dans le créneau y dépose la neige, conformément au profil *g h*. Alors il reste une oule plus ou moins vaste, suivant la largeur du créneau, qui facilite l'éboulement des neiges *e* latérales dans l'oule d'abord, puis, de là, sur la pente A (1).

Si des pentes très-abruptes, figure 18, sont terminées par un

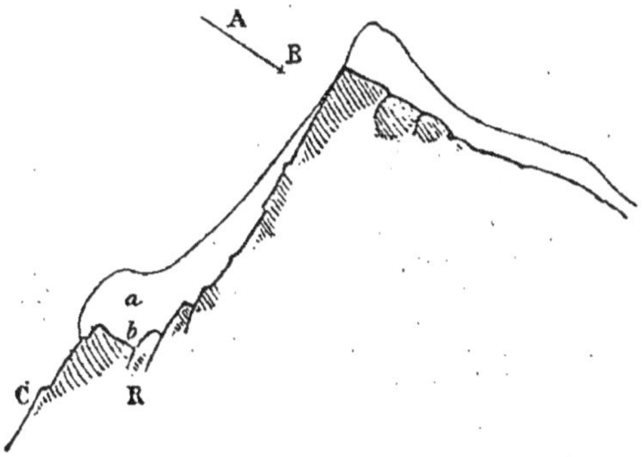

18. — Mode d'accumulation sur pentes abruptes avec ressauts.

ressaut R, la direction du vent chargé de neige étant AB, ces neiges tombent en poussière le long de cette pente qui ne peut les retenir, viennent s'accumuler en *a* et s'éboulent successivement sous forme d'avalanches sur les pentes C. Mais, dans ce cas, il peut se faire que des névés en *b* soient approvisionnés là depuis des siècles, tous les éboulis se produisant sur la surface.

Si deux pentes très-douces et égales opposent une de leurs rampes à l'action du vent, figure 19, soit AB la direction du vent, la neige se dépose ainsi que l'indique le profil *a* et les effets observés dans la figure 16 se produisent.

(1) En grand, ce phénomène explique la présence des glaciers qui descendaient encore à la fin de la période glaciaire, des cols dominés par des sommets qui, cependant, ne s'élèvent pas beaucoup au-dessus de leur niveau.

Si des pentes affectent la forme d'un demi-cône renversé (ce qui s'est présenté trés-fréquemment depuis l'époque glaciaire, par suite de la destruction des rampes), les neiges glissent le long

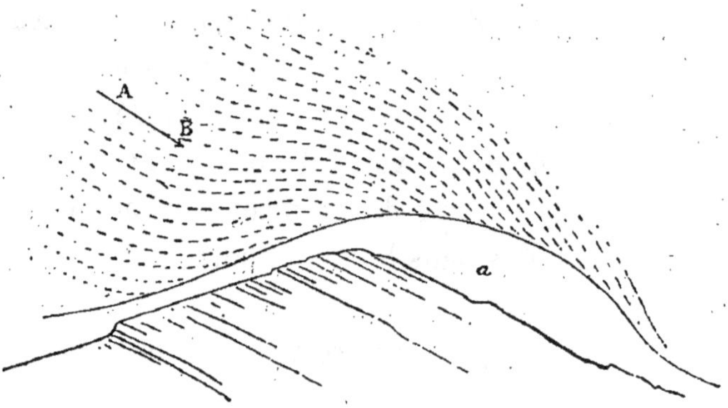

19. — Mode de dépôt des neiges sur une arête mousse.

des parois du demi-cône et viennent s'accumuler en masses énormes, irrégulières, surplombantes au sommet A de ce demi-cône renversé (figure 20). De là elles s'éboulent sur les rampes inférieures, sous forme d'avalanches. Ce fait très-naturel produit,

20. — Avalanches.

même à de grandes altitudes, un phénomène qui paraît étrange.

Soit AB (figure 21) la coupe d'une pente avec escarpement en C, la partie supérieure de la pente donnant un demi-cône renversé D. Par suite du rétrécissement des parois DC, la neige, comme il vient d'être dit, s'accumule en E. De là, elle tombe en avalanches sur la surface du névé inférieur F, qu'elle charge. Ainsi force-t-elle sans cesse ces couches F inférieures, par suite de la pression exercée en I à former un bourrelet de soulèvement en H, et malgré l'énorme épaisseur des neiges accumulées en E et en I, l'escarpement de roches C demeure toujours visible. C'est pourquoi, le long des rampes nord du dôme du Goûté, au-dessous de la montagne de la côte, à la gauche des Grands-Mulets et sur d'autres points de la partie supérieure du massif du Mont Blanc, on voit toujours apparaître des plans presque verticaux de rochers

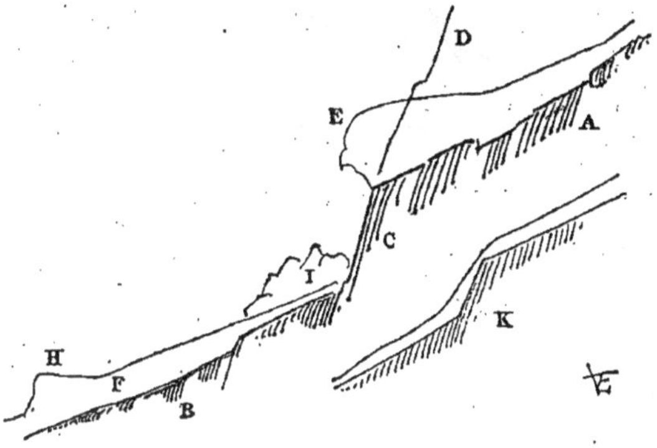

21, — Séracs.

22. — Séracs.

jamais recouverts, bien qu'il y ait au-dessus et au-dessous d'eux des masses de névés qui suffiraient à les masquer, si les névés donnaient la section K.

Mais, si les neiges, à la surface, sont à l'état pulvérulent, et sont facilement soulevées en poussière fine par le vent en hiver, elles acquièrent une grande consistance et adhérence lorsqu'elles ont été soumises à une pression et à une fonte superficielle, ce qui se produit nécessairement par l'apport des couches successives. Ce n'est donc que par l'effort de poussées puissantes que ces névés peuvent se disloquer, vaincre la résistance que leur oppose le frottement et l'état gelé des roches sous-jacentes et quitter les rampes supérieures pour venir alimenter les glaciers.

Mais passent-ils immédiatement de l'état de névé à l'état de glace? Non pas, ils arrivent à ce dernier état par une série de transitions et par suite d'une absorption plus abondante d'eau.

Le névé pur se brise par grandes lignes comme les matières stratifiées, mais généralement courbes; verticalement, ses cassures affectent l'apparence conchoïdale, figure 22. Mais, dès qu'il a été imprégné d'eau et qu'il commence à passer à l'état de glace, il affecte d'autres formes. Alors, il se brise en parallélipipèdes, laissant apparaître ses strates dans la cassure figure 23 (1). Mais,

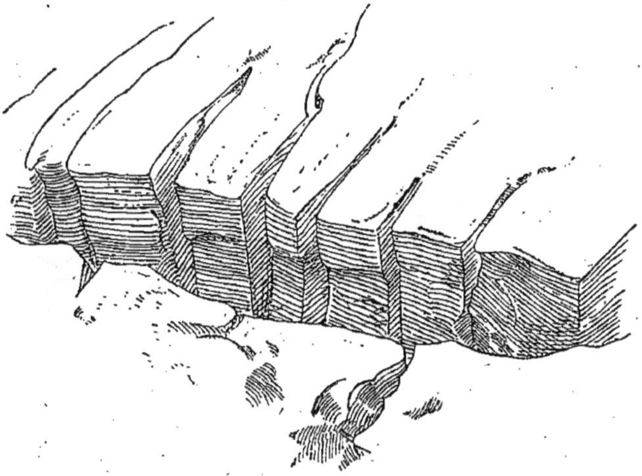

23. — Crevasses dans les névés.

en outre, il acquiert déjà une propriété plastique qu'il ne paraît pas posséder à l'état pur. Ainsi, voit-on déjà, à l'altitude de 3,200 mètres, des crevasses de névés présenter ce phénomène, qu'une partie du névé tient à la fois aux deux parois, s'étant ainsi courbée sans se briser pour se prêter à l'écartement (figure 24) (2).

Cependant, au-dessus des Grands-Mulets d'où ont été pris ces deux exemples (3200 m.), on foule encore le névé opaque qui n'a pas les reflets et la transparence de la glace, surtout dans les parties inférieures. Un peu plus bas, la transparence apparaît déjà dans les couches supérieures du névé, et, à l'action du soleil, la fonte dans les cassures ne produit plus les effets que l'on observe à deux ou trois cents mètres plus haut. Là, les parois des cassures du névé, sous l'action de la chaleur solaire, ont cette apparence,

(1) Crevasse au-dessus des Grands-Mulets.
(2) Crevasse au-dessus des Grands-Mulets.

figure 25. Les strates forment des bourrelets striés verticalement, d'une manière régulière, par les gouttes d'eau qui tombent de la surface supérieure. Il y a donc, dans la formation de ces strates, des couches plus tendres ou plus susceptibles de fondre sous l'action de la chaleur, que d'autres. Ce sont bien certainement les périodes estivales, pendant lesquelles les névés ont été modifiés par la température et ont pu, même à de grandes altitudes, conserver ces croûtes légères de glace qui brillent au soleil comme un émail, mais qui n'atteignent jamais qu'une épaisseur de quelques centimètres.

Cependant il est une cause qui, indépendamment de celles de

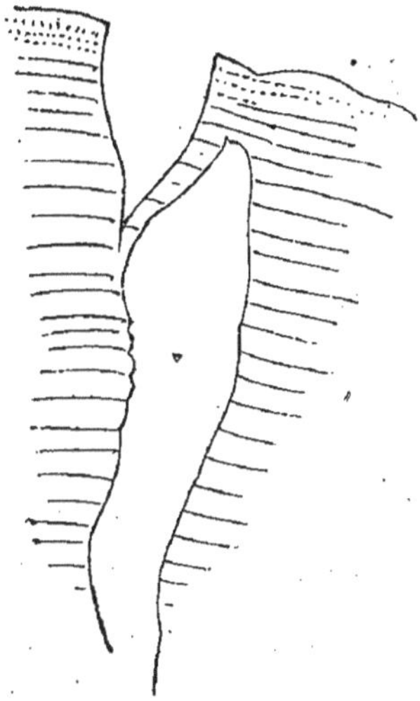

24. — Souplesse des névés.

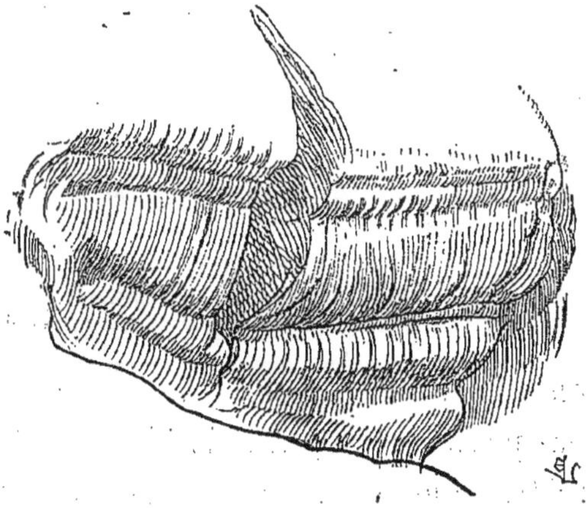

25. — Névés se formant en glace.

la pesanteur, peut contribuer à faire avancer les névés, au moins dans la situation présente des altitudes. Sur la surface externe des névés, lorsqu'il fait chaud, que le soleil brille de tout son éclat, on voit se former des nappes d'eau qui glissent sur ces surfaces sans les pouvoir pénétrer; mais, dès qu'elles atteignent une crevasse, ces nappes liquides s'y engouffrent et forment à la base des névés, à leur contact avec le rocher, de la glace. Il y a donc, dans bien des circonstances, un glacier sous le névé. Ce glacier sert de véhicule à la masse des névés qui le recouvre, mais ce phénomène ne nous paraît pas être général, et nous avons vu nombre de tranches de névés qui, à leur base, ne montraient nulle apparence de glace, et conservaient dans toute l'étendue de leur section cet aspect opaque blanc, qui rappelle les gerçures dans une masse de chaux éteinte (1).

L'action destructive des véritables névés sur les altitudes supérieures n'a pu primitivement s'exercer autrement qu'elle ne s'exerce aujourd'hui ; c'est-à-dire par pression et par avalanches. Ces névés entraînaient sous leur masse puissante les parties les moins solides des roches et celles qui formaient saillie et obstacle.

Mais alors, ces altitudes étaient loin de présenter les anfractuosités, les déchirures, les ravins qu'elles nous montrent aujourd'hui, et les névés n'avaient sur leur structure qu'une faible action, si épais qu'ils fussent. Pour qu'ils pussent occasionner les dégradations dont nous voyons aujourd'hui les effets, il a fallu bien des siècles, l'action de la glace et l'affaissement graduel des glaciers.

(1) A ce sujet, nous rappellerons qu'Agassiz avait déjà fait une série d'observations analogues : « Lorsque la température, dit-il, n'est pas assez élevée pour favo- « riser la formation du névé, on peut la provoquer et l'activer en arrosant la neige. « M. Nicolet a fait, à ce sujet, plusieurs expériences fort intéressantes. Quand il « arrosait la neige très-légèrement avec de l'eau à 0°, il obtenait constamment un « névé régulier ; mais, lorsqu'il inondait la neige de cette même eau, celle-ci ne « s'arrêtait pas dans les interstices des couches superficielles, mais s'accumulait à « la base du dépôt, où elle détrempait la neige et se transformait en glace terne par « la congélation nocturne. » (*Système glaciaire, ou Recherches sur les glaciers*, 1re partie, p. 141, Agassiz.) Des fontes abondantes, pendant des journées chaudes, peuvent ainsi brusquement imbiber d'eau les couches inférieures des bas-névés et établir sous leur masse une lame glaciaire qui lubréfie le lit et permet à cette masse de se mouvoir déjà suivant les conditions auxquelles le glacier est soumis.

IV

Les glaciers, leur action sur les roches.

Depuis les observations des Charpentier, des Tyndall, des Faraday, des Thomson, des Forbes, des Agassiz, des Desor, des Dollfus, des Charles Martins et de tant d'autres illustres savants, il n'est plus possible de douter de la marche des glaciers et des causes principales qui déterminent leur mouvement. Les glaciers descendent dans les vallées qui les encaissent ou sur les plateaux qui les reçoivent, non point en raison de la pente, mais en raison de leur masse ou plutôt de leur épaisseur, et un épais glacier, sur une pente de 10° descendra plus vite que son voisin d'une épaisseur plus faible ne le fera sur une pente de 25°. Il y a progression du glacier même lorsqu'il trouve un obstacle, une digue. Il s'élève sur le dos de la digue, la recouvre et redescend de l'autre côté sans ralentir ni accélérer sa vitesse, qui d'ailleurs se prononce à mesure que le glacier s'avance vers son point moyen, pour se ralentir de nouveau en atteignant son point terminal. Il y a donc, dans le cours d'un glacier, un maximum d'activité vers la partie moyenne de sa longueur.

Ce sont les névés qui alimentent en très-grande partie les glaciers, et ceux-ci sont d'autant plus puissants, descendent d'autant plus bas par conséquent, qu'ils ont pour origine des névés plus étendus et plus épais. C'est ainsi que le glacier des Bossons, qui descend dans le val de Chamonix et dont le point terminal atteint une altitude de 1,000 mètres, a pour aliment les névés immenses qui descendent du Mont Blanc, du dôme du Goûté, du mont

Blanc du Tacul, du mont Maudit et de l'Aiguille du Midi. Le glacier des Bois, dont le point terminal est à 1,100 mètres actuellement d'altitude, est alimenté par les névés des grands cirques de l'Allée-Blanche, du Géant, du Tacul, de Leschaux et du Talèfre (1).

Nous disons que les glaciers s'alimentent en grande partie des névés, et non en totalité. C'est qu'en effet le glacier puise encore à d'autres sources. Il reçoit les avalanches de neiges latérales au printemps et il absorbe les vapeurs, les regèle et s'accroît d'autant plus par cet appoint qu'il présente une plus grande masse. Si, au contraire, le glacier est faible en raison des vapeurs qui interviennent, en absorbant celle-ci en trop grande abondance, il prend leur calorique et fond d'autant plus rapidement que l'air est plus saturé d'humidité. D'où il résulte que plus un glacier est puissant et plus il est pourvu de la faculté d'accroître son volume; que plus il est faible et plus il est soumis aux chances de l'ablation. La croissance ou la décroissance est donc en raison directe de leur volume.

MM. Ch. Dufour et J.-A. Forel, professeurs à Morges, ont fait en ces derniers temps des expériences d'un puissant intérêt sur la condensation de la vapeur aqueuse de l'air au contact de la glace et sur l'évaporation (2). Agassiz avait déjà, dès 1847, exposé une théorie hygrométrique de la condensation et de l'évaporation à la surface d'un glacier et concluait : que ces deux phénomènes devaient probablement se contre-balancer et que l'un doit rendre au glacier la vapeur d'eau que l'évaporation lui enlève.

Dans l'état présent des glaciers, ces deux phénomènes peuvent en effet se neutraliser, mais en était-il de même à l'apogée de l'époque glaciaire? Il est à croire qu'alors les glaciers, à cause de leur étendue, absorbaient et regelaient une beaucoup plus grande quantité de vapeurs aqueuses qu'ils n'en rendaient par l'évapo-

(1) Voir la carte générale.

(2) *Recherches sur la condensation de la vapeur aqueuse de l'air au contact de la glace et sur l'évaporation*, par Ch. Dufour et J.-A. Forel, professeurs à Morges; tiré des *Archives des sciences de la Biblioth. universelle*. Mars 1871.

ration. Ces vapeurs aqueuses, apportées par les courants atmosphériques en nuées perpétuelles, se résolvaient en neiges ou étaient absorbées très-promptement par les immenses glaciers qui couvraient les Alpes.

S'il survenait une période de temps clair, le soleil provoquait une évaporation considérable qui se résolvait bientôt en orages terribles. Ces orages déposaient de la grêle et des neiges sur les points élevés, et partie de la pluie était absorbée et regelée par l'immense surface glaciaire (1).

Tous les ascensionnistes ont éprouvé combien l'air est sec pendant un temps clair sur les altitudes, et, en effet, les vêtements mouillés, les aliments sont desséchés sur les glaciers avec une grande rapidité. Mais MM. Charles Dufour et J.-A. Forel ont fait, sur le glacier du Rhône, une série d'expériences qui permettent d'apprécier exactement l'intensité du phénomène.

« A la surface du glacier l'air était beaucoup plus sec qu'à l'hôtel du Glacier du Rhône, quoique ces deux stations soient fort rapprochées l'une de l'autre (900 mètres environ) et, par conséquent, soumises aux mêmes influences générales.

« Il résulte de 85 observations faites à l'hôtel du Glacier du Rhône, du 27 juillet au 4 août 1870, à toutes les heures du jour et de la nuit, que la moyenne d'humidité relative a été de $7{,}5^{mm}$ ou 7,95 grammes de vapeur d'eau par mètre cube. »

Il résulte de 90 observations faites dans la même série de jours sur le glacier du Rhône, entre huit heures du matin et cinq heures du soir, que la moyenne d'humidité absolue y a été de $5{,}1^{mm}$ ou 5,41 grammes par mètre cube d'air.

« La différence d'humidité en faveur de l'air de l'hôtel a donc été de 2,54 grammes par mètre cube; l'air était de 32 pour cent plus sec sur le glacier du Rhône qu'à l'hôtel...

(1) Encore aujourd'hui, les orages sur les altitudes provoquent un abaissement subit de la température; la grêle et la neige couvrent les sommets et descendent même, en juillet, jusqu'à 2,000 mètres. Le 25 juillet 1874, après une journée pendant laquelle le thermomètre s'est maintenu à Plan-Praz ($2{,}064^{m}$) à $+ 25^{o}$, survint un orage qui dura toute la nuit. Le matin, à cinq heures, la neige couvrait les alentours du chalet et le thermomètre marquait $+ 2^{o}$. Toute la journée, il se maintint en moyenne à $+ 7^{o}$. Pendant la période glaciaire, ce phénomène avait évidemment des conséquences bien autrement puissantes.

« La moyenne de 6 observations faites le 2 août, entre onze heures et deux heures du jour, au milieu du glacier, par une altitude de 2,350 mètres environ, donne pour la tension de la vapeur d'eau de l'air $4,18^{mm}$. »

Une observation faite le même jour à $2^h.50$ dans une prairie à quelques cents mètres du glacier et à la même altitude, donne pour la tension de la vapeur d'eau de l'air $5,91^{mm}$.

Quelles étaient les conditions hygrométriques de l'air pendant la période glaciaire ?

Il fallait nécessairement que l'air fût très-chargé de vapeurs pour pouvoir alimenter les glaciers. Mais la condensation de la vapeur sur des surfaces gelées tend à fondre la masse, et cette condensation de la vapeur d'eau dessèche l'air; donc, pour que les glaciers pussent prendre un grand accroissement, il fallait : 1° que l'état des sommets fût favorable au dépôt et à la conservation des névés; 2° que les vapeurs fussent perpétuellement amenées sur ces régions pour saturer l'air de manière à neutraliser la dessiccation et pour fournir de nouveaux aliments aux névés et aux glaces qui tendaient à descendre dans les régions basses.

Les glaciers s'avançant en raison directe de leur masse, si aujourd'hui la mer de glace de Chamonix avance de 80 mètres, annuellement, en moyenne, on peut supputer quelle était la rapidité du courant glaciaire qui remplissait le val de Chamonix jusqu'à une hauteur de 1,000 mètres au-dessus du sol actuel de cette vallée (lequel était beaucoup plus bas, puisqu'il n'était pas remblayé), et qui donnait alors une section transversale moyenne de $2,200,000^m$.

La section transversale de la mer de glace aux Moulins étant de 160,000 mètres, c'est-à-dire près de quatorze fois moindre, la vitesse du glacier de Chamonix pouvait être annuellement de 1,100 mètres environ et peut-être plus, car les observations n'ont pu encore établir la puissance des vitesses des glaciers en raison de leur masse, et si cette puissance s'accroît, suivant les rapports de leurs sections analogues ou en raison de leur cube (1). Or, un

(1) La section de la mer de glace, au point indiqué, est analogue à celle que don-

glacier agit sur ses parois en raison de sa masse et de sa vitesse, c'est-à-dire qu'il brise ou lime les roches avec d'autant plus d'énergie qu'il présente une masse plus volumineuse et plus rapide. La force de poussée des grands glaciers de l'époque glaciaire devait donc produire, sur une très-grande échelle, les phénomènes de brisure, d'arrachement et de limage des roches que nous observons encore aujourd'hui sur une échelle réduite.

Mais le glacier s'avançant par suite de la dilatation de sa masse,

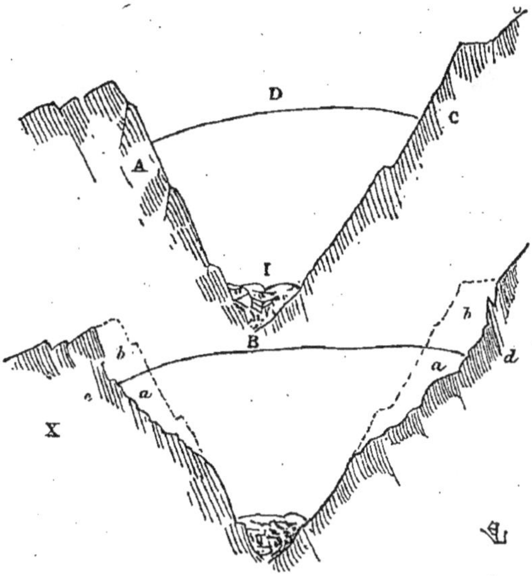

26. — Action latérale d'un courant glaciaire dans une dépression large.

sous l'influence de la regélation de l'eau qui le pénètre, et d'autres causes dont il sera parlé plus loin, et cette dilatation étant en raison directe de cette masse, il est évident, par exemple, que si, figure 26, le glacier se trouve compris entre des parois rocheuses A,B,C, la dilatation de B en D tend à relever la surface D et à isoler la surface inférieure I du thalweg B; mais qu'elle exerce une pression considérable en A et C. Dès lors, le courant glaciaire enlève, comme le ferait un bélier, toutes les aspérités des parois, et arrive ainsi à élargir son lit à la partie supérieure,

nait le grand glacier du val de Chamonix, c'est-à-dire que les rapports de hauteur et de largeur sont proportionnels.

d'autant plus que cette section donne plus de puissance à la masse glacée. Ainsi (voir en X), le courant glaciaire ruine les rampes *a*, les parties b s'éboulent et sa surface occupe peu à peu un espace plus large *c d*, en charriant sur ses deux bords une masse de débris, qui composent successivement, à mesure que le glacier tend à décroître, des moraines latérales.

De ce que la paroi inférieure d'un glacier actuel est isolée du thalweg et laisse, entre elle et le lit, un espace libre, semé de

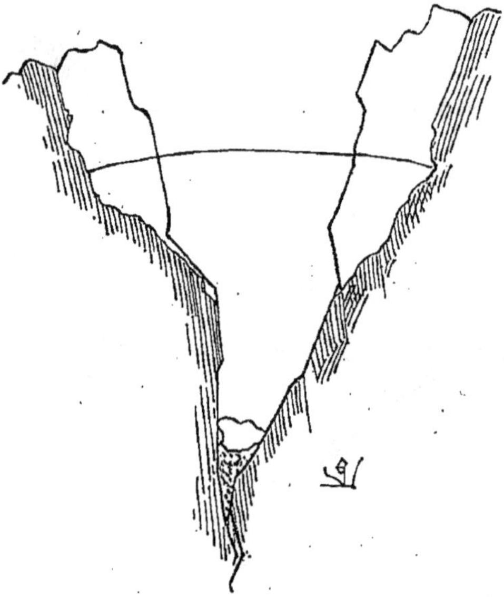

27. — Action latérale d'un courant glaciaire.

cailloux, quelques géologues ont voulu en conclure que l'action du glacier sur ses parois était à peu près nulle, et qu'on ne pouvait lui attribuer les élargissements de certaines vallées. Oui, l'action du glacier est d'autant plus faible sur le thalweg que ce glacier donne une section étroite ; et il arrive en effet que des parois de soulèvement présentant la section, figure 27, par suite d'une brisure de la masse rocheuse ; le glacier, qui a fait son chemin dans cette brisure, a rempli l'espace supérieur, en érosant fortement les parois et faisant ébouler les arêtes, mais a respecté la fêlure dans sa partie inférieure, qu'il a seulement remplie en partie de débris (1) ; car, si la glace possède des propriétés

(1) Ce fait peut s'observer dans nombre de gorges, notamment à la Via Mala au-

plastiques, ainsi que l'ont démontré les belles observations de M. Tyndall, cette plasticité ne va pas jusqu'à permettre à la glace de mouler exactement toutes les anfractuosités inférieures ou latérales d'une fissure.

L'action d'amont en aval, du courant glaciaire, possède une force irrésistible ; elle agit comme un bélier, mais cette force est nulle d'aval en amont. En effet, examinons la section longitudinale d'un

28. — Action de la glace sur le lit d'un glacier.

glacier. Si le courant rencontre une saillie, un obstacle, figure 28, le glacier s'appuie exactement sur la paroi d'amont A, mais en B il laisse un vide, une grotte (1). Sur cette paroi d'amont, il exerce une si forte pression que les strates de glace se fendillent, ainsi qu'on le voit en C. Mais de cette action il résulte que si l'obstacle présente une section dentelée (voir en D) — ce qui était très-fré-

dessus de Tusis, dans la gorge qui descend des Houches à la vallée de Sallanches, au Trient, à la descente du Simplon, côté italien.

(1) Voir la paroi, rive droite, du glacier de l'Argentière, à l'extrémité de la moraine actuelle; voir la paroi, rive droite, du glacier des Bossons, au-dessous de la pierre de l'Échelle, etc.

quent à l'origine des soulèvements — la pression du glacier brise et enlève d'abord la portion *a*, puis celle *b*. Si les portions de roches *c* et *d* résistent, il use et polit les saillies *e* et *f*, et de *g* en *h* forme une arche comme il est montré en B.

C'est pourquoi, sur les lits des glaciers actuellement fondus, on rencontre des arrachements de roche du côté d'aval et des surfaces polies et moutonnées du côté d'amont, ainsi que l'indique le tracé G. Ce fait dépend, bien entendu, de la contexture ou des strates qu'affectent les roches. Si ces strates sont perpendiculaires au courant glaciaire, le phénomène est très-sensible ; si elles sont obliques, il l'est moins ; si elles sont parallèles au courant, alors le glacier creuse entre elles des sillons, enlevant les parties tendres et laissant saillir, en les usant cependant, les parties dures (1).

Lorsqu'un glacier, par suite de la configuration du soulèvement, est forcé de se détourner, il tend à supprimer l'angle saillant qui fait obstacle à son passage direct (2).

Pendant l'époque glaciaire, des angles, des promontoires d'une puissance prodigieuse de résistance, ont été ainsi enlevés, brisés,

(1) Examiner, à ce sujet, le lit du glacier qui, pendant l'époque glaciaire, passait par-dessus le col des Montets et descendait dans la vallée du Rhône par le val de Valorsine et par Salvan. Là, les sillons schisteux, parallèles au courant glaciaire, sont admirablement nets et s'élèvent de 50 et même de 100 mètres au-dessus du lit ancien.

(2) M. Desor avait observé en 1844 sur le glacier de l'Aar que la glace franchit ainsi des espaces considérables aussi bien suivant un plan vertical que sur un plan horizontal. « Le glacier, dit-il, était appuyé à droite et à gauche sur des renflements du rivage, des sortes de petits promontoires arrondis, et ce qui mérite surtout d'être remarqué, la glace, loin de se fléchir pour combler l'espace entre les deux promontoires (comme le ferait tout corps plus ou moins fluide), s'étendait au contraire par-dessus en décrivant un arc surbaissé de l'un des promontoires à l'autre. Entre la glace et le rocher était interposée une couche de gravier de quelques centimètres d'épaisseur qui, après avoir passé par-dessus le premier promontoire, se détachait sous forme d'écailles du toit de la caverne. Ces lambeaux écailleux portaient les traces d'une forte pression. La glace du toit (de l'intrados) de la caverne montrait, en outre, de larges cannelures, qu'on poursuivait des yeux à une grande profondeur et qui donnaient à ces parois brillantes un aspect tout particulier. Il était évident que ces cannelures n'étaient autre chose que les empreintes des inégalités de la roche sur laquelle la glace avait passé ; et ceci confirme ce que nous avons démontré antérieurement : c'est que la glace du glacier, tout en étant très-dure, jouit néanmoins d'une certaine plasticité. » (*Nouvelles excursions et séjours dans les glaciers et les hautes régions des Alpes*, p. 120, Neuchâtel, 1845.)

arrondis. Les exemples ne nous manquent pas. Nous nous bornerons à en citer un seul qui est si parfaitement caractérisé que chacun peut être facilement à même de l'apprécier.

Le glacier de la Vallée Blanche descend de l'aiguille du Midi vers l'est (1), il est resserré sur la paroi nord par l'arête de roches

29. — L'envers de Claitière.

qu'on désigne sous le nom de Petit-Rognon, puis il est forcé, par la prédominance du pic du Tacul, de se détourner brusquement vers le nord; il rencontrait donc, à l'époque glaciaire, un angle saillant formé d'une masse de protogyne, sur sa rive gauche. Cette masse de protogyne, autrefois compacte, s'est divisée en aiguilles, sous l'action des agents atmosphériques, et le glacier a coupé la

(1) Voyez la Carte générale.

plus saillante d'entre elles, au ras de sa surface actuelle, il a ruiné presque entièrement la seconde et n'a laissé subsister que celles qui ne gênaient pas trop son passage. Aujourd'hui le glacier, s'étant abaissé, laisse voir les racines de l'aiguille qui faisait l'angle, et la base des ruines de la seconde, figure 29 (1).

Le glacier primitif a donc agi sur cet angle saillant, comme un bélier; il l'a enlevé, arraché pour faire sa place. Sur les flancs de l'aiguille M on distingue parfaitement les parois profondément striées par la glace, et les ruines des aiguilles enlevées font voir comment la glace a procédé, laissant subsister les plans de retrait et creusant les milieux plus tendres, de telle sorte que ces racines d'aiguilles permettent de reconnaître ces plans que tracent des arêtes saillantes émergeant de la neige. Cette action, que l'on peut facilement constater en petit, s'est produite en grand pendant la période glaciaire.

Mais n'oublions pas que s'il s'agit du massif du Mont Blanc, le plateau supérieur présentait une surface bossuée supportée par des rampes plus ou moins abruptes des schistes cristallins et terrains soulevés, que la présence des neiges ne pouvait avoir qu'une faible action sur ce plateau préservé de la destruction par cet épais manteau. La partie culminante du soulèvement était ainsi soustraite aux agents atmosphériques. C'est donc par les parties inférieures que l'écoulement des glaciers a commencé son travail. Quand, après de longs efforts, ces courants ont pu franchir les digues que le soulèvement leur opposait et convertir les glacières (2) d'accumulation en glaciers d'écoulement, que leur marche a été réglée, qu'ils ont pu se faire des lits; c'est sur les parois encaissantes qu'ils ont agi, comme il vient d'être dit. En les érosant, ils faisaient ébouler les parties situées en contre-haut, et ces éboulements se produisaient en raison de la nature de la roche.

Serrons de plus près la question et prenons une partie du massif du Mont Blanc.

(1) Vue prise du Tacul; A est le sommet du mont Blanc du Tacul; B, le rognon; E, le petit rognon; D, l'aiguille du Plan. On voit en C les ruines des deux aiguilles qui formaient obstacle au tournant du glacier. La ligne IK indique la hauteur du glacier ancien.

(2) Voir le chapitre II.

Si on jette les yeux sur la figure 1, on voit que les schistes cristallins avaient été soulevés et pliés pour faire place à la protogyne

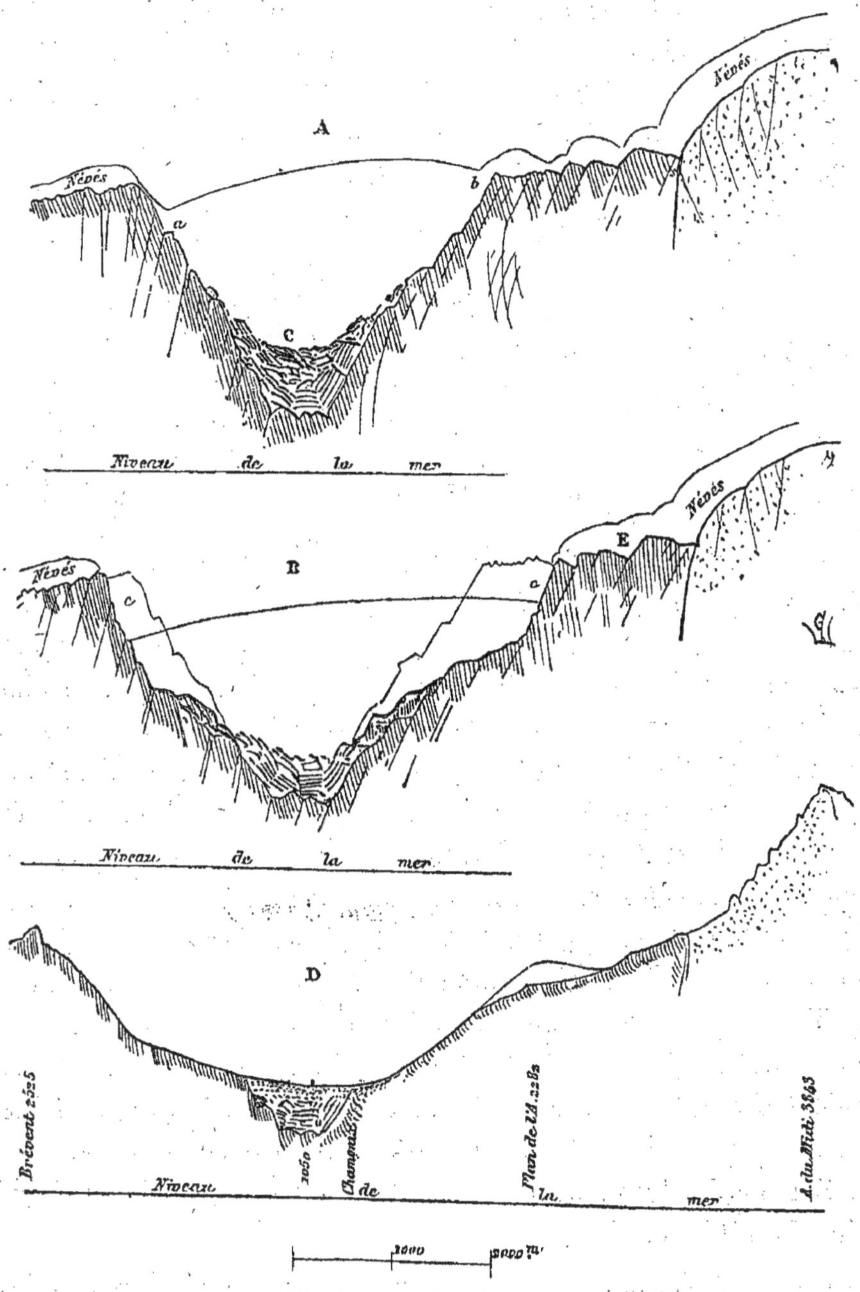

30. — Elargissement du val de Chamonix.

et que sur ces schistes cristallins il restait des couches énormes de terrains soulevés. Les terrains disloqués et réduits en débris par les pluies diluviennes antérieures à l'époque glaciaire remplissaient les creux et avaient été portés en partie dans les vallées basses. Il devait cependant en rester des lambeaux le long des rampes cristallines, puisqu'on en trouve encore des traces (1).

Dès que les glaciers purent commencer leur marche, ils entraînèrent d'abord ces lambeaux qui n'avaient qu'une solidité relativement faible et qui n'adhéraient pas aux roches cristallines. Quand ce premier travail de déblaiement fut effectué, le niveau supérieur du grand glacier qui suivait la vallée actuelle de Chamonix et passait par-dessus le Prarion pour tomber dans la vallée de Sallanches, atteignait la partie supérieure du soulèvement des schistes cristallins, figure 30 (voir en A). Ce glacier agissait en *a* du côté de la chaîne du Brévent, et en *b* du côté du massif du Mont Blanc, avec une énergie proportionnée à sa masse, puisqu'alors la distance entre ces deux rives était de plus de 3,000 mètres. Il laissait en C les débris des terrains soulevés de formation postérieure aux schistes cristallins; car il ne pouvait leur faire franchir la digue du Prarion; mais il arrachait successivement toutes les aspérités des parois encaissantes et élargissait d'autant son lit supérieur.

Élargissant ce lit (voir en B) et trouvant ainsi plus de place, il abaissait son niveau, découvrait d'autant les berges élevées dont il avait sapé les parois et qui s'éboulaient, en laissant apparaître de grandes faces verticales des roches *c*. Celles-ci, exposées dès lors aux intempéries puisque les neiges ne pouvaient s'y arrêter, se fendaient chaque jour sous l'action de la gelée et du dégel. Les parties faibles et plus tendres tombaient les premières; les parties résistantes laissaient des témoins sous forme de contreforts. Alors ces parties faibles éboulées ouvraient des issues aux neiges supérieures qui, profitant de ces couloirs, commençaient à former des glaciers latéraux, lesquels opéraient à leur tour, sur leurs parois, comme l'avait fait le grand glacier troncal.

Le profil D indique l'état actuel de la vallée suivant une section faite du Brévent au sommet de l'aiguille du Midi. Le thalweg ancien

(1) On trouve encore de ces lambeaux dans la vallée même de Chamonix sous la Flégère (lias), en bas de la montagne de la Côte (gypse).

doit, sous les alluvions modernes de cailloux roulés et sous les cônes de déjection, conserver les débris des terrains secondaires soulevés qui n'ont jamais pu être entraînés. C'est sous l'action des glaciers latéraux que les crêtes E des schistes cristallins soulevés (voir en B) ont été détruites et adoucies et que les rampes de la protogyne de l'aiguille du Midi ont été ruinées.

L'existence de ces glaciers latéraux qui ont subsisté bien longtemps encore après que le glacier troncal s'était abaissé, ne permet plus aujourd'hui de constater l'altitude à laquelle ce glacier troncal atteignait primitivement, puisque ces glaciers latéraux ont entraîné les berges limites de ce glacier troncal et qui conservaient les traces de son passage au moment de sa plus grande puissance. Entre la partie inférieure de ces glaciers latéraux et la surface externe du glacier troncal, il y eut pendant un temps fort long des parties de roches-berges qui ont gardé l'empreinte du passage de ce glacier troncal, réduit, ainsi que des dépôts de moraines latérales. Mais ce sont là des traces très-postérieures à l'apogée de l'époque glaciaire, car il faut bien arriver à constater, lorsqu'on examine les vallées actuelles, que l'époque glaciaire a eu des périodes de décroissance fort longues, et que cette décroissanee est due en grande partie au travail même des glaciers.

En effet, plus ceux-ci frayaient leur chemin, plus ils s'écoulaient facilement et plus ils tendaient à s'abaisser, puisque le réservoir ne s'augmentait pas en raison de ce surcroît d'écoulement. Plus la surface d'un glacier se rapprochait du fond de la vallée, plus les parois latérales s'échauffaient sous l'action du soleil et tendaient, par rayonnement, à fondre ce glacier. Les ruines occasionnées par l'effort des glaciers latéraux sur les rampes et le long des contre-forts, adoucissaient les pentes, élargissaient les vallées et permettaient aux rayons solaires de pénétrer plus longtemps au fond des gorges primitives. Ainsi, le glacier, en travaillant à son écoulement, travaillait en même temps à son ablation. Nous nous servons à dessein du mot *ablation,* parce qu'en effet, c'est par retranchements successifs que le glacier est définitivement supprimé ou fondu

Toutes les grandes vallées des Alpes laissent voir encore la trace des moraines frontales qui marquent les limites successives de retrait des glaciers troncaux primitifs. Il semble que le glacier se retirait vers les hauteurs par étapes, dès qu'il avait terminé son œuvre dans les parties inférieures ; et ce phénomène est la conséquence des obstacles qu'il avait à vaincre. L'obstacle vaincu, il abandonnait la place pour continuer son œuvre plus haut. Nous allons nous faire comprendre.

On a vu que les soulèvements n'avaient pas disposé des vallées continues, ayant toutes leurs débouchés, ainsi qu'on le constate aujourd'hui. Ces vallées primitives étaient des affaissements, la plupart, des fosses plus ou moins profondes et larges, sans issues, ou du moins n'en possédant qu'à des niveaux supérieurs à l'altitude de leur fond.

Pour ne parler que de certaines grandes vallées, il est bien certain que la vallée de Chamonix était barrée à son extrémité occidentale par le Prarion ; que la vallée de Sallanches était fermée au-dessus de Cluses ; que la vallée d'Entrèves était fermée aussi au-dessus de Cormayeur par la réunion des monts Chétif et de la Saxe ; que le val Ferret suisse était clos par la jonction du Catogne au mont de la Rive-Haute ; que le val de Sembrancher était limité par une digue schisteuse formidable entre ce bourg et Bovernier ; que la vallée actuelle du Rhône ne formait qu'une suite d'affaissements avec étranglements dont l'un se trouvait au droit de Fiesch et de Ernen, un autre plus bas au-dessous de Brig, un troisième à Sierre, un quatrième à Sion, un cinquième au-dessous de Martigny et un sixième à Saint-Maurice ; de telle sorte que le profil

31. — Action d'un glacier sur le lit d'une vallée.

longitudinal de cette vallée présentait alors le tracé, figure 31. Le glacier, qui venait remplir le lac Léman et qui trouvait encore un barrage au-dessous de Genève, passait par-dessus toutes ces digues avec d'autant plus d'énergie qu'au droit de chacune d'elles, il trouvait un étranglement produit par le rapprochement des rives. Mais, quand il eut frayé sa route au-dessous de Genève et qu'il put s'écouler librement, il s'affaissa en raison de la facilité même de cet écoulement et finit par fondre jusqu'à la digue de Saint-Maurice, n'étant plus alimenté d'amont proportionnellement à son écoulement d'aval. Il remplit donc l'énorme affaissement qui constitue le lac Léman, et les glaces tombèrent en séracs dans ce réservoir par-dessus la digue de Saint-Maurice. Peu à peu ces éboulements et l'action des intempéries sur la digue la rongèrent assez pour que le glacier abaissât sa surface externe, puis enfin il y eut ablation de ce tronçon entre Saint-Maurice et Martigny. Longtemps le glacier laissa un second lac dans cet espace, lac étroit et long comme sont encore les lacs de Thun et de Brienz, puis il y eut ainsi ablation des tronçons supérieurs les uns après les autres.

Voici comment l'ablation des tronçons se produit, figure 32. Soit A B, la section longitudinale d'une vallée avant son nivellement produit par les glaciers et les alluvions. Soit CD le niveau supérieur du glacier. Comme il y a toujours étranglement produit par les parois latérales en CED, au droit de chaque ressaut AFB, il y a amoncellement des glaces en DEC et séracs en *dec*.

32. — Action d'un glacier sur le lit d'une vallée.

L'action solaire est plus active sur les séracs que sur la masse unie du glacier, l'air et la chaleur pénétrant entre les glaçons éboulés. Si le glacier perd de son activité par une cause première d'alimentation, la fonte en *g* est plus considérable que n'est l'alimentation E. Il y a solution de continuité entre le tronçon H et le tronçon I. Dès lors celui-ci, abandonné à lui-même, fond avec une grande rapidité et produit un écoulement torrentiel qui entraîne avec lui les sables et cailloux morainiques, lesquels vont combler l'affaissement, le creux inférieur K. Cet écoulement torrentiel contribue à ouvrir des voies dans la digue A. Voilà un tronçon de vallée disposé à recevoir le nivellement par alluvion et qui bientôt se couvrira de végétation. Si la digue n'est pas totalement rompue, alors il reste un lac à la place du tronçon glaciaire; mais, à la longue, ce lac est comblé par les apports torrentiels. Souvent aussi, sans qu'il y ait digue transversale bien caractérisée dans une vallée, le glacier de lui-même fait une étape, dépose une moraine frontale et forme ainsi une digue future aux lacs qui résulteront des fontes. Mais ces étapes sans barrages rocheux sont généralement occasionnées par l'apport de moraines d'un glacier latéral. — Car les glaciers latéraux ont une grande influence sur les étapes de retrait du glacier troncal.

Soit, en effet, un glacier troncal AB, figure 33, rencontré par un

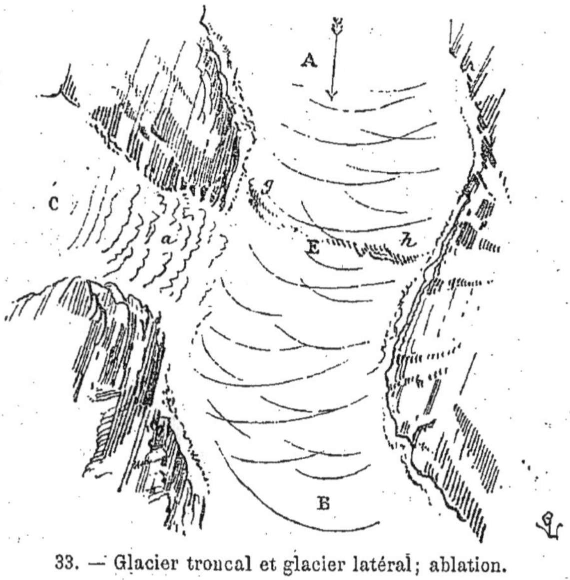

33. — Glacier troncal et glacier latéral; ablation.

glacier latéral C. Ce glacier C contribue à alimenter le glacier troncal. Mais si, à cause de son peu d'importance et d'une chute de séracs en *a*, ce glacier latéral vient à remonter, c'est-à-dire à cesser d'être en communication avec le glacier troncal, celui-ci éprouve de son côté une diminution d'alimentation qui le fait fondre rapidement de B en E. Mais, s'il est alimenté assez puissamment d'amont pour maintenir sa limite longtemps en E, il apporte en *gh* une moraine frontale qui peut faire le barrage d'un lac futur en A. Les digues naturelles rocheuses, ou les glaciers latéraux, déterminent donc les limites des étapes de retrait des grands glaciers troncaux. Les torrents se chargent de déblayer le terrain, de le niveler, en laissant toutefois la trace visible de ces digues naturelles, ou d'apport.

La nature ne détruit jamais tous les témoins de son travail, c'est à l'observateur à les découvrir et à les signaler. Parfois, comme au-dessus de Sierre, par exemple, les deux phénomènes que nous venons de décrire se produisent simultanément. Digue rocheuse, apport de moraine par des glaciers latéraux, dépôt d'une moraine frontale d'une étape de grand glacier troncal, travail de torrents énormes qui se sont fait jour à travers ces obstacles, et qui ont entraîné la plus grande partie de ces débris pour remblayer la vallée en aval.

Indépendamment des causes climatériques qui ont été peut-être la cause première de l'ablation successive des grands glaciers primitifs, il n'est pas douteux, quand on observe le terrain et les phénomènes qui se produisent sous nos yeux, aujourd'hui encore :

1° Que les glaciers, par suite de leur travail sur les soulèvements, ont contribué pour une bonne part à leur propre fonte en se donnant des écoulements et en élargissant les parois qui les encaissaient ;

2° Que les glaciers ont opéré d'abord dans leurs parties terminales, en laissant relativement pleins, sur les hauts plateaux, les névés d'alimentation ;

3° Qu'au fur et à mesure de leur ablation inférieure, ablation provoquée en partie, ainsi que nous venons de le faire voir, par leur propre travail, ils se retiraient sur les hauteurs, abaissaient leur niveau, laissaient à découvert des parois primitivement masquées par leur masse, et abandonnaient ainsi ces parois à toutes les causes de destruction atmosphérique ;

4° Qu'alors, et après le rôle principal pris par les grands glaciers troncaux abaissés, commençait le rôle des glaciers latéraux (1).

(1) Aujourd'hui, il n'existe plus que des glaciers latéraux, ou les récipients supérieurs très-réduits des glaciers troncaux : glacier du Rhône, glacier du Rhin, qui n'ont même pas l'importance de certains glaciers latéraux ou d'affluents.

Tant que l'épaisseur des grands glaciers troncaux atteignait la hauteur des névés latéraux, ceux-ci alimentèrent puissamment ces glaciers troncaux par voie d'avalanches et de coulées; puis, quand les grands courants principaux eurent abaissé leur niveau, les névés latéraux furent, à leur tour, l'origine de glaciers, qui, procédant comme le courant principal, firent peu à peu leur voie, leur lit, en tendant de plus en plus à se rendre indépendants les uns des autres, à se fractionner et à augmenter ainsi les causes de leur fonte.

Si les soulèvements eussent été composés d'une matière homogène, amorphe, également résistante dans toutes ses parties, il n'y avait pas de raisons pour que l'époque glaciaire ne se prolongeât indéfiniment, car l'effort de la glace sur une matière homogène, dure, polit très-lentement sa surface, mais ne saurait la ruiner.

La plasticité de la glace lui permet de franchir les obstacles sans trop de difficultés; elle se prête à tous les ressauts, horizontaux ou verticaux, avec une merveilleuse souplesse, sans que ces digues ou contre-forts ralentissent sa marche indépendante des conditions de pente ou de parallélisme des parois; et c'est en cela que l'écoulement du glacier diffère essentiellement de l'écoulement du fleuve dont le courant acquiert d'autant plus de vitesse que la pente est plus forte et les parois plus unies, rectilignes et parallèles.

Les soulèvements sont composés de matières dont la dureté est très-inégale; de plus, quand même ils sont formés d'une même matière, ils présentent, non une masse amorphe, mais une juxtaposition de corps séparés par les strates, ou par des fissures nombreuses: plans de retrait causés par la cristallisation, le refroidissement ou la dessiccation, suivant leur origine. De telle sorte que certaines matières dont chaque partie est d'une dureté telle que l'acier ne saurait la rayer, ne présentent, en masse, qu'une sorte de construction toute composée de fragments, mais qui ne serait liée par aucun ciment. Telle est la protogyne, tels sont les gneiss, les schistes cristallins, les granits et toutes les roches cristallines. Quant aux roches stratifiées, c'est-à-dire, déposées par couches, à l'origine des temps, sous la pression de l'eau, tels que les lias, les terrains jurassiques, les grès anciens, les craies, etc., indépendamment de leurs strates qui sont autant de lits faiblement liés, il s'est produit dans ces matières, par suite de la dessiccation et du refroidissement, des fissures, des plans de retraits, obliques habituellement, qui forment ainsi une quantité de rhomboèdres juxtaposés.

Il arrive aussi que dans des roches cristallines qui ont une apparence stratifiée, comme les schistes cristallins et des gneiss, certaines strates sont plus tendres que d'autres, ou plus fissurées, ou mélangées de matières étrangères qui rendent leur masse plus facilement attaquable.

Gelées perpétuellement sous les épaisses couches de névés, ces matières demeuraient inertes et ne pouvaient subir que des dégradations insignifiantes; mais, du moment que leur surface était en contact avec l'air, les conditions de ruine devenaient sérieuses. Alors l'eau provenant de la fonte des névés, sous une température supérieure à zéro, s'introduit dans ces fissures, élargies par la dilatation que l'action solaire exerce sur leurs surfaces externes (1), et les pénètre plus ou moins profondément. Survient la nuit et une température très-basse, cette eau gèle et écarte les parois. Ce fait, répété des milliers de fois, finit par ouvrir ces fissures largement, et alors les neiges qui s'y logent, fondant et regélant, remplissent exactement l'office d'un coin. C'est ainsi qu'on voit des roches énormes, composées d'une matière inattaquable à l'outil, se détacher d'une paroi et rouler un jour sur les rampes des montagnes ou sur la surface du glacier qui les transporte jusqu'à sa moraine frontale ou les dépose doucement sur l'une de ses moraines latérales. C'est ce qui fait que ces sommets, ces aiguilles de protogyne, qui de loin semblent inaltérables, tant leurs arêtes sont vives et leurs pointes aiguës, ne montrent de

(1) Étant au Grand-Plateau, au lever du soleil, les roches apparentes du dôme du Goûté, frappées par les rayons solaires après une nuit où le thermomètre était descendu à — 7°, jetaient des notes aiguës et prolongées, comme le fait une table de résine que l'on soumet brusquement à la chaleur. J'ai entendu à la Maladetta, dans les Pyrénées, les mêmes sons produits par les roches sous l'action solaire après une nuit froide.

près qu'un amas de blocs séparés par des joints béants et qui semblent prêts à s'ébouler (1).

Les neiges, qui avaient si longtemps protégé ces hauts plateaux des soulèvements, allaient, du moment qu'elles se convertissaient en glaciers, être une des causes les plus actives de leur ruine. Mais il est d'un haut intérêt d'examiner comment se sont faites ces ruines, comment elles devaient successivement déterminer les apparences actuelles et former les nombreuses vallées secondaires, tertiaires, les cirques, les oules et certains ravins glaciaires.

Ce qui vient d'être dit explique assez déjà comment les roches se ruinent en raison de leur formation. Si la masse d'un soulèvement est composée de protogyne ou de granit, elle présente à la surface une apparence primitivement mamelonnée. (Voir figures 2 et 4.)

Si cette masse consiste en schistes cristallins, en gneiss, la surface externe présente de grandes failles, des réunions de rhom-

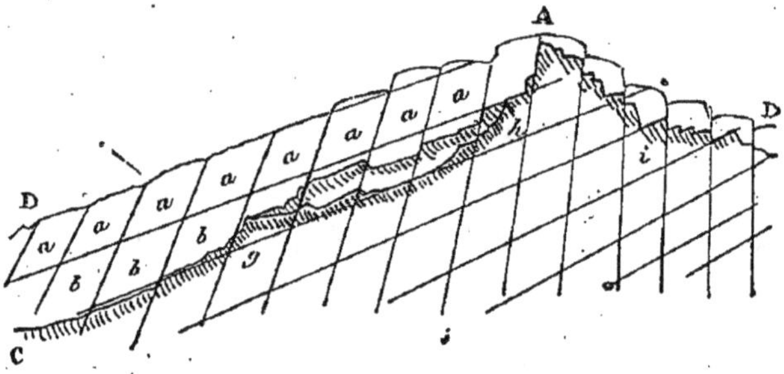

34. — Décomposition des schistes cristallins.

boèdres, des déchirures, parce que cette masse a été soulevée, brisée, mais n'est pas éruptive comme le sont les granits, syénites, protogynes, porphyres.

Voyons d'abord comment se ruinent sur certains points les schistes cristallins et gneiss qui entourent le plateau dominant du Mont Blanc.

(1) Aussi cela arrive-t-il. La moindre commotion terrestre, un tremblement de terre à peine appréciable, font parfois ébouler des masses prodigieuses de ces rampes. Et ce phénomène a dû se produire très-fréquemment jadis, alors que les pentes étaient plus exposées et que les commotions terrestres étaient répétées.

Soit, figure 34, le profil d'un soulèvement de gneiss ; les lignes se rapprochant de la verticale, donnant la stratification, et les lignes coupant celle-ci obliquement, les plans de retrait formant des rhomboèdres.

Successivement, les rhomboèdres *a* se ruinent, puis les rhomboèdres *b*, et la pente A D est réduite au profil A C. De distance en distance, en raison de l'altitude des sommets A et du plus ou moins de dureté de la roche, il se forme des cuvettes *g h*, lits de glaciers latéraux. La ruine, sur la rampe A D, du soulèvement, ne

34 *bis*. — La chaîne du Brévent.

peut procéder de la même manière ; elle est nécessairement plus accidentée, les strates de duretés inégales sont corrodées plus ou moins profondément. Alors en *i* sont creusées des sortes de cuvettes dans le sens des strates, longues et étroites, qui, lorsque les glaciers auront disparu, formeront les lits de petits lacs supérieurs.

Cette figure donne la coupe de la chaîne du Brévent, dont la figure 34 *bis* présente l'aspect, pris du sommet des Grands-Mulets (1). Cette vue laisse apparaître les faces des grands rhomboèdres ruinés et les lits D des glaciers latéraux anciens, tracés

(1) A est le village de Chamonix, B le sommet du Brévent, C les aiguilles Rouges.

en profil dans la figure 34. En E, on voit la base du grand cône de déjection produit par les ruines des rampes supérieures du Brévent et par les avalanches de chaque printemps. Ce n'est, en effet, qu'en se plaçant à des points élevés à grande distance, qu'on peut apprécier la configuration générale de ces massifs cristallins. De près, les détails prennent une importance telle qu'ils empêchent d'apprécier les masses. Ainsi, qu'est ce sommet du Brévent B, pris à plus de 1000 mètres au-dessus de son niveau et à cette distance ? Un relief à peine sensible, et cependant, quand on aborde cette pointe, elle présente aux regards un escarpement formidable.

Examinons maintenant comment se sont détruits les soulèvements éruptifs de la protogyne du Mont Blanc.

Longtemps protégée par l'encaissement des schistes cristallins, la protogyne du Mont Blanc n'a pu être sérieusement entamée que quand ces schistes eux-mêmes ont subi les altérations dont on vient de voir un exemple.

Ce soulèvement de protogyne, par la hauteur où il sortait de son encaissement, ne pouvait subir que l'effort des névés, et ceux-ci ne pouvaient avoir d'action sur ce plateau mamelonné. C'est donc par sa base que ce plateau a pu être entamé et lorsque les schistes cristallins ruinés en ont mis à nu le pied de la protogyne.

Mais la protogyne, beaucoup plus homogène que ne sont les schistes cristallins, malgré les nombreuses fissures de retrait qui la traversent, ne présentait pas ces strates tendres ou défectueuses, ces parties argileuses et micacées des gneiss. Chacune de ses parties possède une dureté égale ou peu s'en faut, une cristallisation identique; seulement, comme il a été dit ci-dessus, les grandes surfaces de retrait forment une croûte plus dure que ne sont les milieux, et les cristaux de quartz qui les tapissent augmentent cette dureté.

Lorsque les schistes cristallins encaissants furent assez ruinés, comme il vient d'être démontré, pour mettre à nu les parois latérales du plateau mamelonné de la protogyne, les bords de ce plateau se montraient ainsi qu'on le voit en A, figure 35. Les névés laissèrent alors apparaître les surfaces se rapprochant de la verticale, et les parties saillantes des lobes se trouvaient plus exposées aux intempéries que ne pouvaient l'être les plans de retrait plus creux et les parois se rapprochant de l'horizontale.

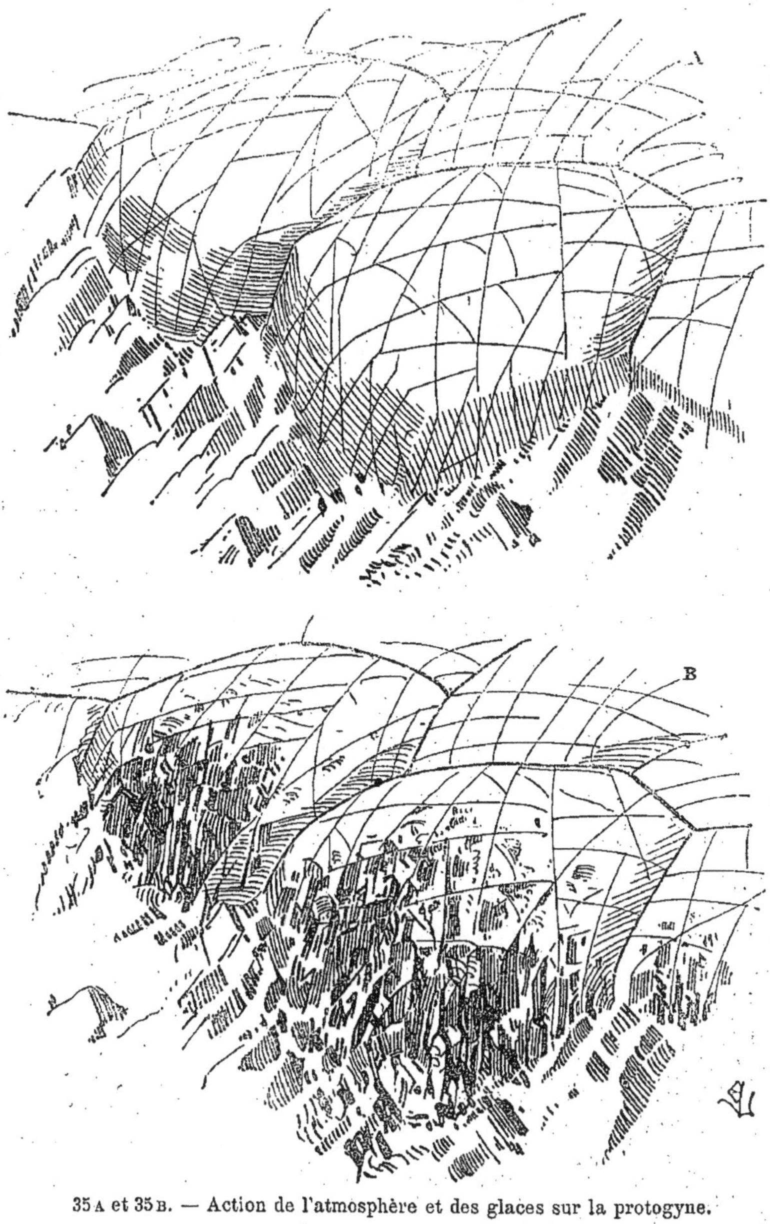

35 A et 35 B. — Action de l'atmosphère et des glaces sur la protogyne.

Alors, profitant des fissures qui coupaient ces grandes réunions de cristaux, fissures plus nombreuses au centre des masses séparées par les grands plans de retrait que le long de ces plans, l'eau gelée commença son œuvre de destruction, et ces parois se ruinèrent ainsi qu'on le voit en B (1). A la longue, ces mamelons étaient rongés ainsi plus profondément vers leur centre que sur les parois de retrait, et laissaient saillir les beaux cristaux voisins de ces parois, si bien que celles-ci formèrent des arêtes; leur réunion, des sommets, figure 36 (2), et les milieux, des combes, des oules dans lesquelles s'amassèrent les névés qui, descendant plus rapidement dans les parties basses, composèrent des glaciers

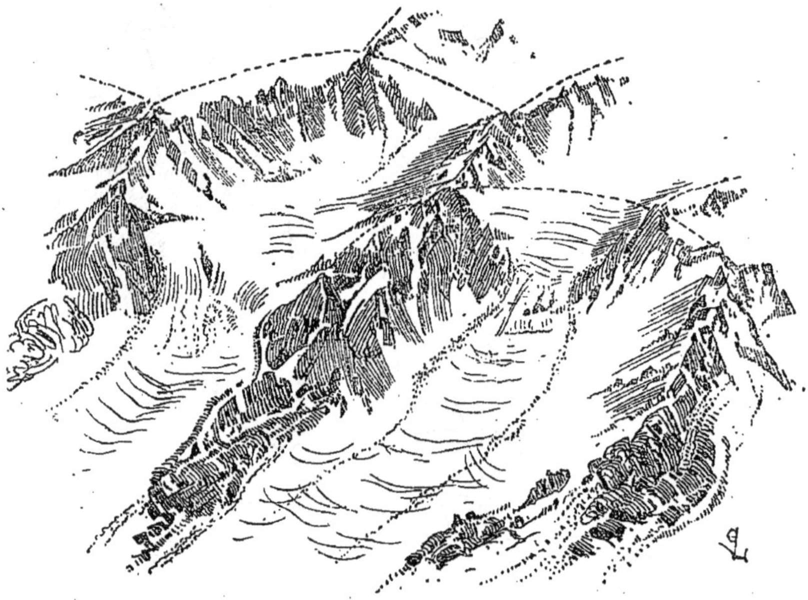

36. — Résultat de l'action de l'atmosphère et des glaces sur la protogyne.

partiels; ceux-ci continuèrent à ruiner les pentes inférieures, élargirent leurs lits, renversèrent les obstacles abrupts qui s'opposaient à leur écoulement et fournirent longtemps des affluents au glacier troncal.

Quand, faute d'aliments suffisants ou par des causes atmosphériques, l'ablation du glacier troncal fut complète; pendant bien des siècles encore ces glaciers secondaires continuèrent leur

(1) Ce phénomène se produit encore de nos jours le long des rochers de la Côte, appelés aussi Mur de la Côte, sous le sommet du Mont Blanc. La surface supérieure, recouverte par le névé, présente une convexité mamelonnée, et la paroi verticale continue à se ruiner tous les jours, sous l'action de la gelée (voir la fig. 42).

(2) Les lignes ponctuées indiquent les anciennes rencontres des grands polygones tracés sur la figure précédente.

œuvre, creusant l'un après l'autre chacun de ces larges polygones jusqu'à ce que tout le plateau n'offrît plus qu'une surface composée d'arêtes séparant des concavités, à la place de convexités réunies par des sillons (plans de retrait).

Pour rendre plus sensible encore le mode de destruction de ces roches cristallines, nous donnons, figure 36 *bis*, quatre états successifs de la ruine d'un soulèvement cristallin A, qui fait saisir d'un coup d'œil comment les massifs soulevés ont changé bien plus d'aspect que de hauteur, comment et par quelle cause les sommets extrêmes se sont pour ainsi dire aiguisés par la destruction et le déblai des plans droits ou convexes qui les réunissaient; comment les gelées ont désagrégé ces cristaux, comment les glaces se sont chargées de porter au loin les débris, comment elles ont creusé, limé des lits pour trouver leur place, et comment, après ce long travail, au-dessus de ces glaces et névés, percent des sommets aigus, des arêtes dentelées, des contre-forts saillants.

Aujourd'hui, on voit quantité de sommets qui présentent un aspect semblable au tracé B. Les glaciers et même les névés persistants ont disparu; mais ils ont fait leur œuvre, et ces squelettes permettent de reconstituer le soulèvement primitif.

Ainsi, le large plateau de protogyne du Mont Blanc n'offre plus aux regards que des prismes, des pyramides, des aiguilles réunies entre elles par des arêtes plus ou moins ruinées, émergeant de vallées, de combes remplies de névés et de glaces.

Ce n'est pas sans une sorte d'épouvante que l'on suppute le nombre de siècles qu'il a fallu accumuler pour obtenir ces résultats. Mais la nature ne compte pas, elle a pour elle l'éternité.

Il ne suffit pas d'expliquer ce mode de ruine des roches, il faut apporter des preuves; or, comme la nature emploie toujours les mêmes moyens, qu'elle suit perpétuellement les mêmes voies, nous pouvons encore apprécier aujourd'hui, sur une échelle réduite, ses procédés.

La glace a été le principal ouvrier dans le grand travail de règlement des pentes sur les massifs montagneux. La glace a régularisé ce chaos, a rompu les digues, érosé les pentes trop

A

B

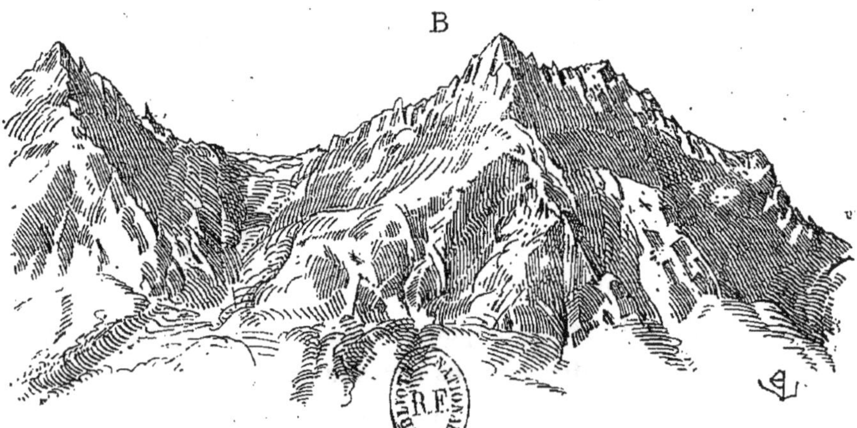

36 *bis*. — Modifications apportées à un sommet. (P. 76.)

abruptes, élargi les plis. Puis, à leur tour, les courants torrentiels ont achevé l'œuvre.

Les figures 36 et 36 *bis* sont d'un caractère général et ne donnent pas un point particulier du massif du Mont Blanc. Nous allons voir que le fait, observé sur place, rend évident ce mode de destruction.

Prenons comme exemple le glacier de Talèfre, qui présente un

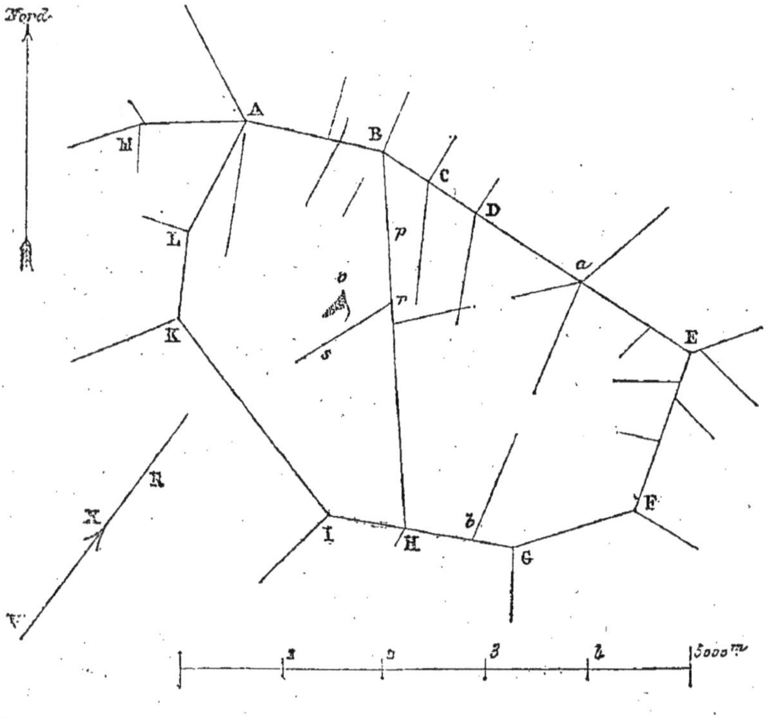

37. — Plans de retrait du cirque de Talèfre.

des cirques supérieurs et intérieurs du massif les mieux caractérisés. On a vu, figure 4, que le soulèvement de protogyne donnait un affaissement au centre dans sa partie la plus large.

Les grandes masses cristallines présentaient donc une surface inclinée du nord et du sud sur ce milieu affaissé. Voici, figure 37, la position des sommets et des arêtes qui entourent le glacier de Talèfre dont l'exutoire est creusé entre K et I tourné vers le milieu du plateau.

A est l'aiguille Verte............	Altitude.	4,127m
B le sommet des Droites.........	—	4,030
C le sommet des Courtes.........	—	3,813
D autre sommet des Courtes......	—	3,855
a la tour des Courtes...........	—	3,692
E l'aiguille du Triolet............	—	3,879
F la petite aiguille de Talèfre.....	—	3,647
G la grande aiguille de Talèfre....	—	3,745
H	—	3,350
I l'aiguille de Béranger.........	—	2,940
K l'aiguille du Moine............	—	3,418
L	—	3,428
M l'aiguille du Drû..............	—	3,815
O Le jardin (partie supérieure)....	—	2,997

On voit que ces sommets s'abaissent vers le sud et se relèvent vers le nord. Ils sont posés sur une même ligne ou réunis par des arêtes qui atteignent à peu de chose près leur altitude. Il est à croire que ce grand polygone était divisé par un plan de retrait réunissant le point B au point H, car on remarque une arête très-prononcée qui émerge du névé, descendant du sommet B vers le sommet H; de plus, l'angle *p r s* forme terrasse, et le point *o* émerge du milieu des glaces.

La ligne du plan de jonction K I étant celle qui était au niveau le plus bas, et la surface de protogyne R étant très-affaissée, c'est par là que les glaces ont pris leur cours pour aller joindre par un long détour la mer de glace (1).

Il est clair donc que le glacier intérieur de Talèfre n'a pu commencer son travail et s'écouler qu'après que le lit de la mer de glace a été tracé à travers les ruines des parties affaissées du massif, que quand la surface du polygone R a été ruinée par le glacier de Leschaux et que le plan de retrait K I s'est trouvé à son tour exposé aux intempéries.

Voici, actuellement, l'aspect que présente ce glacier de Talèfre du sommet du Mont Blanc, figure 38; la visée étant suivant la ligne V X de la figure précédente, c'est-à-dire presque perpendiculairement à la ligne K I. Il faut dire que la protogyne fait défaut sur une partie de cette ligne K I, et que, au-dessous du sommet I

(1) Voir la carte générale.

de l'aiguille de Béranger apparaissent des roches feuilletées d'une nature mixte (1). Il y avait donc, indépendamment d'un abaissement entre ces deux sommets K I, faiblesse de matière et cause de rupture.

Ces modifications dans la forme de la masse de protogyne qui compose les parties dominantes du Mont Blanc se retrouvent sur toute l'étendue de ce massif, et se manifestent aussi bien dans les détails que sur l'ensemble, ou plutôt chaque partie de la roche se décompose et est détruite suivant les lois qui s'appliquent en grand.

En effet, si on examine une de ces roches, on voit qu'elle est fendillée par plans de retrait, que ces plans sont plus résistants que ne sont les milieux, et que les petits polyèdres se ruinent de la même manière que les grands, lesquels après tout ne sont composés que d'une réunion de petits.

On observe, en outre, que ces polyèdres ne sont pas tous d'égale dureté, bien qu'étant juxtaposés. Les uns résistent beaucoup mieux aux agents atmosphériques que les autres, présentent une cristallisation plus feldspathique ou plus quartzeuse, contiennent du corindon hyalin, du titane, du fer, du talc, des lamelles de serpentine, du mica noir, et résistent ou se ruinent en raison de la consistance ou de la faiblesse résultant de la présence de matières (2).

(1) Protogyne schisteuse avec molybdène sulfuré (Payot, *Catalogue des roches du Mont Blanc*).

(2) Voici, d'après M. V. Payot, les diverses natures de protogyne observées sur le haut massif du Mont Blanc : *Protogyne blanche* avec paillettes dorées de titane dans les cavités de la roche; contenant aussi des aiguilles de titane anatase, de l'épidote d'un blanc verdâtre, du feldspath orthose gris; texture grossière et caverneuse (très-résistante; aig. de Charmoz).

Protogyne verdâtre : quartz et feldspath d'un vert pâle, talc d'un vert foncé (médiocrement résistante; voisinage des sommités du Mont Blanc).

Protogyne rouge dont le feldspath orthose a une teinte écarlate pâle (très-résistante; se trouve à l'envers de Blaitière et vers le fond de la mer de Glace).

Protogyne corindonitique; d'un bel aspect, enchevêtrée de nombreux cristaux de corindon hyalin, saphir ou télésie, ainsi que d'épidote verdâtre ou thallite (très-résistante; se retrouve presque sur toute l'étendue du massif).

Protogyne ferrugineuse, altérée, granuleuse; les cristaux, d'olicoglase nacré, sont

Il y a donc eu, au moment de la cristallisation, affinité par groupes, si bien qu'à côté d'un polyèdre de protogyne rouge, on en trouve un ou plusieurs de protogyne grise ou verdâtre. Généralement, les protogynes les plus résistantes constituent les sommets et les arêtes, et les moins résistantes, les milieux, d'où, d'après ce qui a été dit plus haut, on pourrait conclure que les parties de la masse les plus homogènes se sont cristallisées le long des plans de retrait avec énergie, laissant au milieu d'elles la matière cristalliser à son tour, mais dans des conditions de mélange qui la rendait moins solide.

Si, par exemple, nous examinons le sommet de l'aiguille du Chardonnet, figure 39 (1), on voit comment la ruine s'est faite, comment il s'est formé, en petit, des creux résultant d'éboulis entre les parties les plus résistantes, ainsi que le fait s'est produit en

jaunes, blanchâtres (peu résistante, se décompose facilement, se trouve sur les rampes de l'aiguille Verte, versant oriental).

Protogyne grise, talc blanc jaunâtre, feldspath brun, quartz teinte sale (s'altère facilement, se trouve sur beaucoup de points).

Protogyne jaune verdâtre, feldspath orthose jaunâtre, quartz enfumé, talc chloriteux verdâtre (médiocrement résistante; de la base de l'aiguille du Drû, de l'aiguille de l'Argentière, des rampes des petites Jorasses).

Protogyne gneissique, avec nombreuses taches de chlorite et mélangée de serpentine stratiforme (se décomposant par couches; se trouve fréquemment sur le versant italien).

Protogyne talqueuse, à grands cristaux hémitropes de feldspath orthose, blanc jaunâtre (médiocrement résistante, forme une zone le long des schistes cristallins depuis l'aiguille du Midi jusqu'à celle de l'Argentière).

Protogyne à quartz et feldspath jaune rosé, avec quelques rares paillettes de mica noir (résistante, des aiguilles du Midi, du Plan, de Blaitière, de l'Argentière et du Tour).

Protogyne gris olivâtre, ou d'un jaune vert livide (s'altère facilement, contient du fer ; des aiguilles qui dominent la rive droite du glacier de l'Argentière).

Protogyne talqueuse ; le talc, abondant, y est noirâtre et compacte (médiocrement résistante, de la base du mont Maudit).

Protogyne jaune talqueuse de la Griaz (médiocrement résistante, de l'aiguille du Drû et de l'Argentière).

Protogyne grenue, à grains très-fins, passant à la leptynite avec talc vert et feldspath blanc (très-résistante, des grandes Jorasses).

Protogyne du Géant, avec talc verdâtre, quartz et feldspath jaunes à très-petits grains (très-résistante).

Nous nous plaisons à reconnaître ici l'exactitude des observations du consciencieux géologue de Chamonix.

(1) Prise à l'aide du téléiconographe (grandissement six fois) au-dessous de la dernière des aiguilles Rouges, au-dessus du col des Montets.

38. — Le glacier de Talèfre actuel. (P. 80.)

39. — Le sommet de l'aiguille du Chardonnet. (P. 80.)

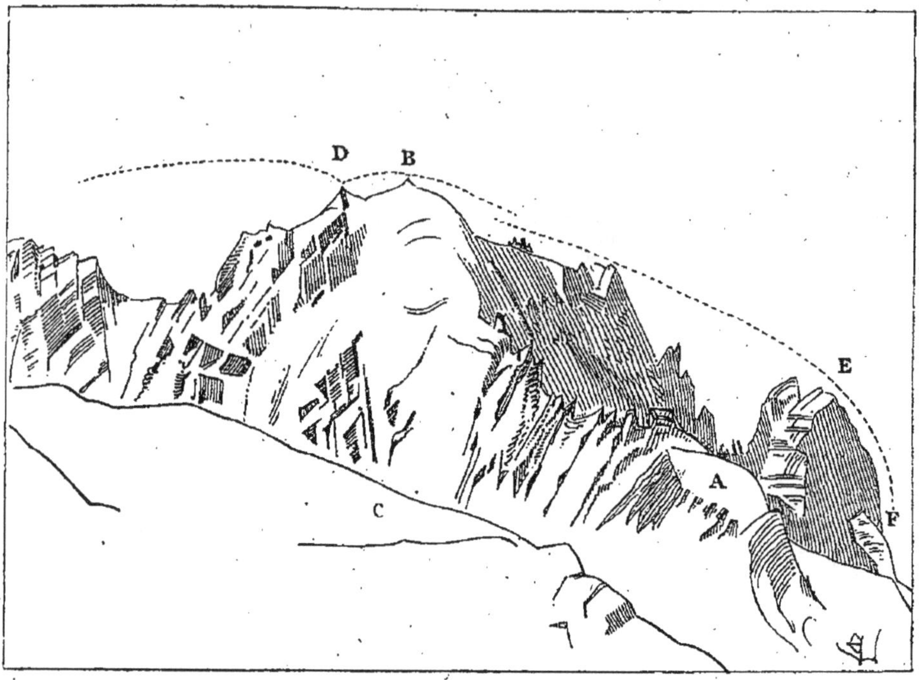

40. — L'aiguille verte, prise du col de Balme. (P. 81.)

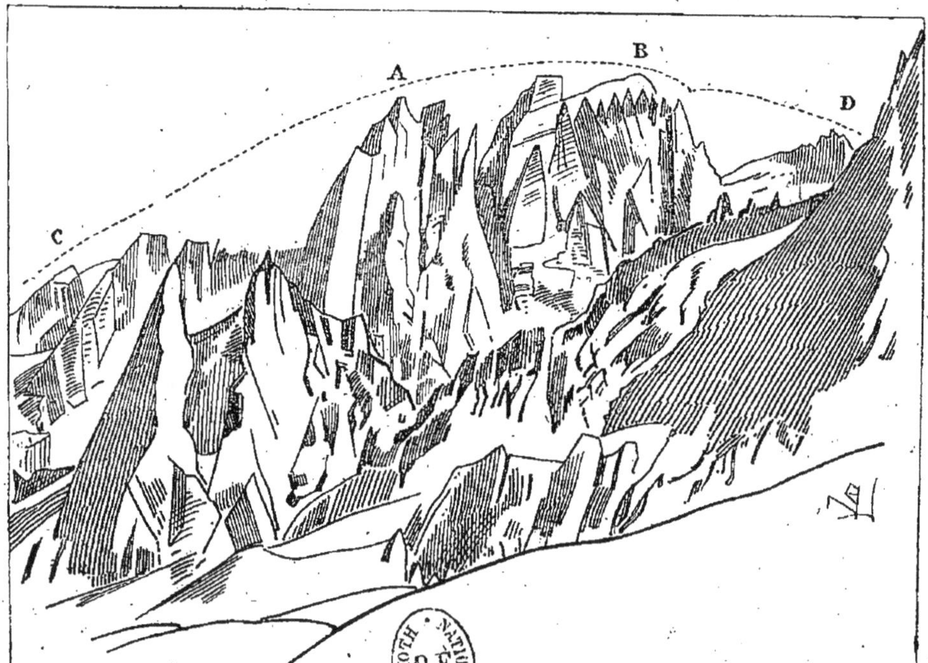

40 *bis*. — L'aiguille verte, prise du glacier des Pèlerins. (P. 81.)

40 *ter*. — L'aiguille verte, prise des lacs Blancs. (P. 81.)

41. — Le mont Maudit. (P. 81.)

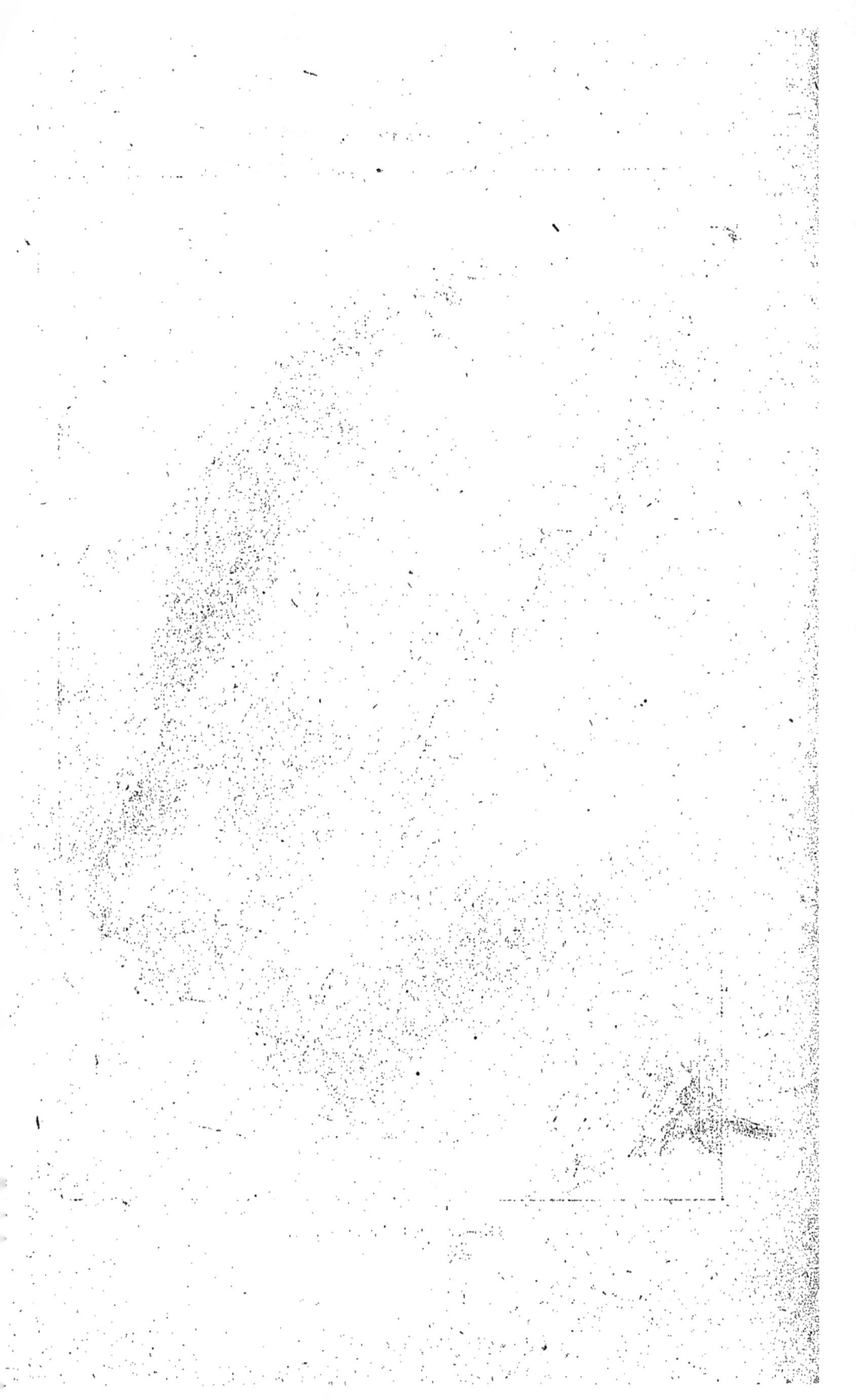

grand dans la figure précédente ; comment les arêtes sont restées, laissant voir intactes les parois des polyèdres, et aussi parfois la section, la souche émergeant du névé, de ceux qui ont été brisés, renversés et enlevés (1).

Si nous observons l'aiguille Verte, figure 40 (2), nous voyons les deux grands plans de retrait AB, CD, et l'aiguille du Drû en E, dont la paroi F présente des courbures concentriques à la section FB. Cette même aiguille, prise au sud-ouest, à l'opposite (3), figure 40 *bis*; l'aiguille du Drû se présentant en A, et l'aiguille Verte en B, la ligne CD donnant le plan de retrait séparatif des grands mamelons, nous voyons encore comment la ruine s'est produite, ne laissant subsister que les aiguilles les plus résistantes dans le voisinage des plans de retrait secondaires (4).

Si nous observons encore cette même aiguille Verte, des lacs Blancs, au-dessous des aiguilles Rouges, c'est-à-dire suivant une visée perpendiculaire aux deux premières (5), figure 40 *ter*; l'aiguille du Drû étant en A, l'aiguille Verte en B et le plan de jonction étant en GB, nous voyons de même comment la ruine s'est produite, laissant subsister les polyèdres les plus durs, sur les plans de retrait principal et secondaires.

Mais, en se rapprochant de la cime du Mont Blanc, les ruines sont moins avancées, moins profondes, ce qui démontre clairement que les massifs montagneux ont été attaqués d'abord par la base, et que la ruine a atteint les sommités au fur et à mesure de l'ablation des glaciers, quand les névés, plus facilement déblayés, ont découvert peu à peu les pentes.

Voici, figure 41, la cime du mont Maudit, prise de Plan-Praz au moyen du téléiconographe (6). La ligne ponctuée indique la partie ruinée. De A et de B, en descendant, on voit les deux plans de retrait avec leurs beaux groupes cristallins qui émergent des

(1) Voir aussi la figure 29, qui montre des sections de polyèdres brisés.
(2) Prise de la Croix de fer, au-dessus du col de Balme.
(3) Du bas du glacier des Pèlerins.
(4) Voir la carte générale.
(5) Au nord-ouest de cette aiguille Verte.
(6) Grandissement de quatre fois.

névés et forment arêtes. On voit, en C, les restes de la courbure du mamelon B C qui se réunissait au Mur de la Côte. Si nous montons plus haut, si nous abordons ce Mur de la Côte et les Rochers-Rouges, alors la surface mamelonnée supérieure est encore visible, et la roche se ruine exactement comme le montre la figure 35.

Le dessin, figure 42, fait au téléiconographe, de Plan-Praz (1), et donnant les Rochers-Rouges R et le Mur de la Côte C, explique parfaitement ce mode de dislocation des mamelons par les flancs. Une forte dépression de la masse en A, au fond de laquelle se

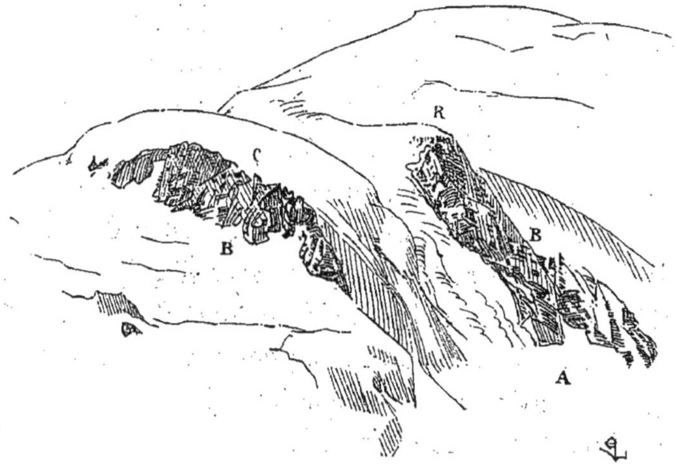

42. — Les rochers de la côte.

forment les névés, a mis à nu la paroi du mamelon B. Celle-ci, exposée à l'action du soleil et de la gelée, se disloque chaque jour et s'effritera ainsi jusqu'au plan de jonction de ce mamelon avec celui qui forme le sommet même du Mont Blanc, jonction qui aujourd'hui est cachée sous les neiges.

Les neiges et les glaces trouvaient donc, dans la structure de la protogyne, les conditions de destruction qui permettaient à ces immenses approvisionnements d'eau, à l'état de gélation, de s'emmagasiner dans des cirques, des oules, des ravins et fissures au fur et à mesure de la dislocation du massif.

Mais, plus les agents atmosphériques, les avalanches de neiges ou de névés et la glace elle-même ruinaient le massif, plus les

(1) Grandissement de quatre fois.

glaciers trouvaient leurs réservoirs et leurs lits distincts, et plus les causes de leur ablation augmentaient. Si l'altitude des sommets atteignait alors, à peu de chose près, l'altitude des divers points du massif, celui-ci, au lieu de présenter une surface ondulée, se creusait dans les parties plus destructibles, formait successivement des cavités à la place de surfaces planes ou convexes; des arêtes et sommets aigus, à la place des lignes de plans de retrait à peine apparents sur la surface primitive du soulèvement.

Les névés descendaient chaque jour plus rapidement des cirques élevés en entraînant avec eux les éboulis disloqués. Les glaciers, ayant rompu les digues qui gênaient leur passage, se frayaient un chemin jusque dans les vallées basses, et, en s'écoulant, laissaient apparaître les roches abruptes qui, soumises à l'action de la gelée,

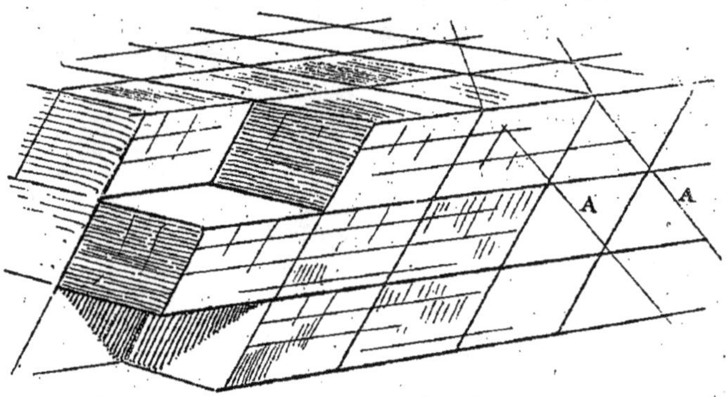

43. — Stratification des schistes cristallins.

hâtaient la ruine de l'ensemble. Le soleil échauffait ces roches dénudées et le rayonnement tendait d'autant à fondre les glaces comprises entre elles.

Cependant il nous faut voir aussi comment les schistes cristallins se ruinaient. Leur structure bien plus franchement stratifiée que celle de la protogyne, leur nature feuilletée, leur défaut d'homogénéité, leur cristallisation souvent imparfaite et mélangée, devait donner d'autres ruines que cette dernière roche.

Indépendamment des plans de stratification, les gneiss et schistes cristallins présentent, comme l'a fait voir la figure 34, des plans de retrait obliques qui font de la masse une réunion de rhomboèdres, figure 43. C'est là une structure normale qui est souvent dérangée par des plissements, des courbures de la roche stratifiée, flexible encore au moment des grands soulèvements. Quelquefois les plans de retrait se croisent encore, ainsi qu'on le voit en A. Ces rhomboèdres atteignent des dimensions considérables ou sont très-petits, suivant que la matière, en se refroidissant et se cristallisant, se trouvait dans les conditions favorables à l'un ou l'autre de ces cas. De plus, comme il vient d'être dit, les strates montrent de grandes différences de dureté. Parfois aussi, la masse présente des mâcles, et pénétrations de polyèdres des plus confuses ; des filons de protogyne, de porphyre, de serpentine, de granit, injectés à travers les fissures de la masse. Les gneiss, les schistes cristallins sont donc soumis à des causes de ruine par l'irrégularité même de leur constitution.

L'effort de soulèvement et de contraction, qui a fait sortir les schistes cristallins des profondeurs où ils se trouvaient, jusqu'au niveau où nous les voyons aujourd'hui, sur les rampes du massif du Mont Blanc, sur la chaîne du Brévent et des Aiguilles Rouges, a produit des discordances marquées dans les couches, des failles, des ruptures qui n'ont pas peu contribué à faciliter la ruine des rampes. Quand le grand glacier troncal qui, à l'apogée de l'époque glaciaire, suivait le val de Chamonix et s'élevait jusqu'à l'altitude de 2,000 mètres et plus (1), se fut abaissé, les glaciers latéraux commencèrent leur œuvre de destruction sur les rampes du Brévent et des Aiguilles-Rouges (voir les figures 34 et 34 *bis*). Mais là, la forme du soulèvement qui ne présentait qu'une arête, ne se prêtait pas au creusement des vallées intérieures, comme le massif même du Mont Blanc.

Quelques témoins restèrent au milieu de l'immense déblai de matériaux que ces glaciers latéraux opérèrent et dont nous voyons encore les lits si bien caractérisés depuis Plan-Praz jusqu'au col des Montets.

Aux deux extrémités du massif même, c'est-à-dire du côté de Saint-Gervais au sud-ouest et du Catogne au nord-est, les schistes cristallins élevés à peu près au niveau du soulèvement de proto-

(1) A 1,000 mètres au-dessus du village de Chamonix.

gyne, forment comme deux contre-forts extrêmes qui maintiennent le grand axe (voir la figure 12). Ces schistes cristallins sont d'une structure excellente du côté du sud-ouest, le plus élevé ; moins résistantes du côté du nord-est, le plus bas, où ils n'apparaissent plus en si grande masse et n'ont pu percer avec autant d'énergie la couche des terrains liasiques.

Les schistes cristallins qui forment l'aiguille du Goûté, le Bionnassay, et qui s'étendent jusqu'au col du Bonhomme, ont opposé aux agents atmosphériques une résistance plus grande que la protogyne elle-même et se ruinent plus lentement. Toutefois, le principe de structure de ces schistes étant celui dont nous avons présenté les dispositions, la ruine se fait en raison de ce principe même, c'est-à-dire que les rhomboèdres soulevés sont ruinés dans les parties les plus tendres et parfois enlevés totalement.

Alors, il reste, à la place du rhomboèdre enlevé, un creux qu'occupe le névé.

Le soulèvement des schistes cristallins sur ce point ne devait pas présenter la physionomie de la protogyne, mais au contraire des arêtes tranchantes ou sommets assez aigus qui durent être altérés promptement par les agents atmosphériques, puisque les neiges ne pouvaient les couvrir également d'un épais manteau.

Nous avons vu, figures 1 et 11, que la jonction des schistes cristallins avec la protogyne, côté du val de Chamonix, présente un plan vertical, à peu près parallèle au grand axe du soulèvement. En descendant de la ligne de jonction, dans la vallée, on reconnaît que les strates des schistes tendent à s'incliner en éventail, ainsi que l'indique la figure 44. Quel aspect présentait la déchirure des schistes cristallins et gneiss AB et des schistes micacés AC, au moment du soulèvement?

Nous ne pouvons, à cet égard, que fournir des conjectures. La matière refoulée, plissée, manquait pour former une voûte continue au-dessus de la protogyne. Elle avait dû se fendre, nécessairement, pour la laisser passer. Mais, comme il fallait que ces schistes eussent conservé encore, à ce moment, un état de mollesse et d'élasticité qui leur permît de se courber comme il est arrivé sur bien des points, la brisure CAB ne devait présenter qu'un aspect irrégulier. Quoi qu'il en soit, les fêlures de retrait, coupant la stratification des schistes cristallins, se déterminèrent comme si la matière eût été dans son état normal et formèrent des rhomboèdres immenses composés d'une multitude d'autres (1) et la ruine s'opéra en raison de cette structure; c'est-à-dire que les rhomboèdres résistèrent ou se détruisirent en raison de leur plus ou moins grande dureté ou de la place favorable ou défavorable qu'ils occupaient par rapport à la protogyne,

Là, où la protogyne se maintenait, opposait une résistance à la destruction, comme on l'a vu ci-dessus, les schistes cristallins, protégés, se maintenaient aussi.

Là, où la protogyne, ruinée par les névés et les agents atmos-

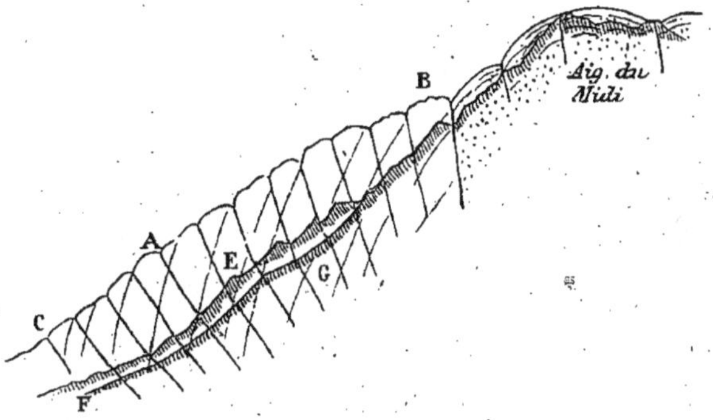

44. — Jonction des schistes cristallins avec la protogyne.

phériques, laissait passer un courant glaciaire, les schistes étaient entraînés et faisaient place. Cependant, sur beaucoup de points, ils opposèrent une longue résistance, soit parce que leur contexture était particulièrement tenace, soit parce que la matière était plus dure. Entre les lits des glaciers, restaient des arêtes fort altérées elles-mêmes, mais dominant cependant la surface des grands courants latéraux, comme des côtes, ainsi qu'on le voit en EFG, donnant la section du lit de ces glaciers latéraux. Toute la partie CABE des schistes cristallins, dont nous ne pouvons supputer

(1) Nous employons ici, pour les gneiss, les schistes cristallins, la qualification stratifiée, bien que l'examen de ces roches nous laisse, sur bien des points, des doutes à cet égard et que ces prétendues stratifications puissent souvent être prises pour des plans de retrait. Cette réserve, que nous avons faite relativement à la protogyne, serait moins absolue lorsqu'il s'agit des gneiss et schistes cristallins.

exactement la section de surface, au moment du soulèvement, fut successivement détruite, d'abord en CA, par le grand glacier troncal, puis de A en B, par le travail des glaciers latéraux. Conformément à ce qui a été dit plus haut, la destruction des rampes avait commencé par le pied de C en A, puis s'était successivement propagée en remontant vers les points culminants.

Les ruines de ces schistes cristallins, de ces gneiss, n'affectent pas toutefois l'apparence pyramidale ou prismatique, singulièrement aiguë parfois, dentelée d'une façon étrange, des protogynes; elles présentent, au contraire, une régularité géométrique qui est la conséquence de la structure. C'est surtout à grande distance

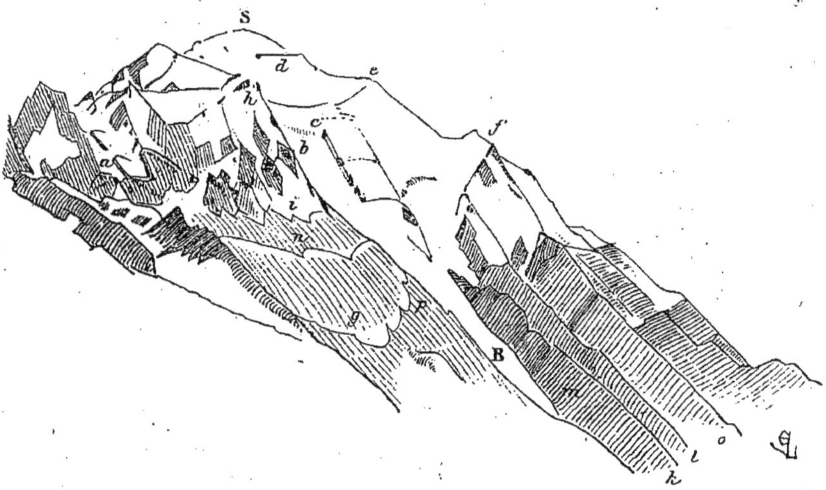

45. — Le sommet du Mont Blanc.

et de points élevés qu'on est frappé de l'aspect régulier de ces ruines.

Ainsi, par exemple, l'aspect du massif du Mont Blanc, pris du signal, au-dessus du col de Balme, est fidèlement reproduit par la figure 45. Les schistes cristallins, encaissant la protogyne, suivent une ligne qui passe par les lettres *a b c e*; S étant le sommet du Mont Blanc, *e* le dôme du Goûté et *f* l'aiguille du Goûté. Sur toutes les pentes formées par ces gneiss, on voit apparaître les rhombes, régulièrement disposés, et ces côtes *k, l, o*, réservées entre les glaciers latéraux et dont la figure 44 donne le profil.

Relativement aux gneiss, on constate que la protogyne présente un aspect désordonné, mâclé (1), des défauts de parallélisme que l'on n'observe pas dans les schistes cristallins qui, lorsqu'ils sont purs, résistent puissamment et ne présentent pas ces amas de blocs entassés, disjoints, branlants, qui caractérisent les sommités de protogyne.

Quand ces roches encaissantes des schistes cristallins furent cependant entamées par les glaces et surtout par l'action atmosphérique, que leurs pentes réglées mirent à nu la masse de protogyne, le temps attaqua énergiquement celle-ci et y produisit les ruines que nous voyons aujourd'hui. La figure 45 montre comment les immenses amas de névés, accumulés sur les rampes nord de la sommité du Mont Blanc et qui s'étendent de l'aiguille du Midi *h* à l'aiguille du Goûté *f*, firent leur chemin en B (2) jusque dans la vallée.

Sur cette ligne, il s'était produit, dans la masse des gneiss, de profondes cassures causées par l'effet du soulèvement principal (3). Les glaces trouvèrent donc des points faibles sur cette partie de la rampe du massif, brisèrent les obstacles et descendirent en droite ligne dans le glacier troncal, laissant comme berges l'aiguille du Midi et l'aiguille du Goûté, la montagne de la Côte *m* et les rampes de la Pierre-Pointue *p*. L'aiguille du Midi, dont toute la partie supérieure est formée de protogyne, se détruit journellement ; l'aiguille de Goûté, composée de schistes cristallins, ne paraît pas subir d'altération et conserve ses arêtes intactes.

Mais l'encaissement des schistes cristallins sur les rampes nord-ouest du massif ne permit pas à la glace, sur tous les points, de faire un trajet aussi direct. Si la raideur de la pente, au droit du Mont Blanc, favorisait une émission directe, la largeur du massif au droit du Tacul et du Géant, le peu de pente relative, permettaient aux gneiss d'opposer aux courants glaciaires des digues qu'ils franchirent difficilement, qu'ils ne purent détruire totale-

(1) L'espace *g* indique le lit du grand glacier latéral qui existait à la base des aiguilles du Midi, du Plan et de Blaitière, à la fin de l'époque glaciaire ; *n*, une étape de retrait de ce glacier ; *i*, le glacier actuel des Pèlerins.

(2) Glacier des Bossons.

(3) On observe encore une de ces cassures bien apparente, qui s'étend de la Pierre à l'Échelle jusqu'à la moraine droite du bas du glacier des Bossons.

ment, mais dans une faille desquels ils finirent par se frayer un lit étroit. Telle est la Mer de Glace au point où elle prend le nom de Glacier des Bois, tel est aussi le Glacier de l'Argentière à sa partie inférieure.

On remarquera (1) que la Mer de Glace dut être longtemps barrée par le soulèvement des gneiss qui réunissait l'aiguille de Bochard au Montenvers et à la Filiaz, qu'elle atteignit une altitude de plus de 2,000 mètres (2) et qu'à grand'peine, profitant d'une brisure dont on trouve les traces au-dessous du Chapeau (3), le courant arracha les roches, se fit un lit et ne put descendre dans la vallée qu'en faisant un coude prononcé vers l'ouest. Le même fait se produisit au glacier de l'Argentière; après être descendu directement du sud-est au nord-ouest, le courant fut contraint, par la disposition et la résistance de la base des gneiss, de se détourner brusquement vers l'ouest.

La ténacité de ces gneiss sur la partie nord-ouest du massif opposa donc longtemps une résistance au courant glaciaire troncal; puis, quand celui-ci eut enfin déblayé son lit, ces gneiss formèrent les berges qui durent être laborieusement tranchées pour laisser la voie aux glaciers descendant perpendiculairement au glacier troncal des sommités du massif. Alors ces derniers courants n'étaient que des courants latéraux, des affluents. Pendant bien des siècles, leurs embouchures se tinrent à un niveau de 2,000 mètres d'altitude, c'est-à-dire au niveau de la surface du glacier troncal, et ce ne fut qu'après l'ablation de celui-ci que ces glaciers affluents abaissèrent leurs embouchures aux dépens des anciennes berges et en ruinant leurs parois.

Du côté italien, le peu de largeur de la vallée, l'escarpement abrupt de la protogyne, le peu de résistance des lias encaissants, l'absence presque complète de gneiss, produisit des résultats très-

(1) Voir la carte générale.

(2) Le Montenvers, altitude 1,921m; le courant glaciaire dépassa ce niveau de plus de 300 mètres.

(3) A la base de l'aiguille de Bochard, on signale, en effet, des lias, des cargneules, dont la présence indique un renversement des schistes cristallins sur ce point, et par conséquent une contexture faible qui a été en grande partie enlevée par le glacier.

différents. Les glaciers affluents, courts, rapides, descendirent directement dans le glacier troncal en ravinant profondément les rampes de la protogyne et laissant subsister entre ces ravins des aiguilles d'une acuité prodigieuse.

Ainsi, la sommité du Mont Blanc, qui du côté de la vallée de Chamonix est étayée par ces grands contre-forts de schistes cristallins dont notre figure 45 montre le large empattement, s'élève, du côté du val Veni et du val Ferret italien, sur le bord de l'escarpement, figure 46 (1). Les schistes cristallins n'existent pas à la base de cet escarpement, mais seulement une bande assez peu

46. — Le glacier de la Brenva.

élevée et renversée de terrain liasique. La protogyne a donc été profondément ruinée, n'ayant plus cette base solide qui l'encaisse sur l'autre versant. Les aiguilles qu'elle a laissées comme témoins sont prodigieusement altérées sur leurs parois, d'où à chaque instant se détachent des blocs de toutes dimensions et une poussière fine (2).

(1) Vue prise au-dessus d'Entrèves, en montant au col Ferret.

(2) A est la partie postérieure visible de la cime du Mont Blanc; B, Peuteret et les Dames-Anglaises; C, les monts de la Brenva; D, le glacier de la Brenva.

C'est par ce flanc sud-est que la destruction du massif s'effectuera. Les glaciers ont commencé par l'entraînement des parties les moins résistantes. Plus ils ont déblayé, plus ils ont mis à nu les parois, plus le soleil et la gelée ont d'action sur elles, et plus elles s'éboulent. On voit en R les souches qui, aujourd'hui, émergent de la glace, des cristaux qui réunissaient primitivement

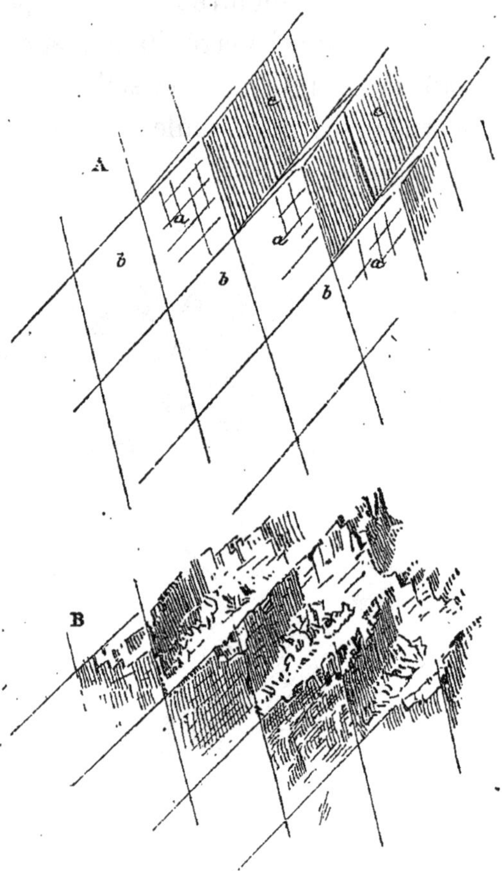

47. — Décomposition des rhomboèdres.

les monts de la Brenva C aux aiguilles des Dames-Anglaises et de Peuteret. Entre ces deux arêtes (de la Brenva et de Peuteret) il y avait certainement une dépression de la masse, mais non ce profond ravinage, puisqu'on voit la base de la ruine des cristaux intermédiaires. Les cristaux plus homogènes et plus résistants, dans le voisinage des grands plans de retrait, ont résisté là comme partout, et la masse plus fendillée, moins résistante, intermédiaire, a été enlevée par les névés et les glaces, puis charriée en sable et en cailloux jusque dans les basses vallées.

Revenons aux schistes cristallins et gneiss, dont les ruines présentent un tout autre aspect et, à moins de brisures préalables au moment du soulèvement, ne se creusent pas aussi puissamment, ne montrent pas ces témoins formidables, ces grandes aiguilles aiguës que laisse la protogyne.

La masse plus tenace des gneiss, dès que les aspérités de la surface ont été ruinées, forma une assiette résistante et qui ne se laisse pas entamer facilement ; les rampes, relativement douces et accessibles, ne se creusent pas et ne se décomposent qu'à la surface.

La formation rhomboédrique étant évidente, les aiguïtés, les sommets soulevés se ruinent, conformément à la figure 47. Soit A la masse intacte des schistes cristallins et aussi des gneiss.

Les rhomboèdres *a* les plus exposés aux intempéries sont altérés et laissent à la longue, à leur place, des alvéoles bornées par les rhomboèdres *b*, et ceux de derrière *c*.

Ces alvéoles maintiennent les débris des rhomboèdres *a* jusqu'à ce que les névés et les glaces les entraînent (voir en B). Puis arrive le tour des rhomboèdres *c* qui se ruinent, étant découverts, ainsi que les rhomboèdres *b*. De proche en proche, la ruine attaque ces masses cristallines, mais laisse toujours apparaître une sorte de *siége* avec son dossier et ses bras, singulièrement propre à conserver les neiges.

La décomposition des roches schisteuses cristallines qui forment la montagne de la Côte A, la montagne des Jours B et la montagne des Faus C, figure 48 (1), contre-forts qui séparent le glacier des Bossons du glacier de Taconnaz, et celui-ci du glacier du Bourgeat, montre comment les rhomboèdres d'arêtes laissent par leur destruction successive ces *siéges* favorables à la conservation des neiges.

Mais les schistes cristallins, les gneiss n'ont pas toujours cette belle formation régulière qui leur permet de résister longtemps aux agents atmosphériques et fait que leur destruction est, pourrait-on dire, méthodique. Ces systèmes cristallins présentent

(1) Vue prise de la Pierre-Pointue.

souvent des enchevêtrements très-étranges de cristaux, entre leurs plans de stratification.

Ils sont mâclés, offrent des groupes beaucoup plus résistants que d'autres, des formations imparfaites, au milieu desquelles apparaissent des matières étrangères, porphyritiques, granitiques, des filons de mica, des parties de schistes feuilletés, des pétro-silex, etc.

Alors la destruction, bien que se conformant aux mêmes condi-

48. — Schistes cristallins. La montagne de la Côte et celles des Jours et des Faus.

tions, est irrégulière. Telles sont les roches qui dominent la Flégère et s'élèvent jusqu'à la Floria au nord, et jusqu'aux Aiguilles-Rouges à l'est, figure 49 (1).

On voit ici que si les groupes cristallins se pénètrent, se mâclent, cependant la destruction a opéré comme il a été dit ci-dessus, attaquant les parties tendres ou les plus exposées, creusant les faces des rhomboèdres (voir en A) et arrivant, conformément à la nature même de la roche, à former ces *siéges* où la neige se repose et persiste. Aujourd'hui, le grand glacier latéral qui descendait jusqu'à la Flégère, et qui couvrait toute la surface moutonnée B B B,

(1) Prise des rampes de l'aiguille du Bochard.

est réduit à la petite flaque G, et laisse voir, dénudé, l'ancien lit sillonné par les lignes de plans de jonction des groupes cristallins détruits, dont les débris ont été transportés dans la vallée par les glaces.

Il est donc possible dans une certaine mesure, par tout ce qui vient d'être dit sur le mode de destruction des roches, de supputer le volume des parties enlevées, de compléter les portions des groupes cristallins dont il ne nous reste que des ruines ou même des souches usées, limées par le passage des glaces. Et de ces observations, il résulterait : 1° que l'altitude actuelle des sommets, atteint celle des parties les plus élevées des soulèvements primitifs ; 2° que ces soulèvements, s'ils n'ont guère perdu de leur altitude, ont énormément perdu de leur masse par l'altération des pentes, par la ruine des parties saillantes latérales, par l'élargissement des vallées, la destruction des digues qui, partout, barraient les dépressions dans la matière soulevée ; 3° que les massifs de soulèvement présentaient des plateaux supérieurs plus ou moins plans ou bossués, qui ont été ravinés, creusés successivement par le concours des névés, des glaces et des variations considérables et brusques de la température ; 4° que cette destruction des pentes, cette altération des plateaux a eu pour résultat de combler les parties les plus basses des dépressions produites par le soulèvement, d'envoyer, jusque dans les plaines, d'immenses cônes de déjection qui ont formé les grandes vallées et ont régularisé le cours des rivières et des fleuves ; 5° qu'en concourant à ce grand travail, en l'ébauchant, les glaciers ont eux-mêmes contribué à leur ablation.

Comblant les dépressions, remplaçant les glacières par des cours de glaces, ruinant les pentes et les adoucissant depuis les parties inférieures jusqu'au niveau supérieur des plateaux, rompant les digues, transportant au loin les débris des escarpements sapés, les glaciers laissaient plus facilement pénétrer la chaleur du soleil, au milieu de ces soulèvements. Ils s'abaissaient alors sous cette action solaire et découvraient d'autant les parois qui leur servaient de berges. Celles-ci, plus exposées à la gelée et à la chaleur, se ruinaient plus vite et renvoyaient par rayonnement la chaleur sur ces glaciers.

49. — La chaine de la Floria. (P. 94.)

Quand les grands glaciers troncaux eurent cessé d'exister, le travail effectif des glaciers latéraux commença, mais ils se trouvaient dans d'autres conditions; pourvus de moins de puissance, ils se rapprochaient des altitudes où le thermomètre monte rarement au-dessus de zéro. Limités, morcelés, ils agirent sur les roches, non plus comme l'avaient fait les glaciers troncaux par grands nivellements, par grandes marches, mais en se tenant dans les parties déprimées du massif, en les rongeant peu à peu et en pénétrant ainsi jusqu'au cœur des plateaux. Toutefois, s'ils avaient par choc et poussée une action incontestable sur les flancs, sur leurs berges et par conséquent sur les escarpements, ils n'en eurent jamais qu'une très-faible sur leurs lits, se contentant de les polir, de les limer, mais sans pouvoir les creuser d'une façon très-sérieuse, à moins qu'ils ne trouvassent quelque digue; un obstacle sur leur passage, car alors, ils agissaient par choc ou poussée et brisaient l'obstacle.

D'où l'on pourrait conclure que les altitudes extrêmes supé-

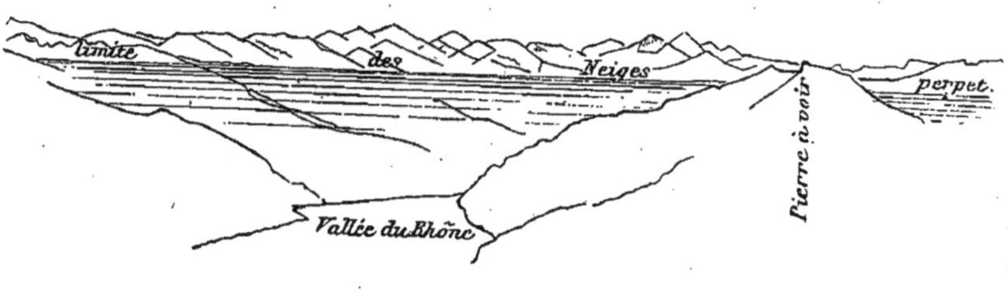

50. — Les Alpes bernoises.

rieures et inférieures des grands massifs n'ont guère varié et que la différence entre l'état présent et l'état ancien consiste dans les profils partiels.

Si considérables que nous paraissent ces ruines, que sont les débris arrachés et déblayés en proportion des masses encore existantes? Peu de chose, et cependant ces déblais ont aplani des gorges, des vallées sans nombre et des bassins qui s'étendent des Alpes à la mer Méditerranée, à la mer du Nord, à la mer Adriatique. C'est quand on considère des massifs montagneux de points élevés, qu'on constate la faible importance des déchets, relativement aux masses subsistantes.

Si, par exemple, on vise le massif montagneux de l'Oberland, du sommet de la Croix-de-fer, au-dessus du col de Balme, la masse a l'aspect d'un immense plateau ne présentant que des plans qui forment entre eux des angles extrêmement ouverts, figure 50. Il est évident que l'importance relative des parties enlevées est minime, eu égard à la masse; que l'ensemble du profil n'a subi que des altérations peu sensibles, et que ce profil s'est modifié seulement dans les détails. Pour nous, ces détails ont une valeur immense et nous paraissent accuser des ruines gigantesques. Gigantesques par rapport à nous, sans contredit, peu importantes relativement à l'ensemble (1).

Il y a donc une grande exagération, croyons-nous, à prétendre que les glaciers ont creusé des vallées, supprimé, détruit partie des sommets. Si les glaciers ont eu, sur les dépressions naturelles du soulèvement, une action, ç'a été de rompre ou d'abaisser certaines digues et de mettre en communication ces dépressions qui

(1) A ce propos, nous croyons utile de citer l'opinion de M. Alphonse Favre, bien que nous ne la partagions pas complétement : « On est conduit, dit-il, par cet ensemble de faits (l'énorme charriage des débris), à conclure que le massif du Mont Blanc a été jadis beaucoup plus élevé qu'il ne l'est maintenant; je dirai même *qu'il est impossible que ce massif n'ait pas été, dans son ensemble*, plus grand que de nos jours. Cette conlusion est étayée par diverses considérations tirées : 1° des observations que de Saussure a faites au col du Géant sur la dégradation continuelle des montagnes et sur les observations semblables que j'ai faites moi-même; 2° de l'aspect corrodé des parties supérieures du massif, où les aiguilles actuelles sont évidemment des *témoins* de l'ancienne élévation de la masse totale, de même que le lambeau calcaire du sommet de l'aiguille Rouge est un témoin de l'ancien manteau qui la recouvrait....... » Mais le savant professeur de Genève admet que les terrains triasiques et jurassiques, qui occupent une partie des flancs du massif, avaient été soulevés et formaient voûte sur sa surface supérieure. Or, pour que ce fait se fût produit, il faudrait supposer que ces terrains avaient, comme le caoutchouc, la propriété de s'étendre, tandis que nous sommes portés à admettre qu'ils ont été au contraire rompus par suite du développement plus étendu de la surface plissée et refoulée, et qu'ils se sont brisés pour laisser passer, comme à travers une *boutonnière*, les schistes cristallins et la protogyne.

Que des lambeaux de ces terrains soient restés sur les rampes et sur les plis secondaires, comme ceux du Brévent, des aiguilles Rouges et de la chaîne parallèle italienne, le fait n'est pas douteux, puisqu'on en trouve des traces, mais il n'en devait guère exister sur la partie culminante du massif même du Mont Blanc. Ces terrains ont été nécessairement rejetés à droite et à gauche, et les ruines observées par de Saussure, par un grand nombre de géologues, par M. A. Favre et par moi-même dans le voisinage des sommets, sont des dégradations latérales, bien plutôt que des destructions des points culminants.

formaient plutôt de longues cuvettes que des vallées proprement dites; d'éroser les bords de ces cuvettes, lorsque, les digues étant rompues, elles constituèrent des vallées et que ces glaciers purent s'avancer vers les parties inférieures du soulèvement; ç'a été de charrier au loin les débris que les berges de ces glaciers, ruinées par les agents atmosphériques, laissaient rouler sur leur surface; ç'a été de limer, de polir les pentes de ces berges, déjà adoucies par la chute des escarpements abrupts ou des reliefs exposés aux intempéries. Ce travail continu, pendant des milliers d'années, avec des moyens d'une puissance inouïe à l'époque glaciaire, et agissant d'abord sur les parties inférieures, s'est prolongé avec une action moins énergique dans les parties moyennes, à mesure que l'ablation des grands courants glaciaires primitifs allait s'étendant, et se produit encore de nos jours, sur les hauteurs, suivant les mêmes procédés, obtenant en petit les mêmes résultats obtenus jadis sur une beaucoup plus grande échelle. La nature procède toujours suivant les mêmes méthodes. Les moyens dont elle dispose sont doués de plus ou moins de puissance, ils ne varient pas.

V

Des moraines et apports laissés par les glaciers; de certaines observations relatives à la marche des glaciers.

Comme on vient de le voir, les glaciers poursuivaient leur marche sans se hâter davantage ou sans ralentir leur courant quelles que fussent les pentes; ils franchissaient des digues, passaient sur leur dos en se contentant de les limer quand ils ne pouvaient les rompre et les entraîner. En fondant vers les régions les plus basses pour reculer successivement, par étapes de retrait, vers les régions plus élevées, ils laissaient à nu le sol, mal réglé encore.

S'ils n'avaient pas creusé davantage les profondes dépressions, s'ils avaient laissé même sur leur fond les débris des terrains soulevés et ceux des ruines effectuées sur leur trajet; si, pendant une de ces longues étapes de retrait, ils avaient abandonné, sur leur limite inférieure, des moraines frontales plus ou moins considérables, cet ensemble composait un véritable chaos dont, en petit, l'ablation récente de certains glaciers nous donne une idée exacte.

Rien n'est plus désolé que le lit d'un glacier fondu. Sable fin, blocs énormes, débris de toute taille et de toute forme, conservant leurs angles vifs, déposés non en raison des lois de la statique mais suivant le hasard, prêts à tomber sur leurs voisins au moindre choc ; assiette striée, moutonnée, creusée dans les parties les plus tendres, présentant des mamelons aux points les plus durs ; petits lacs tourbeux dans les creux, aridité, couleur grise répandue sur toutes ces roches, absence de végétation qui, indépendamment de l'altitude, ne saurait se prendre à ce sol dévasté et mobile :

tel est le tableau que présente le lit abandonné par la glace. Et, cependant, si on examine avec attention cette apparence de chaos, on y trouve bientôt un certain ordre. En effet, le glacier a déposé sur ses bords deux moraines latérales dont la puissance est propor-

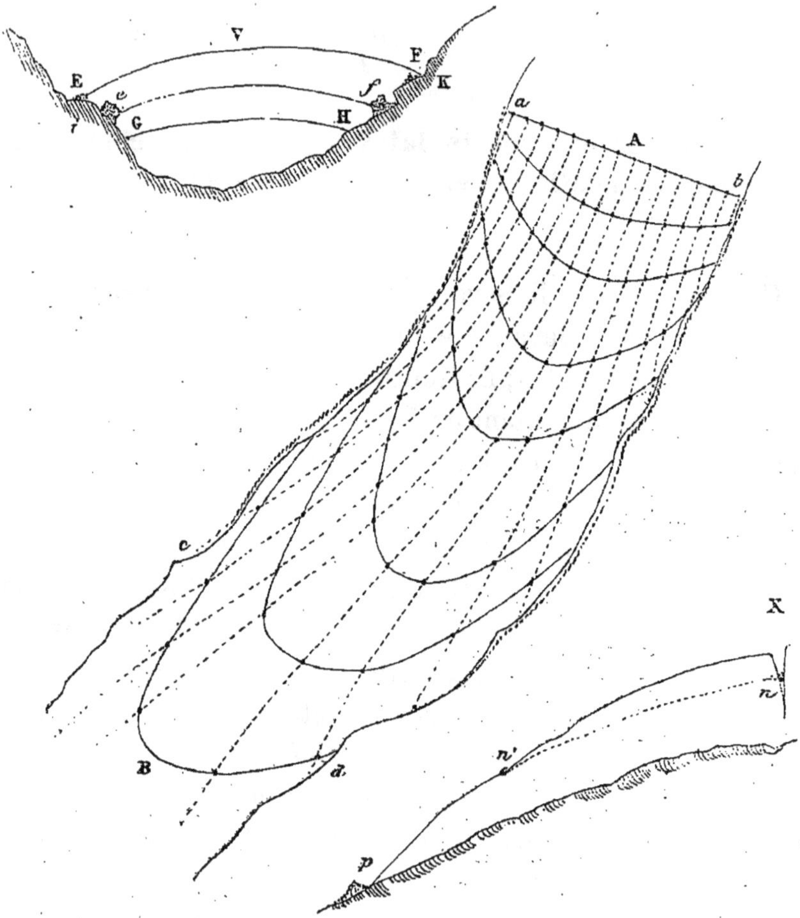

51. — Formation des moraines latérales.

tionnée à la propriété de décomposition des sommets environnants.

Si le glacier a suivi son cours entre des berges et sommités solides, durables, résistantes aux agents atmosphériques, ses moraines latérales sont à peine visibles. Si, au contraire, le trajet s'est fait entre des berges et sommités dont la décomposition est facile, les moraines latérales acquièrent une grande importance.

Il en est ainsi des moraines frontales qui ne sont autre chose que l'apport de sable et de débris des roches charriées sur la surface ou dans les flancs du glacier et qu'il dépose sur le sol en fondant.

Si les moraines latérales affectent une parfaite régularité, il n'en est pas de même des moraines frontales dont le plus ou moins d'importance est soumise à des accidents. Les moraines latérales sont le produit des éboulis et poussières qui, tombant sur la surface, sont rejetés par le glacier sur ses bords. Plus le glacier est puissant, plus les moraines latérales présentent de régularité.

Le glacier, proprement dit, qu'il ne faut pas confondre, bien entendu, avec les névés, ainsi que nous l'avons expliqué dans les précédents chapitres, présente, en section transversale, une surface d'autant plus convexe qu'il est approvisionné par des névés supérieurs plus abondants, figure 51 en V. Le courant d'un glacier étant plus rapide au milieu que sur ses bords, il en résulte (voir en A, projection horizontale du courant) qu'une ligne de cailloux, régulièrement disposée sur sa surface de *a* en *b*, finit naturellement par être rangée en deux parties sur les rives, ainsi que l'explique clairement la figure. L'apport de glace et le courant, étant plus puissants de A en B, suivant l'axe longitudinal, que sur les côtés, la ligne *a b* tend chaque jour à se courber davantage, et les cailloux, au lieu de laisser entre eux des intervalles équidistants, s'éloignent de plus en plus dans le voisinage de ce grand axe, pour venir se ranger sur les rives *a c*, *b d*. Et, comme le disent, dans leur style imagé, les montagnards, le glacier rejette ce qui souille sa surface. Les moraines latérales sont donc ainsi formées régulièrement de tous les sables et pierres qui tombent sur le dos du glacier.

Si le glacier vient à croître, à élever sa surface, ses bords balaient, entraînent tout ou partie des moraines latérales antérieures *e f* et en déposent deux nouvelles *i* K. Si, au contraire, il décroît et abaisse son dos en G H, les moraines *e f* s'éboulent en partie sur les nouvelles.

Ainsi peut-on voir jusqu'à cinq, six, sept moraines latérales parallèles, quelquefois plus, qui marquent les abaissements successifs d'un courant glaciaire à des époques relativement récentes (1).

Mais bon nombre de roches, des amas de sable tombent dans les crevasses qui sillonnent le glacier. Ces poussières, ces roches, si elles n'atteignent pas le lit, si elles demeurent engagées dans la masse et ne sont pas rejetées latéralement, arrivent à percer de nouveau le glacier près de son extrémité inférieure et sont déposées par lui sur son front.

Soit en X, figure 51, la section de la partie terminale d'un glacier; soit *n* une pierre tombée et retenue dans une crevasse. Le glacier s'avançant toujours, et l'ablation se produisant à sa surface, il arrive nécessairement que la pierre apparaît à cette surface en *n'* et est déposée par le glacier en *p*.

Mais on comprend dès lors que les moraines frontales ne peuvent pas présenter la régularité des moraines latérales. La cause la plus puissante qui contribue à leur amoncellement, ce sont les moraines médianes. Nul n'ignore que les moraines médianes sont formées de la jonction de deux glaciers qui, entraînant chacun leurs moraines latérales, les réunissent en une seule sur cette ligne de jonction.

Ainsi, figure 52, un glacier A et un glacier B se réunissent pour descendre en D où est leur point terminal. La moraine *a b* de droite du glacier A se réunira à la moraine *c d* de gauche du glacier B, et ces deux moraines n'en formeront plus qu'une seule médiane de *e* en *f* où elle composera un amas plus ou moins considérable, suivant l'apport des deux glaciers. C'est pourquoi les moraines frontales de glaciers coupés par des moraines médianes, présentent ces collines de pierres et de sable plus ou moins éloignées du point terminal actuel et qui donnent à ces moraines frontales un aspect tout-à-fait différent des moraines latérales, reconnaissables à leur régularité parfaite.

Si, par exemple, un des deux glaciers est plus faible que l'autre, si le glacier B est alimenté par des névés moins puissants que

(1) Tel est, par exemple, le glacier de Bionnassay qui, dans sa partie inférieure, laisse voir six moraines parallèles très-régulières, déposées par des périodes successives d'ablation.

ceux du glacier A, celui-ci absorbe la largeur du lit par suite de l'ablation plus rapide du glacier plus faiblement pourvu, et la moraine médiane *e f* viendra se ranger contre la moraine latérale de droite de ce glacier B. Il en résultera un désordre apparent, mais qu'un œil exercé aura bientôt démêlé.

Le glacier ne peut pas toujours déposer ses moraines latérales. Quand, par exemple, il s'avance entre des berges abruptes ; s'il est encaissé, il ne trouve pas, sur ces parois verticales ou très-inclinées, une assiette pour déposer les pierres qui encombrent

52. — Moraine médiane.

ses bords. Alors il continue forcément à les charrier et les rejette dès que l'encaissement abrupt fait place à une assiette susceptible de recevoir un dépôt. C'est pourquoi, en aval de ces escarpements, qui encaissent le glacier, on trouve immédiatement, sitôt que le sol le permet, un amas morainique latéral, très-puissant. Le glacier s'est empressé de se débarrasser du fardeau dès que la chose a été possible.

Mais les dépôts morainiques présentent encore bien d'autres singularités.

Quand les glaciers traversent une période de décroissance, ils laissent inoccupées de hautes moraines sur leurs bords, témoins de leur ancien niveau.

Mais il est bon d'examiner comment ces témoins acquièrent la régularité particulière à leur section. Soit, figure 53, un glacier dont la surface externe est en A; il dépose, comme nous l'avons dit, en s'avançant, la moraine latérale *a b*, le long de l'escarpement qui lui tient lieu de berge. Si ce glacier vient à décroître et que la surface externe s'abaisse au niveau B, la partie *d* de la moraine se sera successivement éboulée et rangée en *e*. Pendant cet abaissement, le glacier aura toujours apporté le long de sa

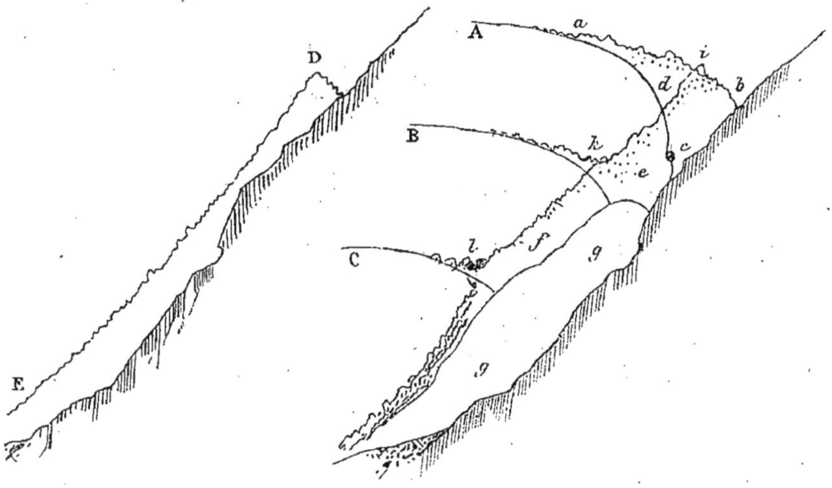

53. — Dépôts successifs d'une moraine latérale.

rive de nouveaux matériaux; alors le profil de la moraine sera *bik*. Supposons que le glacier continue à s'abaisser au niveau C, il arrive souvent que les débris morainiques supérieurs et ceux apportés sans cesse couvrent en *f* une partie de la glace *g* qui ne fond pas, protégée qu'elle est par ces débris; alors la moraine présente la section *bikl*; et en *g*, pendant longtemps, reste inerte un amas de glace. Nous disons inerte parce que, n'étant plus relié à la masse coulante, il ne s'avance plus avec elle.

Admettons, enfin, que l'ablation du glacier soit complète. Peu à peu, malgré la couche de débris qui la protége, la réserve de glace *g* fond, les débris qui la couvrent s'éboulent chaque jour, et il se forme une pente D E de sable et de roches, conformément aux lois de la statique, c'est-à-dire à 45°, parfois un peu plus, à cause de l'adhérence des sables comprimés et de la grosseur des blocs qui se calent. La végétation finit, si l'altitude n'est pas trop considérable, par envahir ces pentes, et ainsi, après des siècles, observe-t-on des moraines latérales présentant des talus d'une régularité parfaite, percés par quelques gros blocs.

La moraine de gauche du glacier des Bossons couvre encore

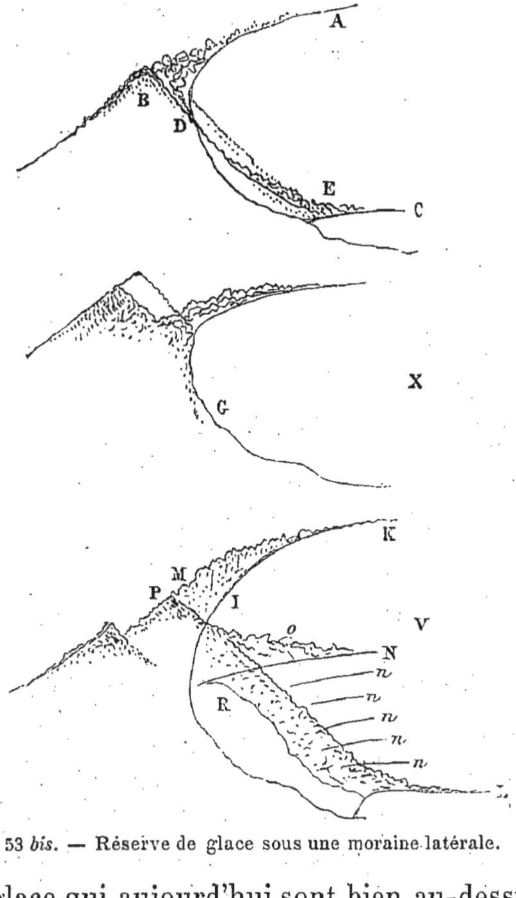

53 *bis*. — Réserve de glace sous une moraine latérale.

des amas de glace qui aujourd'hui sont bien au-dessus du dos du glacier fort abaissé depuis 1835, et qui, fondant avec une extrême lenteur en été, produisent d'incessants éboulis qui *tendent* à régulariser la pente interne de cette moraine, et vont se joindre à celle que le glacier charrie sans cesse.

Parfois ces glaces, prises sous les moraines, peuvent être là depuis plus d'un siècle, si, par exemple, à une époque de décroissance glaciaire, a succédé une époque de croissance, puis une dernière époque d'ablation.

Soit, figure 53 *bis,* un courant glaciaire A, ayant déposé la moraine latérale B. Décroissant successivement jusqu'en C, il a déposé de nouveaux débris de D en E. Survient une époque de croissance. Le glacier, au lieu de ne plus posséder qu'une force de dilatation allant chaque jour s'amoindrissant, est, au contraire, pourvu d'une activité chaque jour plus puissante. Si donc le glacier, par ablation successive, *laissait* sur ses bords des débris, le glacier, pourvu d'une force croissante, *entraîne* ces mêmes débris, à mesure qu'il augmente de volume et de puissance. Alors, le long des berges de la moraine, il procède par érosion, ainsi qu'on le voit en G (tracé X), et, en même temps qu'il apporte de nouveaux matériaux, il fait ébouler sur ses bords la crête de la moraine. Mais, plus le glacier croît en puissance, comme nous le dirons tout à l'heure, plus il tend à bomber sa surface externe, à concentrer cette puissance et cette activité selon son axe longitudinal (1), plus ses bords sont déclifs. Il en résulte que si le glacier continue à grossir et dépasse sensiblement le niveau de la crête de la moraine B (voir en V), il affecte la section I K, apportant en M une masse énorme de débris, recueillis sur sa route (2). Il dépose donc une seconde moraine sur la première. Parfois cette nouvelle moraine recouvre l'ancienne; parfois elle s'établit audessus, comme le fait voir cette figure.

Mais si, de nouveau, le glacier vient à décroître, jusqu'au niveau N, sa nouvelle moraine latérale a descendu avec lui et a été rangée, lorsqu'il s'est abaissé au niveau N, conformément au profil P *o*. La partie R de la glace est bien protégée et ne fond pas; et à mesure que la surface du glacier s'abaisse, d'après les niveaux *n*, les débris *o* recouvrent cette partie de glace R qui, séparée du glacier, ne bouge plus, peut rester ensevelie sous les décom-

(1) Quand les glaciers décroissent beaucoup, ils deviennent plats vers leur partie moyenne; c'est ce qu'on observe aujourd'hui sur presque tous les glaciers des Alpes.

(2) En effet, quand un glacier croît, il entraîne ses anciennes moraines latérales avec lui et balaie ses rives.

bres (1) pendant un temps fort long, car la chaleur solaire ne saurait se faire sentir à ces altitudes, à plus de deux mètres de profondeur.

D'autres phénomènes se produisent encore. Lorsqu'un glacier est en croissance, il se comporte (au moins à partir d'une certaine altitude que nous n'avons pu fixer rigoureusement, mais que nous croyons peu inférieure aux névés), non comme un cours d'eau qui, en grossissant, entraîne toute la section de son lit (2), mais comme un nouveau fleuve de glace s'avançant sur la surface de celui existant avant la crue et paraissant avoir des pro-

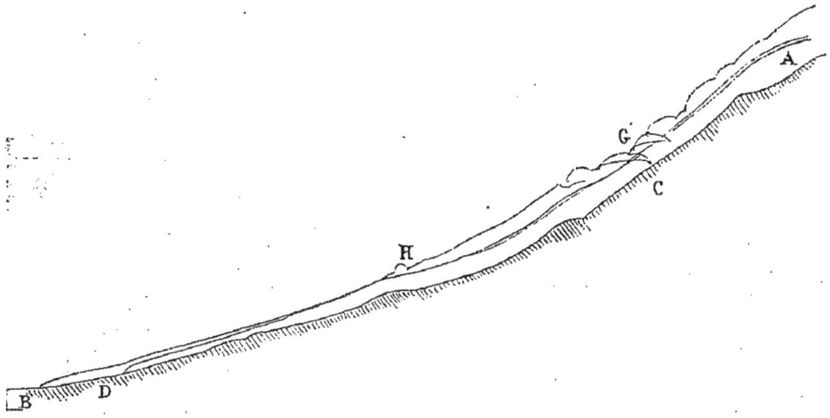

54. — Croissance d'un glacier.

priétés dépendant de son volume. Nous avons encore recours à une figure pour nous faire plus rapidement comprendre. Soient les névés A, alimentant un glacier C B, figure 54.

Il arrive que la fonte abondante fait reculer (comme disent les montagnards) le point terminal de ce glacier C B en D. Il a fallu une période de cinquante ou soixante années pour que l'ablation

(1) Cet effet s'est produit sur la rive droite du glacier de Miage (val Veni) et on voit parfaitement la nouvelle moraine dépasser l'ancienne dans le travers du val. L'ancienne moraine s'élève de 30 à 40 mètres au-dessus du lac Combal qu'elle a barré, la moraine plus récente dépasse ce niveau de 20 mètres au moins. La végétation couvre l'ancienne et n'attaque pas encore la nouvelle.

(2) Cependant, à ce propos, chacun peut observer, comme nous l'avons observé nous-même, au moment de fortes crues fluviales, que l'apport nouveau roule sur le courant existant avant la crue et forme une *barre* qui s'avance en recouvrant le courant normal.

55. — Point terminal du glacier des Bossons. (P. 107.)

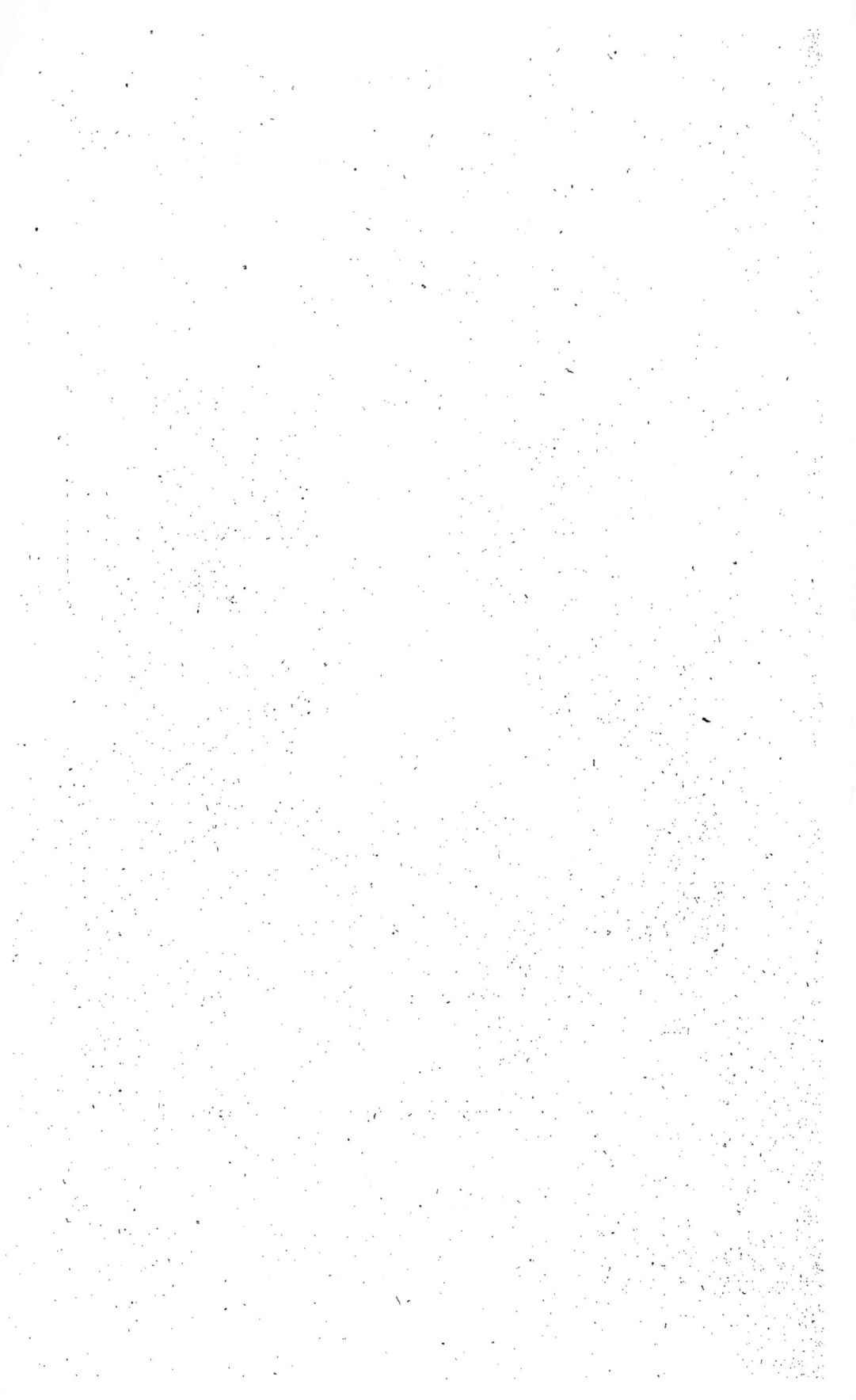

ait fait reculer de cinq cents mètres ce point B au point D. Mais si le point B est en D, l'épaisseur du glacier est beaucoup moindre, de trente ou quarante mètres, par exemple ; son activité, moindre aussi ; il s'avance moins rapidement, et arrive à son extrémité inférieure à un état de neutralité presque complète. Survient, pendant plusieurs années, une grande abondance de neiges, des étés humides ; le réservoir A s'emplit prodigieusement. Mais, si plein qu'il soit, il ne peut guère avoir d'action sur cette longue langue C D de glace. S'il la refoule, ce ne peut être que dans les parties supérieures où alors il se forme des bourrelets, des séracs ; puis de ce chaos de glaces anciennes et d'apports récents naît un nouveau glacier G H sur l'ancien. Il se passe encore bien des années avant que cette couche nouvelle ait reconquis le terrain perdu (1) et soit revenue au point B. Mais ce n'est pas le point D, déduction faite de l'ablation estivale, qui atteint ce point B ; c'est le point H.

On a la preuve évidente de ce fait au bas du glacier des Bossons. La nouvelle couche glaciaire qui, en 1835, atteignait presque la route de Chamonix et barrait la vallée, ayant reculé depuis cette époque par suite de l'ablation du glacier, a mis à découvert une partie de la surface supérieure du glacier qui, vers 1770, avait son point terminal au-dessus du point terminal actuel. Il y a tout lieu d'admettre que la couche nouvelle recouvrant complétement l'ancienne et la surpassant, par suite de son activité plus grande, les deux courants se soudent ; mais la soudure des deux masses ne peut supprimer les poussières et pierres qui recouvraient la plus ancienne, pierres et poussières qui se trouvent ainsi prises entre deux glaciers et établissent une séparation qui constate, d'une manière évidente, le recouvrement d'un courant par un nouveau, figure 55 (2). A, glace ancienne recouverte en partie par des débris de la moraine B, débris qui se retrouvent pris sous le courant plus

(1) Vers 1770, les glaciers du Mont Blanc étaient très-bas. En 1835, ils ont atteint leur apogée ; or, les hivers de la fin du dernier siècle ont été longs et froids ; de 1812 à 1818, les hivers ont été, de même, froids ou les étés très-humides. L'hiver de 1829-1830 a été particulièrement rigoureux.

(2) Bas du glacier des Bossons, pris des rampes en face, à l'altitude du chalet des Bossons, B (juillet 1873).

moderne C. L'adhérence est si parfaite, actuellement, entre les deux courants, qu'un petit cours d'eau glisse le long de la jonction et s'engouffre en *t* dans un *moulin* (1).

La coupe du glacier des Bossons, faite sur E C B, figure 56, explique clairement la situation des deux courants, un peu au-dessus du point terminal. La partie *g*, plus ancienne, est recouverte de débris morainiques *m*. La crue *k* a recouvert l'ancien glacier en se soudant à sa surface ; la ligne ponctuée *l*, *n*, indique la section du glacier en 1835.

On observera que l'ancien glacier *g* a fondu beaucoup plus du côté de la rive droite, regardant le sud-ouest, que du côté de la rive gauche, regardant le nord-est, tandis que le nouveau glacier s'est comporté différemment. Nous allons, de ce fait, tirer une conséquence assez importante.

En 1835, le dos du glacier des Bossons atteignait la crête de la

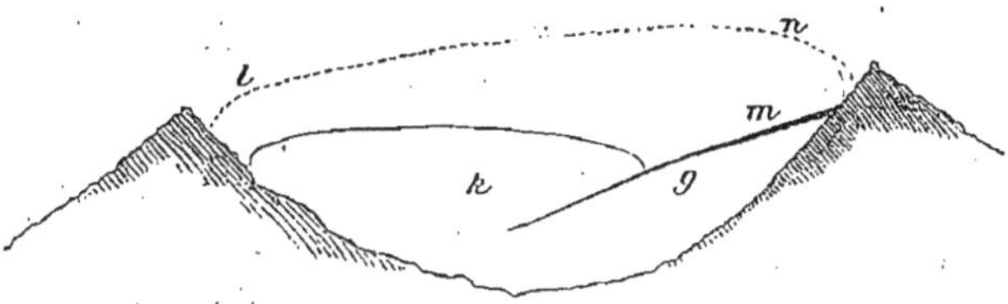

56. — Section du point terminal du glacier des Bossons.

moraine du chalet actuel B et le coude D, figure 55, puis, de là, se réduisait brusquement pour finir en queue jusqu'à la route de Chamonix (2). Pourquoi ce redan D ? Il est dû, évidemment, au glacier ancien sous-jacent A, qui obligeait, comme l'eût fait un rocher, le glacier nouveau à former une bosse, à se mouler sur cette surface glacée. Donc, le point terminal de ce glacier ancien A était alors, à bien peu de chose près, au point où nous le voyons aujourd'hui ; donc, il ne se serait pas avancé, n'aurait plus marché avec le nouveau ; c'était un lit immobile comme le rocher même. L'ablation aurait dépassé, depuis 1835, pour le glacier nouveau, le mouvement en avant, et le vieux glacier se serait tenu immobile.

(1) On donne le nom de *moulins* à des trous que les eaux de fonte creusent dans la masse glaciaire et dans lesquelles on les voit s'engouffrer avec bruit.

(2) Voir la carte générale.

On comprend l'importance de ces questions que nous ne prétendons nullement résoudre. Ce qui est certain, c'est que, peu audessus du point terminal en *t*, figure 55, le nouveau courant est soudé à l'ancien, et que les sables et pierres, qui couvraient la surface du glacier A, sont solidement moulés et pris entre les glaces; que l'eau des fontes ne passe pas dans la jonction, mais coule tout du long, jusqu'au point *t*. La soudure entre les deux glaciers est-elle une preuve que ces deux courants doivent marcher de concert? A cette question, on peut répondre que, à 2,500 mètres d'altitude, les glaciers sont ou paraissent adhérents à leur lit gelé, de roche, et qu'on ne peut nier cependant qu'ils ne s'avancent, tandis que l'assiette est immobile.

Ce glacier sous-jacent A est-il venu de plus haut, est-il descendu en même temps que le courant supérieur?

Ceci paraît probable; on remarque, en effet, que cet ancien courant est porté sur la rive gauche; or, de ce côté, le glacier des Bossons a dû toujours, au-dessus de la moraine, être plus épais que sur sa rive droite, à cause de l'escarpement et de l'abri que présente la montagne de la Côte M, tandis que la rive droite est découverte. Cette portion de l'ancien glacier A aurait donc pu faire le même chemin que le nouveau C, après que celui-ci l'aurait recouvert et se serait fortement soudé à lui. Mais il y a toujours eu un moment où le glacier C a été plus vite que le glacier A, puisque, non-seulement il s'est mis sur son dos, mais qu'il l'a dépassé, ce que démontre avec évidence le redan D.

Il s'en faut de beaucoup, en effet, que tout ait été dit sur la marche des glaciers. L'adhérence de la glace à l'assiette de roches paraît incontestable; la marche régulière et périodique des glaciers en été ne l'est pas moins. L'usure des lits, sur lesquels s'avancent les glaciers, est un fait évident. Comment concilier ces propositions contradictoires? Les observations de M. Tyndall ont démontré la propriété plastique de la glace; ses propriétés flexibles peuvent être appréciées sur les glaciers mêmes (1). Mais les champs d'observation sont si étendus, les détails, relativement insignifiants, prennent à nos yeux une si

(1) Voyez la figure 24.

grande importance, qu'il est difficile de signaler les lois générales. Il n'est pas douteux qu'un courant glaciaire ne s'avance plus vite à sa surface externe que sur son lit; l'observation confirme cette loi naturelle à tous les courants; mais est-il possible qu'un glacier s'avance suivant une vitesse de . . . à la surface, et de 0^m sur le lit adhérent au rocher? Non, puisque tous les lits des glaciers présentent les traces les plus évidentes d'un frottement assez puissant pour moutonner et creuser les roches les plus dures. La glace, le long du lit, agirait-elle comme le ferait une bande de caoutchouc très-chargée qui, offrant toute l'apparence d'une adhérence exacte à un corps, s'étendrait cependant par suite d'une action de tension en glissant sur ce corps et se prêtant à toutes ces inégalités?

Supposons donc une bande de caoutchouc AB, figure 57, po-

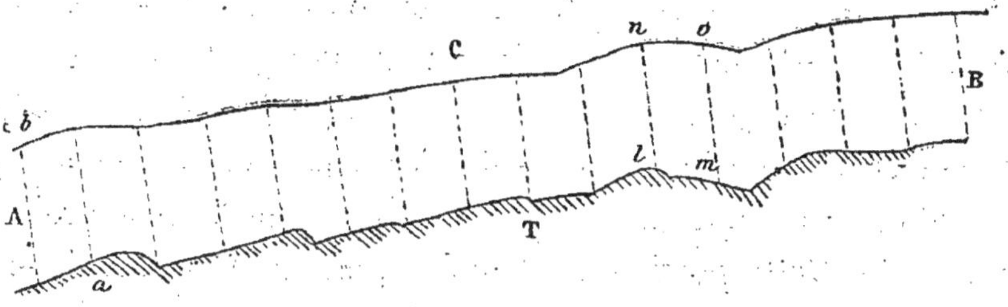

57. — Strates d'un glacier, crevasses.

sée sur un lit rugueux et cette bande assez chargée d'une matière flexible C pour l'obliger à se prêter à toutes les inégalités de l'assiette. Supposons une action de tirage en A. Il y aura résistance en *a* par suite du frottement sur une surface rugueuse et immobile, absence de résistance en *b*, puisque la masse tout entière C provoque le mouvement de tirage. Comment le caoutchouc se comporte-t-il? Les molécules supérieures tendront à se déplacer, tandis que les molécules inférieures résisteront au déplacement; d'où, des zones de tirage dans la masse qui, du tracé T, arriveront au tracé V, figure 57 *bis*. Mais si la masse est homogène, si elle est douée d'une qualité élastique puissante, supérieure aux résistances, il faudra bien que les molécules *ae* suivent le mouvement prononcé en *fg*. L'observation vient appuyer la théorie, ou plutôt, la théorie n'est établie que sur l'observation.

La glace est douée de propriétés multiples. Elle se dilate par la regélation de l'eau qu'elle contient ou qu'elle absorbe, et par d'autres causes encore obscures; elle est plastique, c'est-à-dire qu'elle se prête à toutes les formes qu'on veut lui donner et après avoir été réduite en fragments, si elle subit une pression sous une basse température, elle se moule suivant le creux dans lequel on l'enferme. Ainsi d'un morceau de glace, on peut faire un cylindre, une sphère, une pyramide, une baguette, une tablette. Donc, le parallélipipède *lmno* (fig. 57) peut devenir le polyèdre *l' m' n' o'* (fig. 57 *bis*). L'épaisseur *fa*, après le tirage, sera nécessairement moindre que l'épaisseur *ba* avant le tirage et la masse

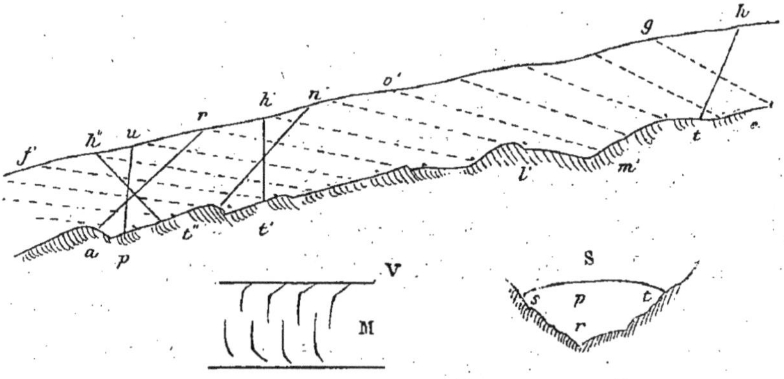

57 *bis*. — Strates d'un glacier, crevasses.

élastique aura gagné en longueur ce qu'elle a perdu en épaisseur; elle aura avancé irrégulièrement, en un mot.

Il est certain que le glacier n'est pas tiré à sa partie inférieure comme la bande de caoutchouc, mais il se dilate, et cette dilatation de toutes ses parties étant en raison directe de la masse, c'est au point de sa section où le glacier est le plus large et le plus épais que cette dilatation est plus puissante. S, étant la section transversale d'un glacier (voir figure 57 *bis*).

La dilatation la plus considérable a lieu de *s* en *t* transversalement et, longitudinalement, en *p*, c'est-à-dire près de la surface externe. Si, en *s* et *t*, il y a défaut de puissance longitudinale, les berges, de plus, ralentissent le mouvement d'extension en avant, produit par la dilatation; en *p*, cette action n'est point gênée, elle s'exerce librement, tandis qu'elle est moins puissante au-dessous et est entravée par le frottement sur le lit. Ainsi, la partie centrale supérieure s'avance plus vite que les bords *s* et *t*. plus vite que la partie *r* touchant le lit, et, de fait, l'action produite longitudinalement équivaut à une action du tirage, comme celle qu'indique la figure 57 *bis*.

Mais, si l'on tend une bande de caoutchouc, non-seulement on lui fait perdre en épaisseur, mais aussi en largeur, ce qu'on lui fait gagner en longueur; il n'en est pas de même du glacier qui ne subit pas une action de tirage, mais en produit une de dilatation. Si la dilatation longitudinale du glacier a pour effet de faire avancer plus vite son milieu que ses bords et sa surface que son lit, la dilatation dans le sens transversal a pour effet de compenser la diminution latérale produite par le mouvement plus actif du milieu. Il y a donc tension longitudinale et tension transversale, et ces deux actions, qui se contrarient, ont pour effet de produire des ruptures, des fêlures transversales ou obliques, surtout près des bords, fêlures qui s'élargissent par l'effet de la tension inférieure et la fonte estivale. Ces fêlures, ces crevasses, ainsi qu'on nomme les ruptures transversales de la masse, sont habituellement perpendiculaires aux zones de tension $l'n'$ (voir fig. 57 *bis*), c'est-à-dire, suivant *h, t*, inclinés vers l'amont; mais, comme la partie supérieure du glacier marche plus vite que sa partie inférieure, ces crevasses tendent à se relever, suivant la ligne $h'\,t'$ et même à s'incliner en sens opposé suivant la ligne $h''\,t''$; dans le cas $h'\,t'$ la tension de la glace aura formé une nouvelle crevasse $n'\,t''$ et toutes deux, suivant le même mouvement, produiront la section $h''\,t''\,up$; puis, de nouveau, la tension occasionnera une troisième crevasse *ar*. Ces crevasses forment, dès lors, un réseau compliqué qui tend à disloquer le glacier et à hâter son ablation (1).

Il ne peut être mis en doute que la tension produit les crevasses, car celles-ci ne se montrent que lorsque le glacier s'est constitué, qu'il établit un courant. Les petits glaciers supérieurs

(1) Voyez Tyndall. *Glaciers of the Alps.*

qui se forment parfois, même au-dessus de l'altitude des névés et là où les neiges s'imbibent de l'eau des fontes sous l'action des rayons solaires ou du *fœhn* (vent du sud-est), n'ont pas de crevasses ou ne commencent à en montrer qu'à leur partie inférieure. Mais il arrive que sur le dos d'un glacier, et vers le milieu de son cours particulièrement, c'est-à-dire à une altitude de 2,500 à 3,000 mètres, on voit, ou plutôt on entend ces crevasses se faire, car en se fendant, par suite de la tension de la masse, le glacier produit de véritables détonations suivies d'un sifflement. Ces fissures, qui n'ont d'abord que 1 ou 2 centimètres de large, s'ouvrent en peu de temps et l'eau de la surface s'engouffre dans ces vides en donnant passage à quantité de bulles d'air.

De tous les phénomènes de nature à causer une vive impression sur les altitudes, il n'en est pas qui produise une émotion plus vive; et les guides les plus résolus eux-mêmes perdent leur sang-froid lorsque le glacier se fend ainsi sous leurs pieds avec détonations et sifflements sinistres, bien que jamais une crevasse ne s'ouvre instantanément de plus d'un pouce.

M. Desor rend compte, dans ses *Excursions et séjours* sur les glaciers, d'une de ces débâcles sèches sur le glacier de l'Aar, et il ajoute : « De l'ensemble de ces observations, il résulte que la formation des crevasses a lieu de préférence par les nuits froides, après des journées très-humides, et ce fait semble militer fortement en faveur de la théorie de l'infiltration. En tous cas, la formation brusque des crevasses qui se propagent avec une extrême rapidité sur une très-grande étendue me paraît une objection capitale contre la théorie de semi-fluidité. Comment, en effet, concevoir une tension et une rigidité telles que le supposent nécessairement toutes les circonstances réunies des crevasses, si l'on admet que le glacier est un corps semi-fluide, se mouvant à la manière des laves (1)? »

Nous ajouterons à ces observations que, ces crevasses se formant pendant un abaissement de la température et après que le glacier a été fortement saturé d'eau, il faut bien admettre que la

(1) Desor, *Excursions et séjours dans les glaciers*, p. 489.

regélation a une action puissante sur la masse, quoique l'oscillation du thermomètre plongé dans cette masse soit à peine sensible, lorsque l'air extérieur passe de + 7° ou 8° à — 3° ou 4°. La crevasse n'est qu'un produit d'une tension, et la tension ne se peut manifester que si la glace se dilate.

Si le lit présente des bosses qui forcent le courant glaciaire à faire le dos d'âne pour les franchir, les crevasses transversales sont répétées et ouvertes à la partie supérieure; si, au contraire, le glacier descend sur un lit uni et peu incliné, les crevasses sont plus rares et régulièrement distantes. Près du point terminal, elles ne se produisent plus, parce que là l'action de la

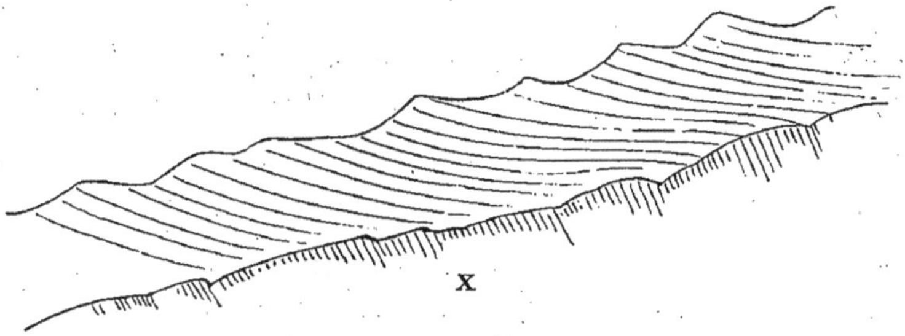

57 *ter*. — Strates d'un glacier.

tension devient nulle en été, moment de la marche accentuée des glaciers. Ces crevasses transversales sont dites aussi *latérales*, parce qu'en effet elles se produisent plus ouvertes latéralement que sur l'axe, à cause du mouvement plus rapide du courant central; mais elles traversent souvent d'un bord à l'autre le glacier, ou habituellement se chevauchent, ainsi qu'on le voit en M, figure 57 *bis*; phénomène suffisamment expliqué par la tension et le mouvement plus rapide au centre de la masse. Quant aux crevasses *marginales*, qu'on n'observe que sur les cours extrêmes des glaciers, et qui sont parallèles aux bords, elles ne sont produites que par la séparation de la glace d'avec les rives. Les glaciers encaissés finissent au point terminal, *en queue* isolée des berges. Cette queue, c'est l'axe longitudinal du glacier qui possède l'activité la plus puissante et s'avance le plus loin.

Et la preuve de ce ralentissement, produit dans le courant par le frottement sur le lit et par la pression qu'exerce la partie supérieure, c'est l'apparence X, figure 57 *ter*, qu'affectent les couches ou strates à l'extrémité des glaciers. Le mouvement étant plus prononcé à la surface supérieure qu'au fond, les strates se courbent, ainsi que le montre notre section longitudinale. Cette disposition des strates est parfaitement apparente au glacier de l'Argentière, au-dessous des derniers séracs. La glace est donc à la fois plastique et élastique puisqu'elle s'étire, se courbe, s'allonge ou se comprime sans se briser (1).

Mais pourquoi ces strates *l' n' o' m'*, figure 57 *bis*, strates plus ou

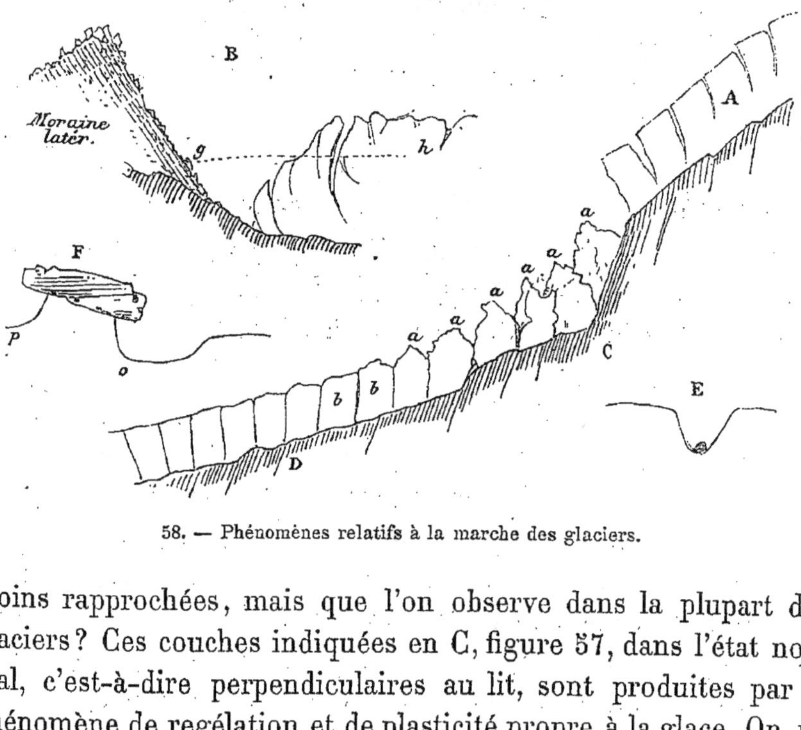

58. — Phénomènes relatifs à la marche des glaciers.

moins rapprochées, mais que l'on observe dans la plupart des glaciers? Ces couches indiquées en C, figure 57, dans l'état normal, c'est-à-dire perpendiculaires au lit, sont produites par le phénomène de regélation et de plasticité propre à la glace. On ne les observe guère que dans les glaciers encaissés et produits par de puissants approvisionnements de névés.

Soit, figure 58, une masse A de névés s'éboulant en avalanche sur la pente C D. L'hiver, les avalanches ne sont que des traînées

(1) Nous ne croyons pas utile d'insister ici sur les diverses théories émises par un certain nombre d'observateurs des glaciers, à propos des crevasses et de leur formation. Voir les observations de MM. Forbes, Tyndall, Ch. Martins. L'ouvrage de M. le major Hüber (William) résume ces observations de la manière la plus claire.

Les névés glissent comme de la cendre sur les pentes, ils n'ont pas d'adhérence et tombent en poussière. Alors les glaciers sont immobiles, les alternances de dégels et de gels n'existent pas à ces hauteurs; il n'y a pas regélation; partant, pas de dilatation; partant, pas de mouvement. L'été, il n'en est pas ainsi. Les bas névés comprimés, déjà pénétrés d'eau regelée, sont compactes et se brisent par grands parallélipipèdes (voir les fig. 22 et 23). Ils ne tombent en masses qu'à certains moments de la journée, suivant l'action plus ou moins active du soleil. La nuit, le calme se fait, tout cela regèle (1). Les approvisionnements sont donc donnés aux glaciers par distributions quasi-régulières, de telle sorte que ces éboulis composent des tranches séparées régulièrement, par une légère croûte d'eau qui s'est glacée pendant la nuit. Ainsi commencent à se ranger dans un certain ordre des tranches de glaces non encore bien formées, mais séparées cependant, présentant une série d'arêtes *a* qui vont en diminuant de relief, à mesure que la glace descend et se soude. Aussi voit-on ces reliefs-bandes se prolonger assez loin du point de chute (2). Mais si ces couches (voir fig. 57) tendent à s'incliner de plus en plus vers les parties basses du glacier, elles tendent aussi à se courber (suivant la projection horizontale) ainsi que l'indique la figure 51, puisque l'axe longitudinal marche plus vite que les bords; si bien, que les plans séparatifs des zones ou tranches *b* forment des portions de cônes, lesquelles tranches tendent à conserver plus d'épaisseur au milieu du courant glaciaire que sur les bords et à donner au glacier une surface externe bombée, à concentrer sa puissance suivant le grand axe et lui permettre ainsi de mieux résister à l'action des rayons solaires, de manifester une action plus active de dilatation suivant ce grand axe et de se débarrasser sur ses bords des poussières et pierres répandues sur sa surface.

Quand un glacier décroît, qu'il ne remplit plus ses moraines latérales, on remarque, non sans étonnement, que ses bords sont souvent escarpés, ainsi qu'on le voit en B, figure 58, et on se

(1) En été, il est très-rare d'entendre des avalanches pendant la nuit.

(2) Ce phénomène est très-visible à la droite des grands Mulets, entre ces roches et les bases du mont Maudit.

demande pourquoi le courant glaciaire ne procède pas comme un liquide en touchant ses berges, suivant la ligne de surface *g h*. C'est, comme nous venons de le démontrer, que le glacier tend toujours à réunir sa masse suivant son axe longitudinal. La réverbération des rayons solaires sur les moraines ou berges rocheuses tend aussi à fondre les parois latérales du courant glaciaire, surtout si les bords ne sont pas très-couverts par les débris transportés. Car, si ces bords sont très-abrités sous cette couche de sables et de pierres, la glace résiste mieux à l'action solaire que si elle était débarrassée de toute souillure. Cependant il faut encore, à ce propos, établir des distinctions. — Car, dans cette étude des glaciers, les actions contraires se rencontrent à chaque pas, et compliquent singulièrement les questions.

Un grain de sable, une petite pierre isolés sur le glacier, absorbant, à cause de leur teinte obscure, une plus grande quantité de calorique que la surface blanche de la glace, rayonnent et forment autour d'eux une petite cavité, de telle sorte que chacun de ces débris se trouve au fond d'un cône renversé (voir en E, fig. 58). Si, au contraire, c'est une large pierre plate qui repose sur le dos du glacier, celle-ci protége la glace sous son lit et la fait fondre par rayonnement autour de ses bords, surtout du côté exposé au soleil (voir en F, fig. 58), et finit par glisser de ce côté *o* plus rapidement fondu, tandis qu'elle continue à protéger de son ombre le côté *p* (1).

De même aussi, lorsqu'un amas de sable tombe sur le glacier, cette couche locale protége la glace sous-jacente, ralentit sa fonte, et bientôt cette plaque sablonneuse recouvre un cône saillant de glace, d'autant plus régulier que l'amas est d'une épaisseur plus égale.

Ainsi voit-on sur la surface d'un courant glaciaire des *tumuli* parfois régulièrement espacés, produits par de petites avalanches périodiques de gravier descendues des sommets.

Si donc les roches ou grains de sable séparés tendent à activer la fonte, lorsque ces débris présentent une couche épaisse, ils

(1) C'est ce que l'on désigne sous le nom de *Tables*.

la suspendent et peuvent, ainsi que le montrent les figures 53 et 53 *bis*, conserver des glacières pendant un temps très-long.

Nous avons dit que les moraines frontales ne présentent pas et ne peuvent en effet présenter la régularité des moraines latérales. Elles se composent : des débris, des éboulis qui tombent dans les crevasses, sont charriés dans les flancs du glacier, et surtout de l'apport des moraines médianes (fig. 52). Il en résulte qu'au point terminal du glacier, toute moraine médiane forme un *tumulus*.

Au sujet des moraines frontales, de longues discussions se sont élevées parmi les savants. Nous n'avons d'autre prétention que d'apporter ici certaines observations nouvelles qui pourront, peut-être, éclairer cette discussion. Tous les savants explorateurs de glaciers reconnaissent que les lits de ces glaciers présentent des roches usées, moutonnées, qui ne peuvent laisser de doute sur l'action puissante de frottement, exercée par la glace sur ces lits, et cependant, — dans les parties inférieures des glaciers, sur ces lits, reposent des pierres assez menues, que la glace ne semble nullement balayer devant elle, qu'elle laisse à leur place. Il faut ici distinguer.

Il y a lit et lit. Parfois le lit d'un glacier présente une section très-concave ou même en forme de V ; parfois, au contraire, il est bombé. Dans le premier cas, le courant glaciaire est encaissé et agit puissamment sur ses bords en ne produisant au thalweg qu'une action à peu près nulle (voir les figures 27 et 30). Dans le second cas, au contraire, libre sur ses bords, il agit puissamment sur son lit.

Or, si on rencontre des cailloux, des débris menus au fond des glaciers encaissés, on n'en trouve pas sur les lits des glaciers étendus et dépourvus de berges d'un grand relief. De plus, si on signale des amas de débris sous les glaciers, près de leur point terminal, on n'en trouve, passé une certaine altitude, que sur les points où le glacier a laissé un vide, par suite de la disposition de la roche (voir la fig. 28).

Il ne faut pas perdre de vue que, près du point terminal, si un glacier avance, ce mouvement n'est dû qu'à une action de dilatation qui se produit beaucoup au-dessus, c'est-à-dire, à l'altitude où l'effet de regélation nocturne se produit avec une certaine intensité. A son point terminal, le glacier est neutre, et même quand il s'accroît, quand il avance sur un lit abandonné, mais qu'il recouvre de nouveau, il agit médiocrement sur les matériaux déposés précédemment, sur les moraines frontales, en un mot. Si elles sont puissantes, il ne les balaie pas, ne les repousse pas devant lui, il se moule contre leurs parois, les écrète et les déborde; si elles sont faibles, il les aplanit, et ne dérange pas les plus gros blocs. Ce fait est bien visible au bas du glacier des Bois.

Ce glacier qui, en 1835, était prêt à déborder la grande moraine frontale située derrière le village des Bois, et menaçait, non de repousser cette moraine, mais de tomber en séracs sur le village, a aplani les petites moraines frontales secondaires; quant aux gros blocs de protogyne, il s'est contenté d'user leur surface supérieure sans les bouleverser, sans leur faire faire *quartier*. Il laissait, comme il laisse encore aujourd'hui à la source de l'Arveyron, les cailloux sur son lit, sans les balayer.

Près du point terminal, le glacier n'a donc sur son lit qu'un effet insignifiant, et c'est seulement sur ses moraines latérales qu'il produit une action d'érosion en cas de crue puissante, pour élargir sa place. Mais, à une altitude de 2,500 mètres et au-dessus, le glacier n'agit pas avec nonchalance, car, là, est le point du plus grand développement de sa dilatation et, par conséquent, de ses efforts.

Il est évident que ce point a été variable, et qu'à l'époque glaciaire cette zone d'action était à un niveau très-inférieur à celui sur lequel elle opère aujourd'hui. Il est évident, en outre, que la forme du lit a toujours été pour beaucoup dans les résultats que nous pouvons observer. Or, qu'observons-nous, non au point terminal des glaciers, mais à une altitude de 2,000 mètres et plus, lorsque ces glaciers ont disparu ou ont été fort amoindris? Lits propres, moutonnés, parfois même avec des creusements profonds dans des strates plus tendres que leurs voisines, débris garés derrière des failles, ainsi qu'on le voit en A, figure 59, par cette raison que le glacier, en glissant, a laissé des arches *ab* vides. Et, encore, ce fait ne se rencontre-t-il que si le lit ne présente pas une section aiguë.

Si cette section est aiguë (voir en D), le moutonnage se montre bien caractérisé en G E, I F; puis en B sont déposés des débris, dont les plus gros et les plus saillants sont usés sur leur surface supérieure. Le glacier a donc fait une voûte épaisse, par suite de la dilatation dans le sens transversal, qui tendait à le faire remonter le long des deux parois inclinées.

On dira : les débris B proviennent de destructions postérieures au passage de la glace dans ces gorges; non, car ces débris ont été recouverts d'apports torrentiels, lesquels sont, à leur tour, remplis de débris modernes, et cette section ne se peut voir au-

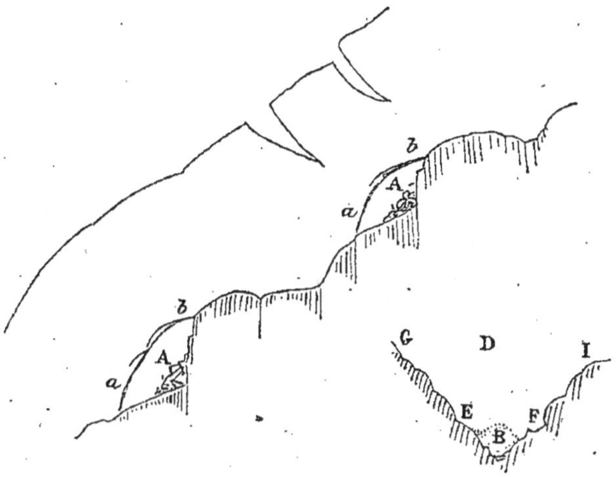

59. — Phénomènes relatifs à la marche des glaciers.

jourd'hui que par suite de l'érosion de la coupe donnée par une chute d'eau. Cette observation peut être faite le long du glacier des Bossons, en montant de la Pierre-Pointue à la Pierre à l'Échelle. Dans la brisure des schistes un peu au-delà du chalet des Motets; dans le val de Bérard; à la partie inférieure du glacier de Tré-la-Tête; au bas du val Bionnassay, au droit de Champel; dans la gorge entre le mont Rouge et l'aiguille du Peuteret (val Veni), etc. Il est donc clair que, partout où le glacier actif trouvait une surface assez large pour lui livrer passage, il l'usait et élargissait d'autant cette place, supprimant les obstacles, les rugosités qui gênaient sa marche; que, là où l'espace était étroit, borné par des parois rapprochées, il passait par-dessus, négligeait ces couloirs. Et cela est logique, pourrait-on dire; le glacier, plastique, extensible par dilatation, n'a de puissance qu'en raison de sa masse; il ne peut, comme la goutte d'eau, faire son trou, le temps aidant. Il passe où ses propriétés peuvent produire un effet, où ses efforts auront un résultat utile.

On nous pardonnera de donner ainsi comme une intention à une substance matérielle. Mais cette substance possède des propriétés qui lui sont propres, et, plus on étudie ces phénomènes naturels, plus on reste frappé d'admiration devant ce travail, qui, pour être lent, agit toujours dans le sens des forces qui lui sont attribuées, sans user ces forces en un travail inutile et sans perdre de temps.

Venons maintenant aux glaciers dont la surface est étendue et qui ne sont pas limités latéralement par des berges rocheuses.

Ceux-là, bien entendu, ne peuvent actuellement exister qu'à de grandes altitudes. Exposés au rayons solaires, ils ont quitté les parties basses et se sont réfugiés à 2,500 mètres, à l'exposition du nord, et lorsqu'ils sont protégés par des sommets élevés.

Ces conditions faisant défaut, ils ont presque complétement disparu, et il faut atteindre l'altitude de 3,500 mètres pour les trouver. Alors, ce ne sont plus des glaciers, mais des neiges ou amas de névés.

Actuellement, donc, les seuls glaciers de cet ordre, sur le massif du Mont Blanc, sont : le glacier du Tour, le plus puissant de tous, le glacier de Lognan, et les petits glaciers des Nantillons, de Blaitière, des Pèlerins et de la Frasse (1). La plupart de ces glaciers sont approvisionnés par des névés situés à de grandes hauteurs, peu puissants comme étendue, mais très-épais, à cause des ravinages profonds qui leur servent de lits (2).

En se formant, ils descendent sur des rampes assez douces. Au lieu de disposer des moraines latérales et frontales, ils rangent leurs débris rocheux suivant une courbe elliptique, de telle sorte qu'entre les moraines latérales et frontales, il y a transition

(1) Voir la carte générale.

(2) Il faut faire exception pour le glacier du Tour, dont les névés occupent un grand plateau, à l'altitude moyenne de 2,900 mètres.

insensible. A défaut de berges naturelles, ils en établissent mécaniquement, se font un lit avec ses bords, lit bombé parfois.

A une époque assez rapprochée de nous, il existait un beaucoup plus grand nombre de ces sortes de glaciers.

Aujourd'hui, on peut donc étudier facilement leurs lits, à peine abandonnés. Tels sont les glaciers au-dessus des Lacs-Blancs, ceux du Lac-Cornu, au-dessous de l'aiguille de la Floria, fort diminués ; tel est celui des Fours, entièrement fondu et dont il restait un lambeau, il y a trois ans (1).

Les lits de ces glaciers présentent les moutonnages des roches, immédiatement au-dessous des sommets auxquels ils s'appuient. Ces moutonnages sont parfaitement propres et les débris sont réfugiés dans les creux de la roche que le glacier ne moulait pas, ou à l'abri des brisures, ainsi que le fait voir la figure 59. Les moutonnages sont plus ou moins saillants suivant que la roche a offert plus de résistance, et, entre les strates les plus résistantes, il s'est produit des érosions qui conservent de petites flaques d'eau. Au glacier des Fours, les strates se présentent en travers de la pente, l'ensemble de la surface du lit donne une succession de sillons plus ou moins bombés avec arrachures en aval ou en amont, ainsi que le montre la figure 60, devant ou derrière lesquelles ont été laissés les débris meubles, par le courant (voir en A).

Ces glaciers étendus, plats, à lits convexes souvent, se sont formés au détriment de plateaux plus élevés, mais que successivement ils ont déblayés. Ceci mérite une explication.

Soit figure 61, un soulèvement A B, présentant un plateau élevé, dont les strates sont presque verticales, avec escarpement abrupt A C. Les neiges se sont accumulées de A en B pendant l'époque glaciaire et se sont éboulées de C en D, où elles ont commencé à former un glacier. Mais la pente A C, abrupte, était habituellement découverte (2) et cette paroi, exposée aux agents atmosphériques, se ruinait chaque jour. Les débris entraînés par les avalanches tombaient sur le glacier qui les charriait. La paroi A C reculait principalement pendant l'été en *a c*, puis en *e f* et ainsi jusqu'au

(1) En 1873.
(2) Voir les figures 30 et 42.

point B. La ruine toutefois ne pouvait pas descendre plus bas que le point C parce qu'à mesure que la paroi s'effritait, le glacier gagnait et couvrait le terrain en montant vers la sommité, puisqu'il était toujours alimenté par le névé supérieur.

Mais, le plateau AB perdant de son étendue, les névés perdaient

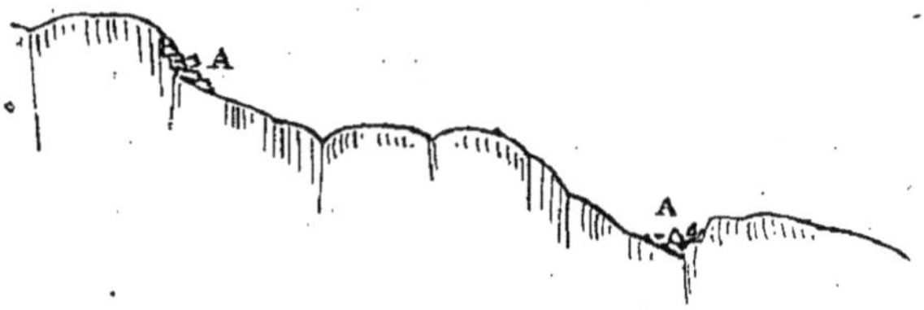

60. — Lit du glacier des Fours.

de leur importance et le glacier était moins alimenté. Il tendait ainsi à diminuer, et, si enfin le dernier vestige B du plateau était ruiné à son tour, le glacier n'avait plus de réservoir alimentaire. A moins donc d'admettre que l'altitude du lit CGK fût considérable, ce glacier était perdu et remplacé par des flaques de neiges qui, fondant pendant l'été, ne pouvaient plus constituer un glacier proprement dit.

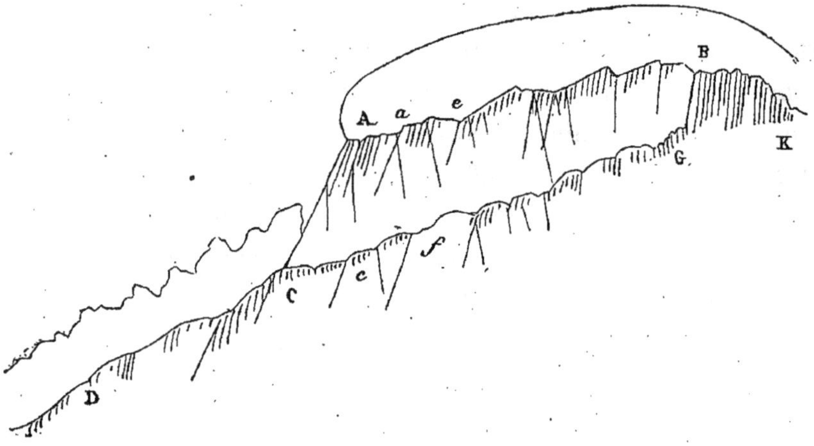

61. — Ruines des rampes rocheuses.

Ce fait se rencontre très-fréquemment, et, tous, les glaciers plans remplacent des plateaux plus élevés que leur lit actuel; plateaux dont quelques arêtes ou quelques sommets ne sont que les restes.

Ces glaciers plans procèdent d'ailleurs suivant les lois qui régissent les glaciers de vals. Ils marchent comme ceux-ci et n'existent encore que s'ils ont un réservoir supérieur d'alimentation assez considérable pour les entretenir et fournir l'axe longitudinal, c'est-à-dire un noyau actif. Ils ont leurs zones qui se courbent de plus en plus jusqu'à la limite d'ablation.

Ils rejettent de même les débris sur les parois qu'ils rangent sous forme de moraines. Seulement, comme ils ne sont point fortement resserrés entre des parois rocheuses et qu'ils n'ont d'autres berges que celles qu'ils se sont faites, ils ont sur leur lit une action plus puissante que n'en ont sur les leurs les glaciers de vals, parce que la dilatation ne les force point de se bander contre les parois et de former voûte.

Les assiettes des glaciers plans, surtout si ces assiettes sont légèrement bombées (ce qui arrive), sont donc plus énergiquement érosées que ne sont les parties inférieures des lits des glaciers des vals, et laissent voir moins de débris sur leur surface, lorsque ces glaciers ont disparu par ablation.

Mais il arrive aussi que des glaciers ont rempli de larges vals, puis, que, les réservoirs venant à diminuer, ces glaciers se réduisent sensiblement dans leur largeur, tout en continuant à descendre dans le thalweg de ces vals, y formant une longue traînée de glace qui glisse entre de hautes moraines.

Et ceci prouve bien la puissance du glacier, suivant son grand axe, comparativement à celle de ses bords, puisque ce courant milieu persiste si longtemps après l'ablation des bords. Ce phénomène se produit avec une singulière netteté dans la partie supérieure du val de Macugnaga (Italie).

Le glacier, qui descend du mont Rose dans ce val et qui est couronné par la Zumsteins-Spitze, remplissait jadis les rampes du Jager-Horn, de la Cima di Jazzi et du Weissthor au nord-ouest et celle du Pédriolo-Alp au sud-est, sur une épaisseur de 5 à 600 mètres. Mais, depuis longtemps, les réservoirs compris entre l'arête qui réunit les sommets Zumsteins-Spitze, Dufour-Spitze, Signal-Kuppe, Jager-Horn, laquelle arête forme un immense cirque, n'ont plus été suffisants pour alimenter un aussi large bassin. Le glacier s'est réduit de largeur, tout en descen-

62. — Le glacier de Macugnaga. (P. 125.)

dant encore jusqu'à la cascade du Rogo-Staffel, et semble un long serpent de glace, se déroulant au milieu du val, dépassant de beaucoup le niveau du thalweg et bordé de deux moraines latérales parfaitement régulières, figure 62 (1). La section A fait voir la position actuelle du glacier de Macugnaga dans le val, avec ses deux moraines latérales *a b* et sa surface ancienne en *c d,* c'est-à-dire à la dernière période de l'époque glaciaire.

Certains glaciers ont eu le temps de déposer des moraines frontales extrêmement étendues et qui se font remarquer par une irrégularité qui contraste avec la disposition si parfaitement talutée et égale des moraines latérales. C'est qu'en effet, ainsi que nous l'avons déjà fait entrevoir, le dépôt de ces moraines frontales est soumis à des accidents divers. Indépendamment des moraines médianes (fig. 52) qui, forcément, viennent s'accumuler en mamelons au point terminal du glacier, s'il survient un éboulement que la surface glaciaire ne peut tout entier ranger sur ses rives, les débris se déposent sur le front et forment là des amas de sables et de roches. Mais il est arrivé que les glaciers, maintenant longtemps leur point terminal sur la même ligne, ont amoncelé là une puissante moraine frontale. Puis, survenant une période de crue, le glacier a rempli les intervalles entre les monticules frontaux, a dépassé même ces monticules. Venant plus tard à décroître, il a laissé, entre ces amas, des glacières qu'il a recouvertes de débris et soustraites ainsi à la fonte pendant longtemps (2). Ces glacières finissent par fondre et laissent voir les fosses et intervalles qu'elles avaient remplis.

Il arrive aussi que des moraines médianes passent à l'état de moraines latérales et de moraines frontales.

Si, par exemple, l'un des deux glaciers entre lesquels descend une moraine médiane vient à décroître plus rapidement que son voisin, la moraine médiane devient moraine latérale de celui-ci. Mais, si un glacier latéral descend dans un glacier troncal,

(1) Pris en montant au Weissthor.

(2) On voyait encore en 1872, dans la moraine frontale du glacier de la Brenva, des glacières sous les sables et pierres que le glacier avait laissés là en se retirant.

figure 63 ; AB étant le glacier troncal et CD le glacier latéral, il y a moraine médiane en *a b*. En supposant que le glacier latéral CD ait plus d'activité que le glacier AB, parce que les réservoirs de celui-ci sont plus éloignés ou que sa pente est moins rapide de A en B que n'est la pente CD et qu'il y ait ablation successive de ce glacier AB, que sa surface s'abaisse ; le glacier CD passe par-dessus cette surface (voir en X), dépose une moraine latérale *ef* sur cette surface, une autre moraine latérale en *hg*. Survienne l'ablation complète du glacier AB, au-dessous de *gh* ; le glacier CD barre la vallée troncale, et la moraine, anciennement médiane *ef*, devenue moraine latérale, se confond avec la moraine frontale du glacier AB. Si les deux glaciers, plus tard, fondent à leur point terminal et remontent ce point plus haut, on comprend dans quel désordre est laissée la moraine *ef*, quels amoncellements elle a déposés en *i*K. Ce fait se présente

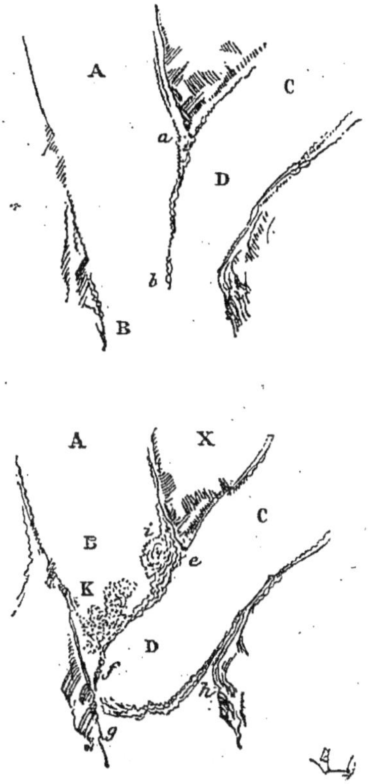

63. — Barrages morainiques et glaciaires.

fréquemment et peut être observé sur la rive droite du glacier des Bois, dont l'immense moraine barre presque entièrement la vallée de Chamonix, au-dessous de Lavancher, de médiane devenue latérale, puis frontale du glacier qui descendait de l'Argentière. On peut encore voir ce fait se produire au-dessous de Mattmark (partie supérieure du val de Saas). Là, le glacier d'Attalin barre la vallée, le glacier de Schwarzemberg (troncal) est venu longtemps heurter son point terminal contre ce barrage et y a déposé d'énormes débris.

S'étant retiré plus haut, la moraine latérale droite du glacier d'Attalin, et à la fois frontale du glacier de Schwarzemberg, forme une digue qui retient un lac. Le torrent est obligé de se faire jour par un tunnel qu'il s'est creusé, sous l'extrémité du glacier d'Attalin. Primitivement, ces deux glaciers descendaient le val de Saas et la moraine latérale droite du glacier d'Attalin était moraine médiane dont on trouve les débris en aval.

On voit aussi, dans le val Veni, le grand glacier de Miage qui présente la même disposition, barre la vallée et retient un lac. Mais, dans le val Veni, le glacier troncal, qui descendait du col de la Seigne, a complétement disparu, comme la plupart des glaciers des grands Cols, dans les Alpes.

Touchant la disposition générale des glaciers, il nous reste à parler des glaciers de ces Cols. Tous ces cols larges, praticables aujourd'hui, ne sont que les lits d'anciens glaciers qui, au lieu de s'écouler sur une pente, s'écoulaient sur deux pentes opposées. Les cols de la Seigne, de Balme, Ferret, du Bonhomme, autour du Mont Blanc; du Splügen, du Saint-Théodule, du Saint-Gothard, de la Furka, de l'Ober-Alp, etc., sont des lits d'immenses glaciers se divisant en deux branches descendant en sens inverse.

Seul, de tous ceux que nous venons de citer, le col du Saint-Théodule est encore occupé par deux glaciers en activité; l'un qui descend au Breuil dans le val Tornanche, l'autre qui descend dans la vallée de Zermatt. Nous ne parlons pas ici des cols très-élevés, tels que ceux du Géant sur le Mont Blanc, du Weissthor sur le mont Rose, qui ne sont que des échancrures dans une crête à une altitude de 3 à 4,000 mètres. Ce sont là des accidents, non de larges dispositions données par la nature des soulèvements. Les grands cols sont les restes d'une ligne de jonction entre deux massifs montagneux. Si nous recourons à la figure 12, on voit, par exemple, que le massif du Mont Blanc était originairement bordé par deux longs affaissements qui étaient interrompus, au sud et au nord, par des exhaussements réunissant ce massif aux massifs voisins. Du côté du sud-ouest, l'exhaussement n'avait pas assez de puissance pour que les grands glaciers primitifs n'aient pu le franchir et le détruire en partie. Mais vers le sud-est (1), vers le nord-ouest (2) et le nord-est (3), les soulèvements de jonction atteignaient presque la hauteur du massif (4), composaient de véritables digues que les courants glaciaires ne purent franchir, mais sur le dos desquelles ils s'établirent pour descendre sur les deux rives opposées. Toutefois ces digues formaient une dépression réunissant des points plus élevés. Les névés s'amoncelèrent sur leur dos, suivant certaines conditions particulières, déterminées par les sommets voisins, les pentes et l'orientation. Prenons un de ces cols : le col de Balme, situé à l'extrémité nord de la vallée de Chamonix et qui divise les eaux se rendant d'une part en Suisse, d'autre part en France.

Le col de Balme, figure 64, pendant la période glaciaire, atteignait, à quelques centaines de mètres près, les deux sommets B de la Croix de Fer ($2,340^m$) et des Grands C ($2,683^m$).

Aujourd'hui, le col, proprement dit, est en A ($2,204^m$), mais il était alors plus élevé et sur la ligne de jonction des deux sommets B C, arête qui a été fort entamée du côté de l'est, et donne, par suite, la courbure B A C. Il faut dire que la ligne séparative des schistes micacés et des terrains jurassiques inférieurs est en I K, les terrains jurassiques étant situés au nord-ouest et les schistes au sud-est et une bande de cargneule se voyant en M.

(1) Col de la Seigne.
(2) Col de Balme.
(3) Col Ferret.
(4) Voir la carte générale.

Il y avait donc au milieu de l'arête déprimée de jonction B C une partie faible, attaquable.

Nous avons dit que tout portait à faire admettre que les vents dominants et chargés de neiges, pendant la période glaciaire, soufflaient de l'ouest-sud-ouest; si donc nous faisons une section

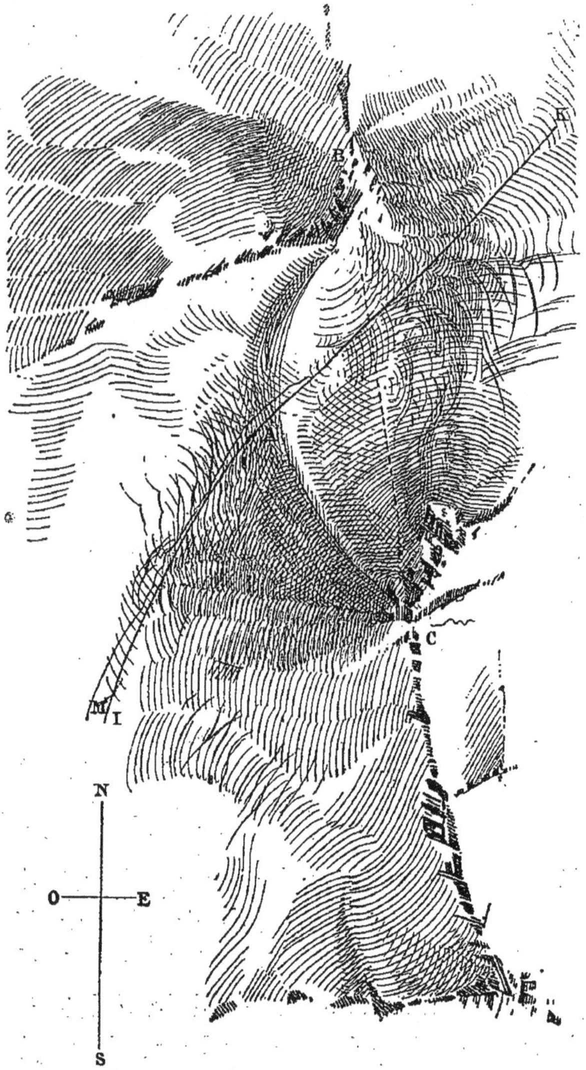

64. — Le col de Balme, époque glaciaire.

sur l'arête déprimée qui formait le col de Balme primitif de l'ouest à l'est, figure 65, la pente A B, opposée à l'ouest, est moins inclinée que celle B C, opposée à l'est, et la différence était plus marquée primitivement, ainsi que de nombreux témoins l'indiquent. La direction du vent étant suivant O V, les neiges ont dû se déposer sur l'arête, ainsi qu'on le voit en *a b c*, de telle sorte que par la disposition inclinée de la paroi B C et par la section même du névé, les avalanches ont dû principalement se produire sur cette pente B C, à l'opposite du vent. Par suite, cette paroi B C a été la première exposée à la ruine, et le point inférieur de l'arête, le col, s'est reculé en D. Aussi, voit-on aujourd'hui, sur cette pente D E, des érosions profondes dans les roches, de petits lacs et des arrachements considérables quand on se rapproche des sommets voisins laissés en arrière de la courbure B A C, de la figure 64.

Le col de Balme, qui atteint l'altitude de 2,204^{m}, s'est donc abaissé de la différence entre les points B et D, et donne, comme

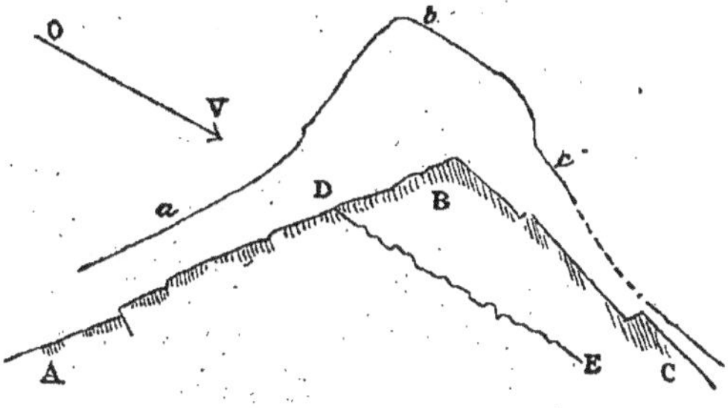

65. — Ruine du col de Balme.

tous les grands cols, en projection verticale, une courbure sensible.

Mais les cols ne présentaient pas toujours en section transversale une arête, comme les cols de Balme, Ferret, de la Seigne; parfois cette section donnait une sorte de plateau déprimé entre deux plateaux plus élevés, dépression plus ou moins large et irrégulière. Tel était, primitivement, le col du Saint-Gothard. Dans ce cas, deux glaciers formés sur les bras, descendent en sens inverse, se rencontrent, s'accumulent prodigieusement et prennent leur cours sur les deux revers de la dépression; mais leurs efforts contraires ont occasionné sur le dos de ces sortes de repos, des ruines considérables, des érosions qui indiquent combien la glace agit avec puissance. Là, pas de berges escarpées qui encaissent le glacier et l'empêchent d'agir sur son lit. Les dépressions étaient peu sensibles, mais l'altitude et les vents accumulaient sur ces points des masses énormes de névés pendant la période glaciaire, et les lits sont profondément sillonnés, toutes les parties les plus tendres ayant été labourées, limées sans laisser beaucoup de débris. Alors, dans les creux, de petits lacs montrent leur surface d'un bleu sombre (1), et les points saillants de la roche sont polis, striés, moutonnés. Ces cols ont un aspect de désolation tout particulier et on se demande comment, à ces altitudes qui semblent dominées de si peu par les sommets voisins, la glace a pu produire des érosions si profondes, une action de polissage aussi puissant.

C'est que, par la disposition même du soulèvement, la partie déprimée était propre à recevoir une épaisseur prodigieuse de neige occasionnant une pression énorme.

Aujourd'hui, quand le même phénomène se produit en petit, on voit que, sur ces sortes de dépressions, la neige s'accumule en masses compactes, par suite des courants d'air qui tourbillonnent entre les deux sommités voisines. Il se fit donc, sur ces cols, des approvisionnements très-puissants de neiges encore augmentés par les avalanches qui se précipitaient de ces deux sommités voisines plus rapprochées alors qu'elles ne sont actuellement.

Le défaut de pente autour de ces dépressions était de plus une cause d'accumulation. Il n'y a donc pas à s'étonner si, pendant la période glaciaire, ces cols furent le point de départ de grands glaciers troncaux, et si la glace, avant de quitter ces plateaux et de trouver sa marche, y produisit des ruines désordonnées et telles qu'on n'en voit nulle part ailleurs.

Si, placé sur le col du Saint-Gothard, nous regardons les sommets granitiques qui le bornent vers l'est, nous n'apercevons, en

(1) Ces petits lacs sont caractéristiques des cols, et toujours creusés dans la roche; ce qui prouve l'énergique travail des glaces sur ces passages généralement peu dominés, et par conséquent l'épaisseur des glaciers primitifs. Il faut dire aussi que plusieurs de ces cols ont été, pendant l'époque glaciaire, des digues par-dessus lesquelles passaient d'énormes courants de glace. Tel était, par exemple, le col de Voza et peut-être même celui de Balme. Mais nous avons l'occasion de donner la direction des courants glaciaires, à l'apogée de l'époque glaciaire, dans la *description du massif*.

effet, qu'une sorte de squelette de l'ancien glacier, squelette qui laisse assez voir avec quelle puissance la glace ruine, dénude; figure 66.

Ainsi donc, à son point de départ même, la glacier agit aussi énergiquement, sinon avec une vitesse aussi prononcée, que pendant son parcours. Dès sa formation, il brise, lime les aspérités et enlève les débris. Il creuse les parties tendres par le frottement, sous une pression très-considérable; il recueille les frag-

66. — Partie orientale du col du Saint-Gothard.

ments tombés des sommets voisins, il les réduit en sable, s'en servant comme d'émeri pour polir son lit, puis il dépose ces détritus sur ses bords, sur son front, où, plus tard, les fontes viendront entraîner ces déblais pour remblayer le fond des vallées.

Ces moraines d'un aspect si triste, dépourvues de végétation et qui opposent à l'explorateur des digues si pénibles à franchir, ces moraines sont les grands approvisionnements de sables, qui, entraînés au loin et mêlés à des détritus végétaux, arrosés perpétuellement, fourniront, dans les vallées basses, ces sols fertiles et profonds couverts d'une riche végétation.

Les glaciers sont donc le premier et le plus puissant des ouvriers employés à former les terrains d'alluvions. Ils ont préparé les matériaux destinés plus tard à aplanir les fonds des grandes vallées. Ils ont disposé des digues qui retiennent des lacs inférieurs, grands réservoirs propres à régler et alimenter les cours d'eau.

Ils ont débouché les vallées qui n'étaient originairement que des affaissements, des creux sans issues. Ils ont rendu les massifs montagneux praticables. L'eau devait se charger de compléter et de perfectionner cet immense travail.

VI

Les boues glaciaires.

L'époque glaciaire eut une très-longue durée de décroissance. Les glaciers troncaux qui, alimentés par les glaciers latéraux, descendaient jusqu'à une altitude de deux cents mètres, au-dessus du niveau de la mer autour des massifs alpins et peut-être plus bas encore, se retirèrent successivement par étapes, laissant toujours devant eux et sur leurs bords ces moraines frontales et latérales dont nous voyons les prodigieux restes.

Nous avons indiqué, figures 31, 32 et 33, quelques-unes des causes de ces retraits. La principale, en dehors des causes météorologiques qui nous sont inconnues, était que le glacier, en faisant son lit, en facilitant son écoulement, contribuait lui-même à son ablation. Il était d'autant mieux préparé à fondre vers ses parties inférieures, que, sa marche étant moins gênée, ses réservoirs de névés se vidaient plus aisément.

Survenait-il de grandes pluies, celles-ci fondaient, dans les parties inférieures des glaciers, un cube énorme de glace; ces eaux, retenues par les moraines frontales qui opposaient un barrage à leur écoulement, détrempaient ces remblais et se précipitaient avec eux en masses boueuses dans les pentes (1) qu'elles remplissaient de débris, puis venaient se reposer et tasser dans les parties creuses des vallées où elles formaient une sorte de béton grossier qui, sous la pression, prenait une certaine dureté. Ainsi ont été

(1) Chaque jour nous voyons, sur une petite échelle, relativement, ce fait se produire au bas des glaciers ou des amas neigeux.

composés beaucoup de conglomérats diluviens post-glaciaires, que l'on retrouve sous le sol actuel des vallées. Parfois, des masses de glaces étaient roulées avec ces boues; en fondant, elles laissaient, au milieu du remblai desséché, des fosses dont il est impossible autrement d'expliquer la présence.

Depuis que l'étude des glaciers est entrée dans le domaine de la science et s'est basée, non plus sur des hypothèses plus ou moins ingénieuses, mais sur l'observation, les moraines et roches erratiques ont beaucoup préoccupé avec raison les explorateurs de montagnes, car ce sont elles qui témoignent, d'une manière évidente, de l'extension des glaciers et de leur retrait. Mais il ne faudrait pas confondre les moraines déposées par les glaciers, avec les amas boueux glaciaires, lesquels peuvent se rencontrer plus bas que les véritables moraines terminales. Or, il est facile de distinguer la moraine véritable, de l'amas boueux glaciaire. La moraine laisse toujours des vides considérables dans sa masse. Étant déposée doucement et formée de débris de toutes dimensions, ces débris, quand ils sont volumineux, ne se touchent souvent que par leurs angles ou leurs arêtes, et, entre eux, il reste des cavités que le sable apporté de même par le glacier, grain à grain, ne remplit pas. Lorsque, au contraire, la moraine a été détrempée et entraînée sous forme de boue épaisse par les eaux, tous les vides se sont remplis, et, si les grosses pierres conservent leurs arêtes comme dans le remblai parce qu'elles n'ont pas fait un assez long parcours pour s'arrondir et que le mouvement a été lent, elles sont exactement moulées dans le sable, lequel est tassé et compacte. Ces boues morainiques forment souvent des amas très-considérables et ont été confondues avec de véritables moraines.

La marche de la boue morainique n'est pas, cela va sans dire, régulière comme celle du glacier. Si la pente est raide, la boue marche plus vite que si la pente est douce. Mais comment marche-t-elle? A peu près comme la lave en fusion. Elle roule, par cette raison que le frottement sur la partie qui touche au lit, arrête la masse qui continue à se mouvoir au-dessus. En roulant, elle laisse derrière elle un remblai qui demeure, s'épaississant à mesure que la masse roulante diminue de volume et perd de sa force d'impulsion, par conséquent. Si bien que, figure 67, sur les pentes douces, les boues morainiques se sont déposées ainsi qu'on le voit en ABC, par suite du mouvement successif ADE. Elles ont donc contribué à adoucir encore et à régler la pente de A en C. Lorsque

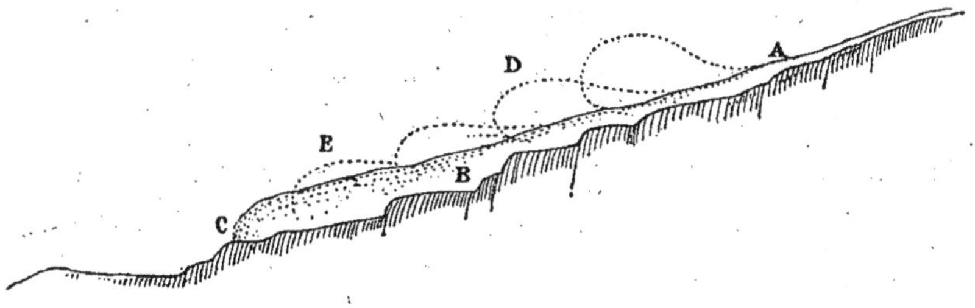

67. — Marche des boues glaciaires.

les boues morainiques se sont formées au-dessus d'une gorge, figure 68 en A, et que, par suite de la pente, elles ont traversé un défilé B, en masse épaisse, elles se répandent dans le val infé-

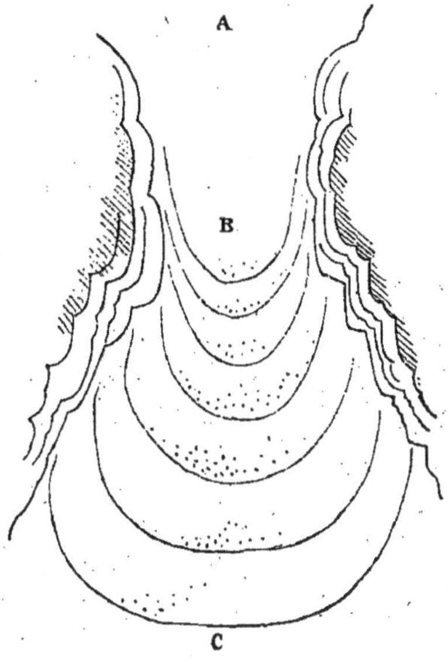

68. — Marche des boues glaciaires.

rieur C en forme de cône, laissant les plus grosses pierres en amont, et amenant le sable en aval.

Les boues morainiques préparaient la voie aux torrents et aux alluvions en ébauchant la régularisation des pentes, en comblant les dénivellations brusques dans le fond des vallées et en rompant des digues dont les glaciers plastiques avaient franchi souvent les crêtes sans les entamer profondément.

Ainsi, figure 69, AB étant une digue rocheuse, un barrage traversant un val, le glacier CD passait par dessus, limait sa partie supérieure, mais ne brisait pas la digue brusquement, il se contentait d'en enlever chaque jour certaines aspérités, d'arracher des quartiers E qui faisaient obstacle à son passage; mais, quand le glacier se fut retiré et qu'il survint des amas énormes de boues glaciaires GHI, la pression exercée par ces masses pâteuses fut considérable; les eaux qu'elles contenaient filtrèrent à travers les

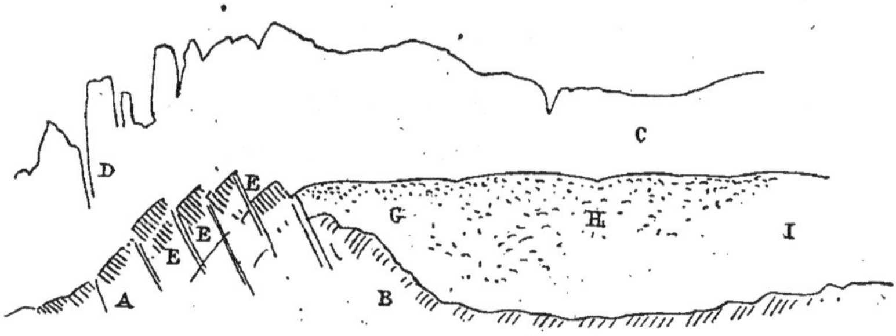

69. — Amas de boues glaciaires.

fissures des roches disloquées par les gelées et la digue fut souvent rompue comme l'est un mur de soutènement.

Ce fait se produisait surtout aux points où il y avait jonction de roches de diverses natures et de résistances différentes.

Au-dessous de Sembrancher, le val qui descend à Martigny était barré par une crête de lias, épaulée en aval par un soulèvement de gneiss porphyritique. Les grands glaciers qui descendaient du Grand-Combin, du mont Colon, du mont Blanc de Cheillon, ceux qui, suivant le val d'Orsières, descendaient des rampes orientales du massif du Mont Blanc et qui se réunissaient aux premiers, à la pointe du Catogue, passèrent longtemps par-dessus ce barrage pour se joindre au grand glacier qui suivait la vallée du Rhône. Mais, quand ces glaciers se furent retirés vers les hauteurs, les débâcles amenèrent, au point de jonction, des amoncellements énormes de boues qui, arrêtées par le barrage, s'élevèrent jusqu'à sa crête (1) et finirent par se faire une issue en déchirant violemment la digue dans toute sa hauteur, et en répandant ses ruines au loin, jusqu'à Bovernier.

On retrouve également d'immenses dépôts de boues glaciaires sur les rampes qui, de la vallée de Sallanches, montent à Saint-Gervais; boues provoquées par la débâcle des glaces qui, après avoir suivi le val de Chamonix, passaient par-dessus le Prarion, traversaient le col de Voza et venaient se jeter dans cette vallée de Sallanches.

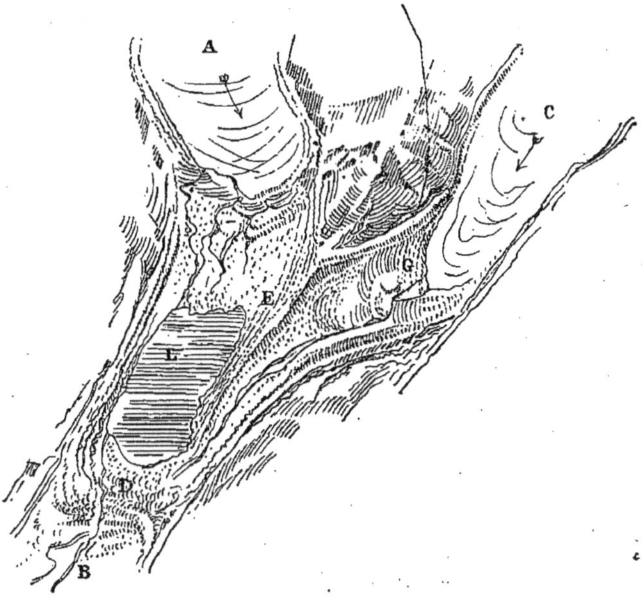

70. — Formation d'un lac morainique.

Partie de la moraine latérale de ce grand glacier a été entraînée sous forme de boue jusque dans la vallée, lorsqu'elle fut débarrassée des glaces.

Mais c'est surtout aux dépens des roches schisto-argileuses que ces boues ont été formées en masses énormes et ont été entraînées à des distances très-considérables.

Les boues glaciaires ont souvent comblé les lacs qui s'étaient formés après le retrait des glaciers, dans les parties creuses de

(1) On voit encore parfaitement la trace de ce réservoir boueux le long du Catogne et sur les rampes des montagnes au nord-ouest de Sembrancher, aux chalets de Vence (1,128^{m}), tandis que le point le plus bas de la gorge actuelle est à 694^{m}. L'amas boueux avait donc 430 mètres au moins d'épaisseur.

leurs lits. Habituellement, ces boues ont été amenées par les débâcles des glaciers latéraux escarpés.

Soit AB, figure 70, un glacier troncal ayant, dans une de ses étapes de retrait, laissé une moraine frontale en D; un glacier latéral C ayant déposé la moraine médiane E, ses moraines latérales et, en se retirant, la moraine frontale G. Une dépression dans la vallée AB et l'ancienne moraine frontale D ont fait la place d'un lac L. Survient un grosse débâcle; la moraine G frontale et la moraine médiane E sont entraînées et viennent combler de boue le lac, laissant seulement le passage du torrent le long de la rive droite de la vallée.

Si le lac s'étendait beaucoup plus en amont et en aval de la

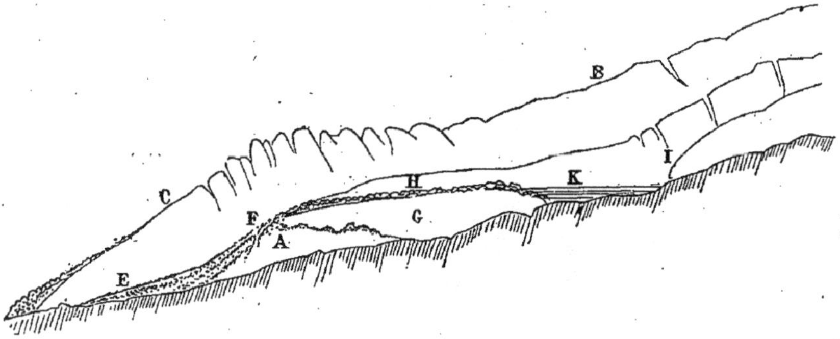

71. — Formation d'un lac morainique.

vallée troncale, les boues glaciaires, provenant du val latéral, l'auraient coupé transversalement en deux; c'est-à-dire d'un lac en auraient fait deux, séparés par un remblai. C'est ce qu'on peut observer à Interlaken. Les boues glaciaires, provenant des vallées de Lauterbrunnen et de Grindelwald, ont séparé les lacs de Thunn et de Brienz, qui primitivement n'en faisaient qu'un. Les alluvions torrentielles ont complété et nivelé le remblai.

Les boues morainiques sont dues souvent, indépendamment des débâcles causées par l'abondance des pluies pendant les saisons chaudes, à un fait qui s'est produit à la base des glaciers et qui se produit encore de nos jours dans des proportions moindres.

Pendant l'époque glaciaire, il y eut, comme aujourd'hui, des périodes de décroissance et de croissance relative des glaciers. Si donc, figure 71, un glacier ayant déposé une moraine frontale

A venait à croître et dépassait cette moraine A, conformément au profil BC, puis, s'il décroissait de nouveau, il déposait des débris morainiques EF. Quand il était arrivé par ablation à la moraine A, celle-ci préservait de la fonte la glace terminale G. Il se déposait des débris morainiques en H, sur cette glace, et l'ablation se produisait en I, en amont, de telle sorte qu'il restait sous les apports frontaux H une masse de glace G qui contribuait encore à retenir les eaux de fonte descendant du glacier, lesquelles formaient un réservoir K. L'action de ces eaux tendait à faire fondre rapidement la masse de glace G, et, les pluies aidant, il arrivait un moment où la charge sur l'anncienne moraine A était si puissante que tout était emporté plus bas, sous forme de boue plus ou moins épaisse mêlée à des quartiers de la glace G.

On observe souvent, ainsi que nous l'avons dit, dans ces rem-

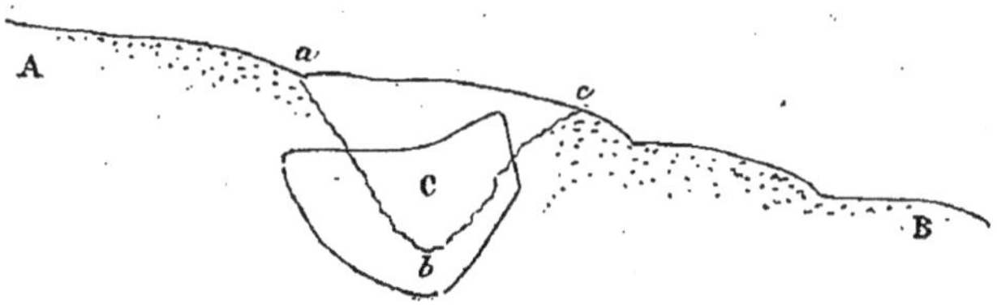

71 *bis*. — Cônes dans les boues glaciaires.

blais considérables formés par les boues morainiques et qui ont grossièrement nivelé le fond des vallées ou adouci des pentes, certaines cavités coniques assez profondes. Ces cavités sont dues aux blocs de glace que les boues entraînaient avec elles, notammment dans le cas présenté figure 71. Les blocs entraînés, noyés dans la boue et y tenant leur place, ont fondu lentement pendant que l'amas boueux s'asséchait, et leur fonte a produit ces cuvettes. Soit, 71 *bis*, un amas boueux AB dans lequel est immergé un morceau de glace C. Ce bloc en fondant a laissé naturellement un trou conique *abc*, encore visible si les apports torrentiels ne l'ont pas comblé.

Ces boues glaciaires qui remplissaient certaines parties des vallées et qui avaient glissé sur les rampes, fournirent en grande partie, plus tard, les cailloux et les sables que les torrents eurent à charrier. C'était une première trituration des matériaux morainiques.

VII

Formation des torrents.

Nous n'avons présenté, sur les glaciers, que des aperçus généraux ; il est nécessaire d'y revenir et d'examiner comment ils débitent les eaux avec régularité, sauf en certains cas exceptionnels.

Lorsque la chaleur est grande ou que les pluies chaudes sont abondantes, on constate que les torrents augmentent de volume, mais cependant leur débit ne correspond pas à la fonte apparente ou au volume d'eau tombé du ciel. La nuit, lorsque le temps est clair, au-dessus de 2,000 mètres, toutes les eaux qui sillonnent la surface des glaciers, sous forme de petits ruisseaux, se regèlent, et, au murmure de ces rigoles, succède le silence le plus absolu ; les torrents qui sortent des glaciers ne continuent pas moins à débiter une quantité d'eau à peu près équivalente à celle qu'ils débitent le soir d'une belle journée de chaleur. Le glacier remplit donc l'office d'une éponge qui, au besoin, retient l'excès d'eau jusqu'à une certaine limite, ou en fournit sur sa réserve. L'hiver, les torrents cessent presque complétement de couler ou diminuent sensiblement ; mais cependant, ceux qui sortent des grands glaciers et lorsque la température descend à — 20° émettent encore une certaine quantité de liquide qui provient d'une réserve cachée, puisque la fonte sur la surface du glacier est nulle et que la glace, de souple et plastique qu'elle est pendant la saison chaude, devient cassante, *fière,* et s'abaisse de 0° à — 5° et plus jusqu'à une certaine profondeur.

Ayant eu la fortune de tomber dans une crevasse de fond et

d'en être sorti, grâce au dévouement de mon guide Baptiste, de Macugnaga, et des secours apportés par quatre montagnards qui furent trouvés par lui à Mattmark, mais après être resté plus de trois heures dans cette crevasse sur un bloc de glace qui m'avait retenu dans ma chute (1), j'ai eu tout le loisir d'étudier le phénomène de la regélation et du suintement de la masse glaciaire.

Cette crevasse, comme presque toutes les crevasses de fond (2) qui traversent un glacier descendant sur une pente douce, était plus large à sa base qu'à son orifice supérieur, et l'ensemble de

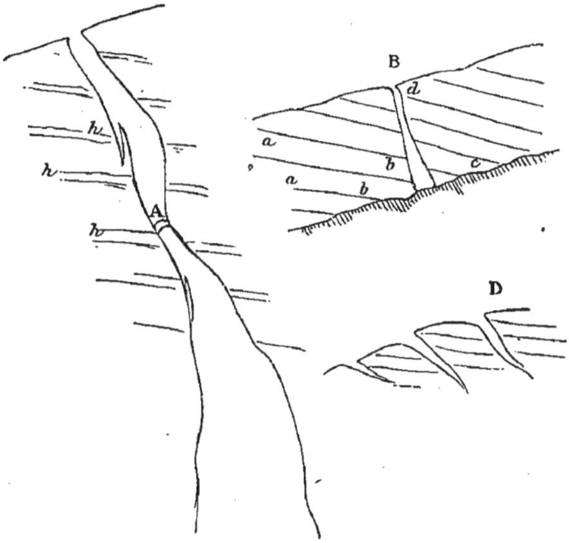

72. — Crevasse.

la fêlure était à peu près perpendiculaire à la pente ; ainsi que le montre la section, figure 72 (3). Cet élargissement de la crevasse de fond près du lit s'explique par la fig. 57. Les zones de la glace *a b* (voir en B, fig. 72), dès l'instant qu'il y a rupture, exercent, par suite du mouvement du glacier, une action de tirage de *a* en *b*, mais en *c* il y a résistance par frottement et action nulle de tirage, pendant que la partie *d* continue de s'avancer. C'est pourquoi

(1) Dans le glacier de Schwarzemberg, 2,900 mètres d'altitude, 11 juillet 1870, de deux à six heures du soir; à 12 mètres en contre-bas de la surface du glacier.

(2) La crevasse de fond est celle qui traverse toute l'épaisseur du glacier.

(3) Ayant été arrêté dans ma chute sur un petit bloc de glace A, pris entre les parois, il m'était facile d'apprécier l'écartement de celles-ci vers le fond, que, du reste, je ne pouvais voir, le glacier ayant, sur ce point, une épaisseur de plus de cent mètres.

ces crevasses de fond, sur plan peu incliné, tendent à s'ouvrir près du lit, à leur origine, et à s'incliner de plus en plus dans un

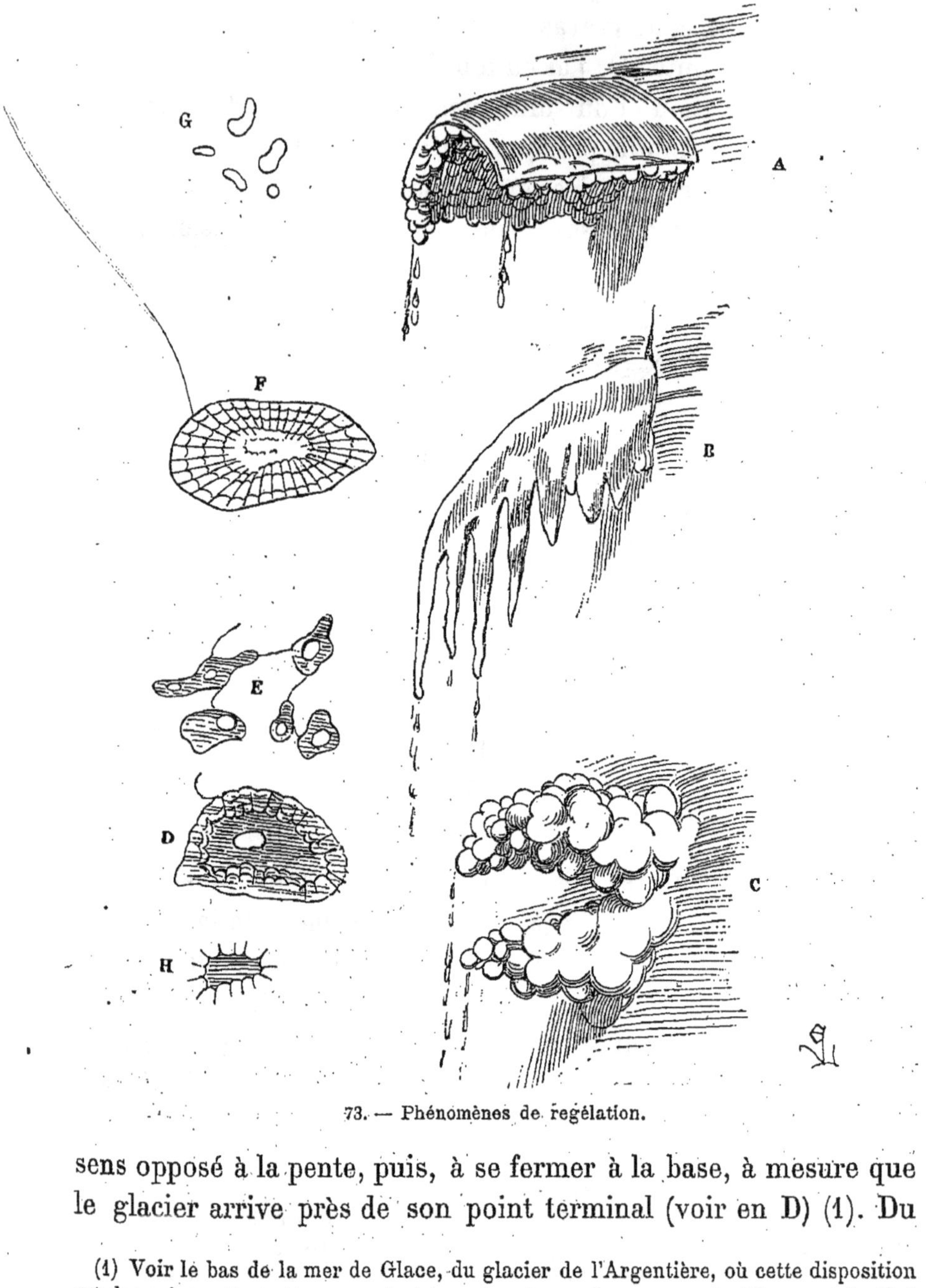

73. — Phénomènes de regélation.

sens opposé à la pente, puis, à se fermer à la base, à mesure que le glacier arrive près de son point terminal (voir en D) (1). Du

(1) Voir le bas de la mer de Glace, du glacier de l'Argentière, où cette disposition est des mieux marquées, ces glaciers suivant un plan assez régulièrement incliné pendant tout leur trajet. Voir aussi la figure 57 *bis* et l'explication qui l'accompagne.

point A que j'occupais dans cette crevasse, je voyais très-bien les couches obliques *h* bleues et plus transparentes que n'était la masse blanche, et, outre ces zones, des blocs, également plus transparents, englobés dans la glace blanche,

Ces couches et ces blocs, plus transparents, affectaient une contexture orbiculaire, composée de gros rognons de glace, parfaitement limpides, enchevêtrés les uns dans les autres et en contenant de plus petits de forme sphérique. De ces parties transparentes et globuleuses du glacier sortaient, sur certains points, des suintements plus ou moins abondants, et cependant, ces parties transparentes étaient plus dures et résistaient mieux au choc que les parties blanchâtres, lesquelles ne produisaient pas de suintements. Le thermomètre à l'air marquait + 5° à trois heures après midi et + 2° 1/2 à six heures, le ciel étant très-couvert, et cependant, en sortant du glacier, les suintements se regelaient en grande partie avec rapidité et formaient, tout autour de moi, des stalactites et stalagmites. La plupart de ces émissions liquides sortaient de fentes verticales ou horizontales de quelques centimètres de longueur sur une largeur de quelques millimètres. Si la fente était horizontale, la regélation affectait la forme d'une gouttière renversée, lisse en dessus, toute garnie de rognons en dessous (voir en A, fig. 73). Si la fente était verticale, l'eau regelée donnait les stalactites B, lesquelles, en une heure, augmentaient de 20 à 25 centimètres, pour se détacher et tomber au fond du glacier; alors l'opération recommençait.

Mais, outre ces infiltrations, il s'en produisait de bas en haut, comme de petits jets latéraux sortant sous une pression. Alors, la regélation prenait la forme C. Cette dernière regélation à l'air était la plus active et arrivait à des volumes assez considérables. Donc, pour que l'eau se maintînt à l'état liquide dans la masse du glacier et se regelât à l'air libre à une température de + 5°, il fallait que cette eau subît une assez forte pression et que cette eau ne pût geler dans la masse, par suite du mouvement que lui imprimait cette pression ou de l'effet même de cette pression (1).

(1) A ce sujet nous citerons un passage de notre savant ami, M. Charles Martins, qui explique clairement ce phénomène : « Pour comprendre l'effet de la pression de la

D'où l'on peut conclure que le glacier distille de sa masse une quantité d'eau notable; mais qu'il en règle le débit par une regélation plus ou moins active lorsque cette eau cesse d'être soumise à la pression exercée par la dilatation de la glace. Les crevasses servent à distribuer cette distillation au torrent inférieur et l'alimentent au moyen d'une répartition distancée et mesurée goutte à goutte. Les zones transparentes, espacées assez régulièrement, sont les lits dans lesquels circule le liquide à des hauteurs différentes en filets imperceptibles, obligés à mille détours capillaires avant de trouver leur issue.

La trouvent-ils, ils ne s'épanchent pas en totalité; le glacier, par la regélation partielle du liquide, en retient une bonne partie. Ainsi, le torrent glaciaire, à son origine, est jaugé régulièrement, et le plus ou moins de chaleur de l'atmosphère, ou une certaine quantité d'eau pluviale, ne lui apportent un accroissement que

glace des glaciers, il faut d'abord savoir et expliquer ce qui se passe lorsqu'on comprime de l'eau pure dans un appareil semblable à celui que M. Tyndall a employé pour la glace. Supposons cette eau à une température voisine de zéro; l'expérience montre que la pression *abaissera* son point de congélation, c'est-à-dire que, plus la pression sera forte, plus le degré auquel l'eau se congèlera sera abaissé au-dessous de zéro. Voici l'explication du phénomène, prévu théoriquement par Carnot et prouvé expérimentalement par sir William Thompson, professeur de physique à Glascow. Tout le monde sait que la glace occupe un volume plus grand que celui de l'eau qui lui a donné naissance. C'est ainsi qu'une bouteille et même une bombe remplies d'eau éclatent lorsque celle-ci se congèle. Or la pression augmente la quantité de mouvement nécessaire à la dilatation, c'est-à-dire à l'écartement des molécules de l'eau, qui passe de l'état liquide à l'état solide. Ce mouvement ou, si l'on veut, la force qui le produit est contenue dans l'eau elle-même, sous *forme de chaleur;* donc, soumise à une pression forte ou faible, cette glace empruntera à l'eau même une quantité de chaleur plus grande que si elle ne supportait aucune pression extérieure, c'est-à-dire si elle était placée sous le vide de la machine pneumatique : en effet, sous une pression forte ou faible le travail nécessaire pour écarter les molécules sera plus considérable que dans le vide. Par conséquent, la température de l'eau comprimée doit être plus basse au moment où elle se congèle que celle de l'eau qui n'est soumise à aucune pression. Le calcul donne $\frac{3}{400}$ de degré centigrade ou 0,0075 d'abaissement de la température pour une atmosphère de pression.

« Une belle expérience de M. Tyndall prouve la vérité de cette conclusion théorique; il place un prisme de glace *à zéro,* bien compacte et parfaitement transparente entre deux plaques de buis. A mesure qu'il comprime le prisme, des lames d'eau se forment à l'intérieur. La glace fond, parce que sous cette pression la température intérieure du prisme n'étant plus assez basse pour que l'eau reste à l'état solide, celle-ci repasse à l'état liquide. » *Les glaciers actuels et leur ancienne extension*, extrait de la *Revue des Deux-Mondes*, 1867, Ch. Martins.

dans une mesure calculée. En regelant l'eau des fontes ou celle de la pluie, le glacier absorbe une certaine quantité de calorique. Cette quantité de calorique, et plus encore la pression exercée sur les filets d'eau capillaires, maintiennent cette eau à l'état liquide jusqu'au moment où elle s'échappe. Ne subissant plus alors que la pression atmosphérique, cette eau gèle au contact de l'air, bien que la température soit au-dessus de 0°.

La regélation était tellement active sur les parois de la crevasse, que, m'étant assis sur le bloc de glace fort étroit qui m'avait retenu, au bout de quelques instants, mes vêtements étaient si bien collés à mon siége de glace, qu'il me fallut un effort pour les en arracher.

La glace des glaciers ne contient pas seulement de l'eau à l'état liquide, elle renferme aussi des cavités et bulles d'air. Ces cavités se présentent sous des aspects très-divers. Parfois la bulle d'air est prise au milieu même de la glace (voir en G, fig. 73). Parfois aussi elle nage dans une petite cavité liquide (voir en E). Ces cavités liquides sont alimentées par des fissures capillaires. Mais (voir en D) s'il arrive que la cavité est plus grande, la bulle d'air nage dans un volume d'eau plus considérable et il se forme une géode de rognons de glace sur les parois. J'avais sous les yeux quelques-unes de ces géodes entièrement remplies de glace par couches de rognons (voir en F), présentant ainsi des masses orbiculaires de 10 à 20 centimètres de diamètre, et d'autres qui ne contenaient pas de bulle d'air (voir en H), mais de l'eau comprimée ; car, ayant foré avec mon couteau — j'en avais tout le loisir — une de ces petites cavités voisines de la paroi, l'eau s'en échappa vivement. Quelles étaient les causes de la gélation totale ou partielles de ces cavités ?

Pour que l'eau comprimée qu'elles contenaient pût arriver au point de congélation, il fallait que la température de la glace ambiante fût au-dessous de zéro, et pendant les trois heures de mon séjour dans la crevasse, plusieurs de ces géodes avaient épaissi leurs parois de rognons. Je livre ces questions à l'appréciation des savants, sans essayer de les résoudre. Ces bulles d'air, ces géodes, se trouvaient dans la glace bleue, de laquelle seulement s'échappaient des filets d'eau. Mais il y avait, sur la paroi de la crevasse, une belle masse de glace bleue englobée dans la glace blanche. La glace, parfaitement limpide, de ce bloc dont la coupe était triangulaire, le sommet en bas, était fendillée comme celle que l'on trouve au point terminal des glaciers, par des plans courbes et droits enchevêtrés et rappelant les combinaisons de certains casse-tête chinois,

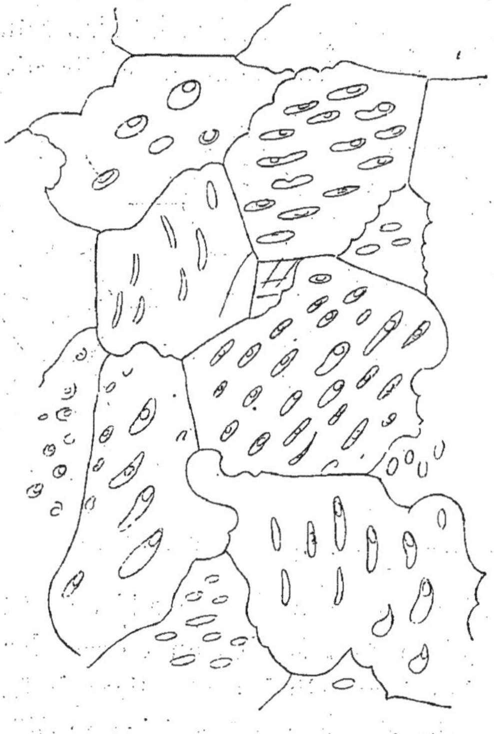

73 *bis*. — Phénomènes de regélation et de compression.

figure 73 *bis*. Chaque morceau était plus ou moins criblé de bulles d'air ou d'eau, aplaties dans des sens différents, ainsi que le montre la figure.

Agassiz avait fait la même observation sur le glacier de l'Aar à des profondeurs de 10 mètres et au-dessous (ma station était à 12 mètres en contre-bas de la surface du glacier), et l'illustre géologue en avait déduit que « chaque fragment de glace est susceptible de subir, dans l'intérieur du glacier, des déplacements propres qui sont indépendants du mouvement de la masse ». Peut-être est-ce, non « déplacement », mais « pression propre » qu'il eût fallu dire. Car ce phénomène, des bulles d'air aplaties, étant très-sensible, au point terminal des glaciers où, bien entendu, n'apparaît plus que la partie inférieure du courant, et par conséquent celle qui a subi la plus forte pression, l'irrégularité dans l'inclinaison des cellules aplaties persistant là, il faudrait en conclure que cet aplatissement est dû à des pressions en tous sens sur chacun de ces petits blocs enchevêtrés, lesquels, étant d'autant plus plastiques qu'ils sont plus saturés d'eau, ont aplati leurs cellules en raison même de la direction de ces pres-

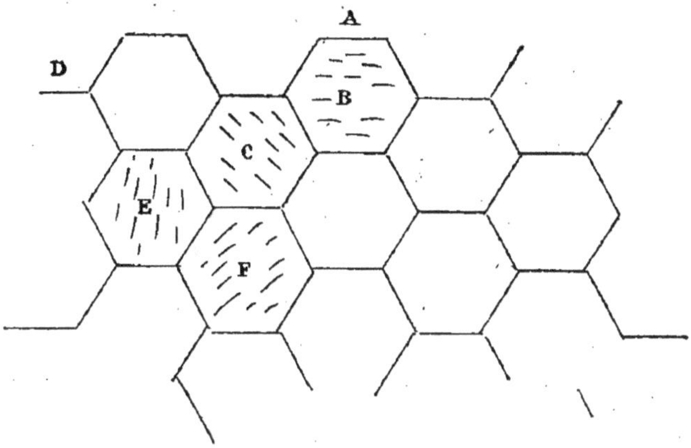

73 *ter*. — Phénomènes de regélation et de compression.

sions diverses. Du moment que la glace bleue est toute composée de fragments qui se sont soudés en entrant les uns dans les autres, de manière à remplir les interstices, la forme de chacun d'eux, la disposition des morceaux voisins, modifient la direction de la pression que chacun d'eux subit.

Supposons un solide, 73 *ter*, composé de prismes hexagonaux empilés horizontalement : si une pression verticale s'exerce sur la surface A et que le corps, plastique d'ailleurs, contienne des bulles d'air, ces vides tendront à s'aplatir ainsi qu'on le voit en B, mais, sur les prismes C la pression s'exercera obliquement et les cellules d'air s'aplatiront obliquement.

S'il y a aussi pression verticale en D, les cellules du prisme E s'aplatiront suivant une direction voisine de la verticale. Supposons qu'à un moment donné la pression D soit plus puissante que la pression A, les cellules du prisme F s'aplatiront conformément au tracé, et, si les pressions se modifient dans un sens ou dans l'autre, l'aplatissement des cellules devra se modifier également.

Quand le matin, à la suite d'une nuit froide, la surface du glacier a été fortement gelée, dès que les rayons du soleil frappent cette surface, on entend un crépitement serré comme s'il se pro-

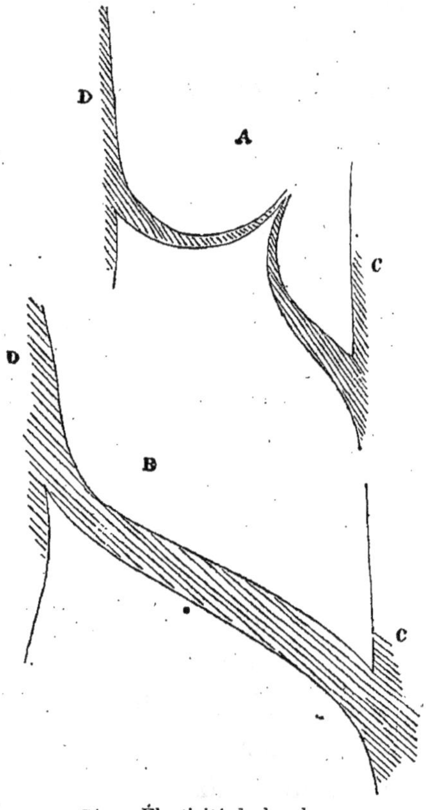

74. — Élasticité de la glace.

duisait quantités de petites expolsions. C'est en effet ce qui arrive. Les milliards de petites bulles d'air emprisonnées par la gelée récente se dilatent et font sauter leur mince prison. Or les bulles d'air innombrables que renferme la glace d'un glacier sont soumises aux moindres variations de la température que subit le glacier, lequel ne peut regeler l'eau qu'il renferme qu'à la condition de prendre le calorique de cette eau. Cette minime quantité de calorique n'a-t-elle pas une action sur les bulles d'air, et celles-ci, en réagissant contre la pression qu'elles subissent, ne peuvent-elles contribuer à donner au glacier cette sorte de mouvement respiratoire qui hâte sa marche? Il est évident qu'en présence de ces actions qui oscillent entre des centièmes de degrés de température, nos instruments sont grossiers, nos observations peu profondes (1).

Mais il ne faut jamais oublier que la nature procède, dans l'accomplissement des phénomènes qu'elle produit, par des moyens à peine appréciables isolément, et que ses plus grands résultats sont dus à l'accumulation prodigieuse de ces moyens.

Près de moi, les parois de la crevasse se rapprochaient beaucoup, et entre elles, deux *copeaux* de glace présentaient la section, figure 74, affectant les formes de cylindres, longs de deux ou trois mètres et d'une épaisseur de quelques centimètres seulement.

Ce fait, comparé à celui présenté figure 24, montre combien la glace possède d'élasticité et comment l'action de tirage peut s'exercer dans la masse. Pour obtenir la section A, figure 74, il a fallu d'abord que les deux parois, en se séparant, aient conservé entre elles un lien B, lequel se sera aminci par la fonte, puis que, la paroi C venant à se rapprocher de la paroi D, le plan de jonction, au lieu de se briser, se soit recourbé sur lui-même, comme le ferait un corps élastique (voir en A).

A la base des glaciers, presque toute la masse présente la formation transparente, les parties blanches et qui semblent de la neige tassée ont disparu pour faire place à de la glace, bleue, mais entièrement bulbeuse. La glace, au point terminal du glacier présente toujours cet enchevêtrement de morceaux que donne la figure 73 *bis*. Et, si on la laisse un instant aux rayons du soleil, il est facile de désemboîter tous ces fragments séparés par des lames d'eau. La transformation du névé au point terminal du glacier est complète, tout est glace et glace par regélation. De son point de départ à son point d'arrivée inférieur, la nature du glacier s'est donc complétement modifiée; de névé il a successivement passé

(1) Il faut tenir compte aussi de l'action des rayons solaires sur les névés et les glaciers, lesquels exercent une *pression* ainsi que l'ont démontré des observations récentes.

à l'état de glace par la fonte et la regélation partielle de cette fonte. En un mot, il a fondu et regelé partiellement, n'abandonnant à l'écoulement que le surcroît d'eau qu'il n'a pu réabsorber par regélation.

Plus on descend la pente d'un glacier, plus fréquentes sont les zones de glace bleue, plus la filtration est active. Près des névés, ces bandes bleues sont minces, habituellement obliques à la surface, et se sont formées entre les couches les plus tendres du névé. Mais déjà leur fonction filtrante se manifeste. La masse comprimée, uniformément grenue du névé, ne laisse passer que très-peu d'eau, et ce n'est que lorsqu'elle commence à en être imbibée, que se forment les bandes bleues dans les couches les moins comprimées qui recueillent cette eau. Celle-ci chasse une partie de l'air (nous disons une partie, puisque les bulles d'air sont encore si nombreuses dans la glace bleue) et regèle. La glace est faite, et dès qu'elle ne descend pas au-dessous de 0° elle possède les propriétés plastiques. Ce seraient donc les bandes bleues qui seraient les véritables véhicules des glaciers dont la progression augmente en raison de leur développement jusqu'au moment où le glacier, réduit par l'ablation, perd une grande partie de sa puissance. Et, en effet, le point le plus actif de la marche des glaciers, est situé vers le milieu de leurs cours, entre les névés et le point terminal (1).

Si les zones transparentes et filtrantes que l'on observe dans les crevasses des glaciers, au-dessus de 2,000 mètres d'altitude, sont dues à la glace qui s'est formée entre les éboulements de névés périodiques (voir figure 58), les blocs également transparents que l'on voit encastrés entre ces zones, peuvent être formés dans les vides que ces blocs éboulés ont laissés entre eux. Nous ne donnons ceci, toutefois, que comme une conjecture; car bien des mystères nous sont encore cachés dans la formation des glaciers, et nous ne prétendons pas les résoudre, mais seulement ajouter nos observations à celles qui ont déjà été faites (2).

(1) Voyez à ce sujet les belles observations d'Agassiz sur le glacier de l'Aar.

(2) Rappelons, à ce propos, l'observation consignée par M. Ch. Martins : « Les bandes bleues qui traversent la glace blanche aérifère du glacier sont tantôt verti-

Toutes les crevasses des glaciers ne traversent pas la masse dans son épaisseur. Il en est, surtout vers les parties inférieures, qui présentent en section la forme d'un V, c'est-à-dire qui sont larges à la surface du glacier et forment deux talus plus ou moins escarpés. Ces crevasses, appelées *gouilles,* sont produites par le rapprochement des parois, par suite du mouvement du glacier et par la fonte des lèvres de l'ouverture. Elles forment souvent des réservoirs qui conservent les eaux de fonte coulant sur la surface et qui servent ainsi à alimenter d'eau par infiltration la masse du glacier. Il arrive aussi qu'en hiver, des crevasses étroites sont bouchées par la chute des neiges toujours reconnaissables à leur teinte relativement jaune, et qui forment dans la masse, si les crevasses viennent à se resserrer et à se souder, des bandes opaques qui persistent presque jusqu'au point d'ablation, car jamais la neige qui tombe à la surface des glaciers au-dessous des névés, sous la forme que nous lui connaissons dans nos climats, ne prend la contexture de la glace des glaciers formés par les névés.

Le glacier, quels que soient les obstacles qu'il franchit, les escarpements le long desquels il s'éboule en séracs, se reforme toujours et se ressoude pour reprendre son ordre de marche, et cela très-rapidement, c'est-à-dire à une faible distance des points où il a été disloqué par un accident du sol. Ce fait est des plus remarquables, au glacier du Rhône, qui, après avoir été bouleversé en descendant une pente abrupte, à la hauteur du dernier lacet de la route du col de la Furka, se reforme aussitôt et s'étale régulièrement dans la vallée, en arc de cercle, en laissant voir des

cales, tantôt inclinées, tantôt horizontales. Ces bandes bleues étaient des couches de neiges qui, par suite de circonstances très-variées, ont été pénétrées par l'eau, due à la fonte de la couche elle-même ou des couches voisines. L'eau chasse l'air, puis gèle et convertit la glace blanche en glace bleue..... Lorsque j'abordai pour la troisième fois le grand plateau du Mont Blanc avec mes amis, MM. Bravais et Lepileur, nous avions, en déblayant notre tente, rejeté à la pelle la neige récente qui l'obstruait. Cette neige formait des blocs assez volumineux gisant sur le névé. Au bout de trois jours, j'aperçus de petites bandes bleues horizontales de 0m,01 d'épaisseur qui s'enfonçaient de 0m,02 à 0m,05 dans les blocs de neige. Le soleil avait fondu légèrement la tranche de certaines couches qui s'étaient infiltrées d'eau, tandis que les autres n'en avaient pas été pénétrées. Les bandes bleues sont donc des couches de plus facile infiltration. » (*Les glaciers actuels,* extr. de la *Revue des Deux-Mondes,* 1867.)

zones concentriques parfaitement régulières. Cependant, entre les grands séracs et le point terminal, il n'y a pas deux kilomètres.

Ces séracs facilitent la fonte en présentant des milliers de surfaces à l'air et au soleil; mais aussi sont-ils une cause d'approvisionnements pour le glacier, s'ils sont abrités contre les rayons solaires. Ils accumulent les neiges nouvelles qui se logent entre ces ruines, y demeurent et se soudent à la masse; ils présentent aux brouillards des surfaces très-multipliées de regélation; ils obligent les eaux de fonte à des parcours très-détournés, et celles-ci regèlent, en grande partie, pendant ces détours. Aussi, à la base des séracs, exposés au nord, les glaciers semblent prendre une nouvelle force, ils se boursouflent et se livrent à un travail de reformation très-énergique. Les séracs ne paraissent donc devoir alimenter les torrents d'une manière notable que s'ils sont orientés de manière à absorber la chaleur solaire.

Les expériences faites par Agassiz, MM. Desor, Dollfus, et d'autres savants recommandables, ont établi que le glacier demeure à une température très-rarement inférieure à 0° en été, même à une profondeur de 60 mètres, et, qu'en hiver, l'abaissement de la température à un certain nombre de degrés au-dessous de 0° n'agit que sur la surface du glacier et ne produit d'effet profond que dans les crevasses, ou si l'abaissement de la température persiste pendant longtemps. Et en effet, comme nous l'avons dit, même en hiver, le glacier (surtout si son épaisseur est considérable) égoutte une petite quantité d'eau, tandis que les glaciers peu épais deviennent secs. La glace a donc, pendant l'été, emmagasiné une certaine quantité de chaleur qui permet à une portion de l'eau en suspension dans sa masse, de s'écouler, et, s'il survient un hiver très-rigoureux et long, le froid pénètre de plus en plus la masse du glacier qui emmagasine ainsi du froid pour la saison chaude; température intérieure qui contribue à regeler une masse d'eau plus considérable lorsque surviennent les fontes du printemps, et augmente d'autant la marche du glacier par suite de la dilatation produite par cette regélation. C'est, en effet, au printemps que la marche des glaciers se prononce avec le plus de puissance. Élie de Beaumont avait rendu compte de cet effet dans les *Annales des Sciences géologiques*, I, p. 558. « Pendant « l'hiver, écrivait le célèbre géologue, la température de la surface « du glacier s'abaisse à un grand nombre de degrés au-dessous « de zéro, et cette basse température pénètre, quoique avec un « affaiblissement graduel, dans l'intérieur de la masse. Le gla- « cier se fendille par l'effet de la contraction résultant de ce refroi- « dissement. Les fentes restent d'abord vides et concourent au « refroidissement des glaciers en favorisant l'introduction de l'air « froid extérieur; mais au printemps, lorsque les rayons du soleil « échauffent la surface de la neige qui couvre le glacier, ils la « ramènent d'abord à zéro, et ils produisent ensuite de l'eau à « zéro qui tombe dans le glacier refroidi et fendillé. Cette eau s'y « congèle à l'instant, en laissant dégager de la chaleur qui tend « à ramener le glacier à zéro, et le phénomène se continue jusqu'à « ce que la masse entière du glacier refroidi (pendant l'hiver) « soit ramenée à zéro. » Élie de Beaumont désigne la dilatation résultant de cette regélation sous le nom d'*augmentation par intussusception*, et c'est à cette dilatation plus considérable au printemps, qu'en toute autre saison, qu'il faut attribuer la marche accélérée du glacier à ce moment de l'année.

Quand, après le coucher du soleil, en été, la surface du glacier regèle et ne laisse plus circuler les ruisseaux qui la sillonnent, ce refroidissement ne pénètre pas assez profondément pour suppo-ser qu'il puisse produire sur la masse du glacier une action de dilatation par regélation. Cependant cette eau qui coulait à midi sur le dos du glacier à la température de + 1° est redescendue à la température de 0° liquide après le coucher du soleil, et, pour être convertie en 0° glace, elle ne donne plus au glacier qu'une cha-leur inappréciable. La masse glaciaire, pour regeler cette eau, n'a besoin de fournir qu'une quantité de son approvisionnement de froid également inappréciable.

Or, les expériences faites par Agassiz au glacier de l'Aar en 1842, à une profondeur de 4 à 5 mètres pendant 14 jours, du 20 juillet au 2 août, lui ont donné 11 jours à 0°, un jour à — 0°,1, un à — 0°,2, un à — 0°,4.

Pendant ces 14 jours, la température *minima* moyenne, sur le glacier, avait été de —2°,2, et, sur la moraine, de —1°,6. Il pouvait donc, en juillet — et bien que la masse du glacier se maintînt à 0° ou accidentellement, fort peu au-dessous, à une profondeur de 5 mètres, — y avoir, pendant la nuit, regélation plus active et par conséquent dilatation suffisante pour influer sur la marche du glacier.

Mais cette dilatation même exerce une pression sur les fissures capillaires qui traversent la masse du glacier et contiennent de l'eau, et cette pression tend à faire épancher par les crevasses cette eau à l'état liquide; de telle sorte que, pendant la nuit, le thalweg reçoit, non plus l'eau des fontes, mais celle qu'exprime le glacier, qui, comme nous l'avons dit, remplit ainsi l'office d'une éponge, absorbant l'eau et ne laissant échapper qu'un excès, puis se contractant pour exprimer l'eau qu'il a absorbée, lorsque l'excès fait défaut.

Les eaux que rendent les glaciers sont toujours troubles et chargées de sable, lequel n'est que le produit du limage du glacier sur son assiette rocheuse. Ce limon se dépose dans le lit des torrents et tend à l'exhausser sans cesse; mais il est assez délié pour teinter les eaux jusqu'aux réservoirs inférieurs, où, paisibles, elles se clarifient.

Les eaux des neiges, au contraire, sont d'une limpidité parfaite, et ce fait seul démontrerait que les neiges ne procèdent pas comme les glaciers. Les neiges, si étendue que soit leur surface, sont immobiles, fondent sur place, et n'ont aucune action sur les roches qu'elles recouvrent.

Pour former un glacier, il faut un approvisionnement de névé puissant et qui se renouvelle sans cesse, car le glacier demande une alimentation énorme. Si l'alimentation faiblit, le glacier disparaît, et le névé, tout en étant persistant, c'est-à-dire ne fondant pas entièrement pendant la saison chaude, ne peut plus fournir au glacier. La configuration des soulèvements entre pour autant dans la formation des névés glaciaires que l'altitude. Si les soulèvements se présentent sous la forme d'une chaîne avec des contreforts, comme les Pyrénées, par exemple, les neiges, bien que persistantes, ne trouvent pas un champ assez étendu pour s'accumuler en masses épaisses. Elles se précipitent en avalanches sur les rampes, fondent au printemps, et il ne reste sur les sommets que des nappes inclinées, minces, qui ne peuvent alimenter des glaciers, mais sont suffisantes pour former des torrents abondants.

Plusieurs causes tendent aussi à régler la fonte des neiges sur les altitudes supérieures à 2,000 mètres. La blancheur de la neige empêche la masse d'absorber le calorique ; aussi les névés inertes (c'est-à-dire qui n'alimentent pas des glaciers) fondent-ils sur leurs bords, au contact des roches qui reçoivent la chaleur solaire. L'eau goutte à goutte tombe de ces bords et forme des rigoles qui viennent se réunir au point le plus bas. La nuit, la fonte cesse, mais quantité de petits réservoirs inférieurs se vident et continuent l'alimentation. Si le glacier est une éponge dont le produit aqueux ne se montre qu'à son point terminal, c'est-à-dire à une altitude de 1,500 mètres en moyenne, le névé inerte rend son eau beaucoup plus haut, mais le cours de cette eau est distribué de façon à ce que l'alimentation soit régulière.

Les avalanches de chaque printemps accumulent à la base des neiges des masses de débris tombés des sommets par l'effet de la gelée qui pénètre les fissures et les ouvre. Ces amas ne sont plus des moraines rangées en digues et composées en grande partie de sable produit par le frottement ; ce sont des éboulis, cônes de déjection de matériaux meubles, les plus légers étant demeurés au sommet, les plus lourds ayant roulé à la base du cône. L'eau de fonte des neiges tombe et coule à travers ces éboulis comme elle peut, ralentie par des milliers d'obstacles et trouvant quantité de petits barrages qui forment des réservoirs se vidant lentement par des fissures.

Les cônes de déjection de pierres que l'on trouve au-dessous des neiges, et qu'elles forment par la chute périodique des avalanches, sont donc de véritables filtres qui distribuent l'eau avec régularité.

Mais, si les avalanches ont été très-puissantes à la suite d'un hiver neigeux, elles ont roulé sur la surface de ces cônes de cailloux jusqu'à leur base, en masses considérables. Là, à cause de leur volume même, elles se maintiennent jusqu'aux chaleurs ou aux pluies chaudes. Quand surviennent ces pluies, à l'eau du ciel s'ajoute la fonte très-rapide de ces masses, et il en résulte des inondations dans les vallées.

Les neiges sont donc bien plus sujettes à produire des inondations que les glaciers; et, en effet, c'est des massifs ou chaînes de montagnes qui ne possèdent plus de glaciers, mais seulement des névés, que descendent tout à coup les eaux torrentielles dont le cours, grossi à l'excès, inonde de vastes territoires.

Indépendamment des neiges perpétuelles, il en est qui s'amassent pendant l'hiver et qui disparaissent entièrement pendant les mois de juillet, d'août et de septembre. Et cependant il arrive que cet approvisionnement temporaire suffit à alimenter, même pendant l'été, sinon de véritables torrents, au moins des sources très-abondantes. Et ce fait s'observe particulièrement dans les soulèvements calcaires.

C'est qu'il existe, entre les strates de ces soulèvements, des vides souvent très-considérables dans lesquels se forment des lacs souterrains, chargés d'alimenter ces sources. Au printemps, à la fonte des neiges, ces lacs se remplissent surabondamment, alimentés par des filets d'eau traversant les fissures de la roche.

L'approvisionnement fait, ces réservoirs continuent à se vider doucement, en raison de leurs exutoires, et épanchent leurs eaux à l'air libre. On remarque, sur les plateaux calcaires soulevés, des flaques de neiges qui, enfermées dans des cuvettes, n'ont aucun écoulement extérieur, et cependant qui, en fondant, ne laissent aucune nappe d'eau. Ces neiges ont servi à alimenter doucement, goutte à goutte, les réservoirs. Mais, s'il survient de très-grandes pluies, ces réservoirs, brusquement remplis, épanchent aussi brusquement cet excès d'alimentation, et l'on voit les sources, en apparence les plus inoffensives, qui, sortant de la roche, deviennent des torrents destructeurs. C'est ce qui fait dire aux montagnards, lors de ces catastrophes, que les inondations sortent de terre.

Les neiges donnent encore aujourd'hui un autre mode d'alimentation régulière des torrents, qui leur a été fourni par les anciens grands glaciers.

En descendant des sommets, alimentés par les masses supérieures des névés primitifs, les glaciers ont glissé sur des roches qui présentaient des différences de nature et de dureté ; ainsi que nous l'avons déjà dit, ils ont usé ces roches plus ou moins en raison de leur plus ou moins de résistance. Des strates qui se présentaient verticalement ont été érosées beaucoup plus que d'autres. Il en est résulté des cavités.

Puis, les glaciers ayant disparu et ayant été remplacés seulement dans le voisinage des sommets par des neiges, celles-ci, en fondant, remplissent ces creux qui sont autant de réservoirs d'alimentation régulière. Ces lacs sont très-souvent étagés, divisés, et épanchent leurs eaux par des exutoires qui jaugent le débit.

Autour du Mont Blanc, on voit beaucoup de ces petits lacs qui occupent partie des lits d'anciens glaciers, et qui, aujourd'hui, ne sont plus guère alimentés que par des amas neigeux dont quelques-uns disparaissent pendant la saison la plus chaude.

Tels sont les lacs du Brévent, les lacs Cornus, les lacs Blancs (ceux-ci sont encore alimentés par un petit glacier).

Ces réservoirs supérieurs gèlent en hiver, car la plupart sont situés à une altitude dépassant 2,000 mètres. Couverts d'une épaisse couche de neige, ils ne sont guère à l'état liquide que pendant les mois de juillet, d'août et de septembre. Pendant cette période chaude, les neiges environnantes et les orages les alimentent, et ils fournissent alors régulièrement les torrents qui en sortent. Ces lacs étant étagés et tout entourés de petits réservoirs, la vidange se fait successivement. Les plus intéressants parmi ces lacs supérieurs, dans le voisinage du Mont Blanc, sont, certainement, les lacs Cornus. Ils sont au nombre de trois principaux, sans compter une multitude de petits réservoirs, qui sont placés les uns au-dessus des autres et qui ont été creusés dans les strates de schistes cristallins mêlés de filons porphyritiques.

Ces strates, relevées presque verticalement et courant du nord au sud-sud-ouest, présentent des duretés très-différentes, si bien qu'en glissant sur le soulèvement, l'ancien grand glacier qui, de l'aiguille de la Floria et de l'aiguille Pourrie au Brévent, descendait dans le val de Dioza, a usé beaucoup plus les strates tendres que les strates dures ; ce qui, dans le sens que nous indiquons, a laissé des bandes rocheuses en gradins fortement moutonnés, mais, entre lesquelles, aujourd'hui, sont endigués ces petits lacs.

Une section faite sur la ligne O P de cette partie du soulèvement

75. — Lacs supérieurs.

(voir en V, figure 75) montre en *c* le lac au niveau supérieur C de la petite carte partielle X, en *d* le lac D, en *e* le lac E, et en *f* le petit réservoir F. En A est l'aiguille de la Floria, et en B les aiguilles Pourries, en G, le petit glacier de la Floria.

Le col est près de ces aiguilles au Nord. La section, aussi bien que la carte partielle, font voir comment les strates de gneiss se sont usées en laissant apparaître les parties saillantes sur de grandes longueurs. La strate dans laquelle se sont creusés les lits des deux lacs C E est rosée et contient des grenats en petits grains. On la suit, passant entre la seconde aiguille de la Floria et le sommet R, puis on la retrouve sur l'autre versant jusqu'aux aiguilles Rouges.

Sur les cols étendus, on rencontre aussi ces lacs supérieurs, creusés aux dépens des parties tendres des soulèvements. Il nous suffira de citer celui du long col de l'Oberalp, au-dessus d'Andermatt. Son lit s'est fait dans une longue bande de roches jurassiques, comprise entre des gneiss et qui se prolonge dans toute la longueur de la vallée d'Andermatt. C'est en suivant cette bande que son trop plein se déverse dans la vallée en laissant des tourbières dans la longueur du col.

Indépendamment de ces lacs supérieurs, il s'en trouve d'intermédiaires creusés dans des combes ou cirques entourés de sommets, aujourd'hui couverts seulements de névés. Ces lacs, fréquents dans les Pyrénées (1), sont relativement rares dans les Alpes. Il en est de bien caractérisés au sud-ouest du massif du Mont Blanc; ce sont les lacs Jovet (2) qui occupent le lit d'un glacier très-resserré et court qui descendait des aiguilles de Bellaval et de Tré-la-Tête. Ces lacs sont endigués par les anciennes moraines frontales de ce glacier et aussi par les saillies des roches résistantes.

Mais ces réservoirs, si nombreux qu'ils soient, seraient insuffisants à régler le cours des torrents qui ne descendent pas des glaciers, si ces torrents n'étaient pas habituellement soumis eux-mêmes à un régime qui tend à ralentir la rapidité de leur écoulement.

(1) Lacs de Gaube, d'Estaubé, d'Héas, d'Oo, de Seculejo, etc.

(2) Le plus étendu et le plus bas, altitude, 1,920m.

VIII

Cours des torrents supérieurs.

Il est évident que le cours des torrents varie en raison de la nature des terrains sur lesquels ils coulent. Si leur lit passe sur des roches cristallines, granit, protogyne, gneiss, porphyre, ils suivent tous les détours dentelés que présente la dislocation ou l'usure de ces roches ; s'ils s'écoulent sur des lias, sur des schistes ardoisiers ou argileux, ils les ravinent profondément, descendent presque en droite ligne, entraînent avec eux des boues épaisses et causent des dégâts dans les vallées, puis, après avoir couvert d'un limon gris les parties basses, ils laissent leur lit presque à sec. S'ils descendent sur des calcaires jurassiques, ils tombent en cascades le long des bancs épais de ces terrains, s'engouffrent parfois dans des conduits souterrains pour reparaître plus loin.

Le rôle principal des torrents n'est pas de creuser des gorges profondes, comme quelques-uns l'ont prétendu, mais de remblayer les vallées à l'aide des matériaux préparés par les glaciers, et qu'ils entraînent dans leur cours.

Les gorges profondes dans lesquelles passent parfois les torrents, telles que celles du Trient, du Triquent, de la Via-Mala, de Dioza, de Notre-Dame de la gorge, de Bérard, de val Tornanche, etc., et dont ils ont évidemment usé et poli les parois, sont des fêlures naturelles qui existaient au moment des soulèvements et dont ces torrents ont profité pour s'écouler, mais qu'ils n'ont pas creusées. Dès l'époque glaciaire, ces gorges servaient de cunettes aux eaux fournies par les glaciers ; car, ainsi que nous l'avons expliqué plus haut, les glaces ne passaient point dans ces fêlures, et la preuve, figure 76, c'est que l'on reconnaît, au-dessus de ces fêlures de la roche, en AB, CD, le passage de la glace, au moutonnage accentué des roches, tandis que, de E en F, les cassures sont vives, les angles purs, si bien qu'on pourrait rapprocher les deux parois et les emboîter. Puis, de F en G, ces parois sont polies, élargies par les eaux, parfois profondément creusées,

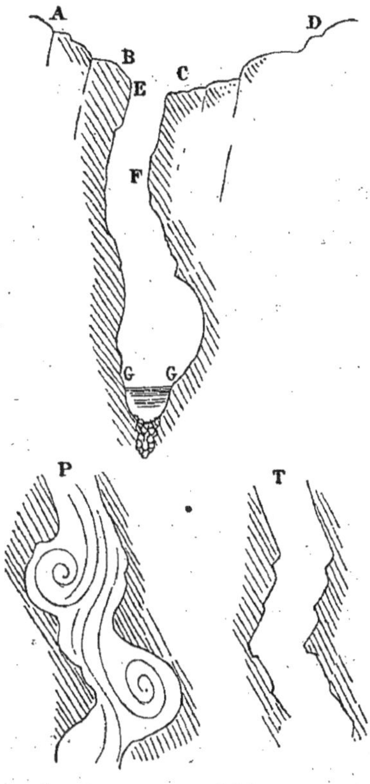

76. — Écoulement torrentiel dans une gorge.

suivant des courbes données par le courant (1). Mais l'eau n'a pas fait à travers des roches dures ce trait de scie, et, si elle l'avait fait, elle n'aurait pas laissé pures les arêtes de E en F. Ce ne sont même pas les eaux seules qui ont émoussé, élargi et creusé de la manière la plus étrange ces parois; il a fallu, pour qu'elles pussent exécuter ce travail, qu'elles entraînassent avec elles du sable et des cailloux, et ce sont ces matériaux qui, en tourbillonnant dans le courant, ont peu à peu usé les parois les

(1) Gorges du Trient.

plus dures. En effet, en section horizontale, ces gorges présentent toujours une succession d'étranglements et de cirques, ainsi qu'on le voit en P. L'eau, chargée de sables et de cailloux, en tourbillonnant, ainsi que l'indiquent les spirales, formait ces cavités si parfaitement polies ; mais, en creusant les parois des gorges tantôt d'un côté, tantôt de l'autre, — car la fêlure primitive donnait toujours une série d'angles rentrants et saillants (voir en T), et forçait le courant à se porter tantôt sur un bord, tantôt sur l'autre, — l'eau se ménageait des bassins où elle ralentissait d'autant plus son courant que les tourbillons devenaient plus étendus.

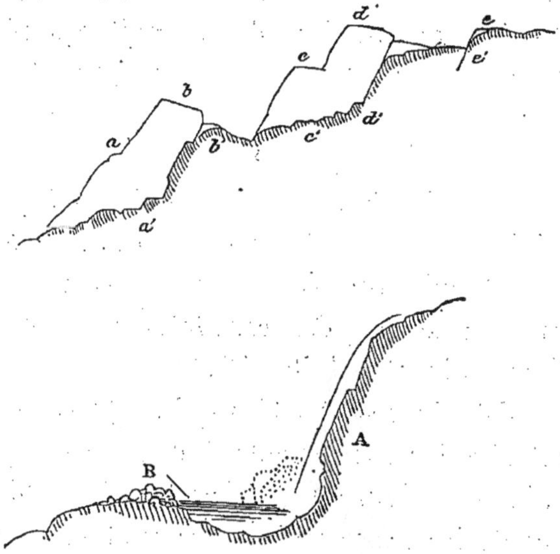

77. — Cascades.

Un phénomène du même ordre s'observe dans les torrents qui coulent à la surface même des pentes.

Nous avons dit que les glaciers primitifs, comme le font encore les glaciers actuels, avaient, lorsqu'ils descendaient sur une pente très-irrégulière, arraché, brisé les roches saillantes par pression, puis, qu'ils avaient usé les aspérités restantes, en laissant intactes les déchirures du côté d'aval, figure 77. Soit la section *a b c d e* d'un soulèvement incliné, le courant glaciaire a réduit cette section à celle a' b' c' d' e'. Le glacier s'étant retiré plus haut, survient le torrent qui coule sur cette pente. A chaque escarpement arraché a' d' e' il forme une chute, au bas de laquelle il trouve une surface relativement plane. Il creuse la base de l'escarpement, ainsi qu'on le voit en A, et l'eau, tourbillonnant avec violence au pied de la chute, range, autour du bassin qu'elle se creuse chaque jour, tous les cailloux B qu'elle charrie et qui l'ont aidée à creuser ce bassin. Le torrent forme donc au pied de chaque cascade un petit réservoir endigué, qui recueille le liquide et ralentit la violence du courant (1). Aussi les torrents qui arrivent dans les vallées basses, après avoir trouvé ces chutes et ces paliers, ne causent-ils jamais les dégâts qu'occasionnent ceux qui descendent directement sans ressauts.

Il arrive même qu'à la base de ces chutes, le tourbillonnement des sables et cailloux se produit d'une manière si régulière qu'il creuse des cuves assez profondes, circulaires et parfaitement polies, auxquelles les montagnards donnent le nom de *Marmites de Géants*.

Il n'est pas douteux qu'au moment des débâcles successives de l'époque glaciaire, ce phénomène a dû se produire sur une très-grande échelle, et qu'il a pu former quelques-uns de ces petits lacs réguliers et profonds qu'on rencontre au pied de certaines cascades aujourd'hui fort réduites (2).

Les roches cristallines sont celles qui sont les plus favorables à l'écoulement régulier des torrents, à cause même de la nature de leur formation et de leur dureté. Les terrains schisteux houillers sont au contraire ceux sur lesquels les torrents causent les ravinages les plus dangereux pour les vallées, en ce qu'ils ne retiennent pas les eaux.

Examinons d'abord les torrents coulant sur les roches cristallines. Si l'on veut bien recourir à la figure 47 et à l'explication qui l'accompagne, on verra que les roches cristallines, gneiss, schistes cristallins, présentent des plans de retrait obliques qui forment des rhomboèdres, ou tout au moins des pans coupés obliques aux pentes (3). Les eaux, en s'écoulant, tendent naturellement à suivre ces plans qui forment des jonctions entre les masses, lais-

(1) Voir la cascade du Dard descendant du glacier des Pèlerins et les chutes supérieures du torrent de Blaitière (vallée de Chamonix).

(2) Ce phénomène s'observe fréquemment au pied des cascades pyrénéennes.

(3) Voir aussi la figure 34 *bis*.

78. — Lits de torrents supérieurs ; terrains cristallins. (P. 165).

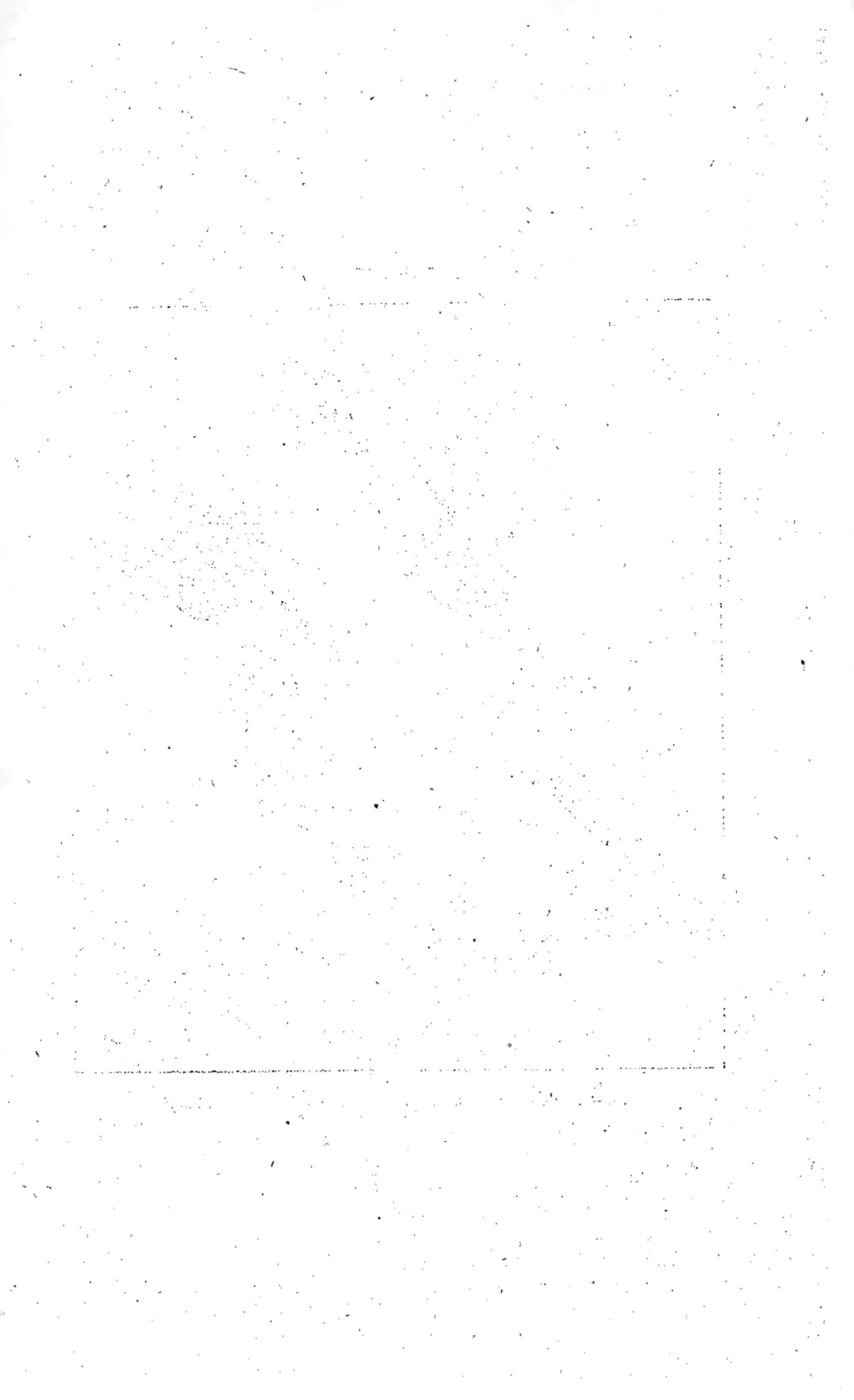

sant saillir les arêtes plus résistantes, ce qui arrive pour les schistes cristallins, comme pour les granits et protogynes (1). Il en résulte qu'un torrent, coulant le long d'une pente sur ces roches, descendra en zigzag et non suivant une ligne droite. Chaque jour s'élargira ce lit, et, la gelée aidant, en hiver, il le dégradera si bien qu'il se fera une place proportionnée à son débit, mais toujours en raison de la structure même de la roche.

Soit, figure 78, A le lit d'un glacier latéral dont les anciennes moraines sont en M. Le torrent, sorti de ce glacier latéral, avait déjà creusé sa rigole d'écoulement dans la pente de la montagne sur les rampes hautes de laquelle il s'était établi. Les moraines M avaient réglé cette issue en endiguant les bords du glacier. Mais, retiré plus haut, ce glacier laisse apparente la partie inférieure A de son ancien lit. Sur ce lit moutonné, les ruisseaux, provenant de la fonte, épars, viennent se réunir au débouché, mais, mal réglés, entraînant avec eux des débris, ils élargissent ce débouché, le ruinent. La roche se disloque aux gelées; alors il se forme une sorte de demi-entonnoir plus ou moins régulier qui recueille les eaux, les réunit, et celles-ci prennent leur cours, tout en creusant leur lit aux dépens de la roche et en se conformant à la structure générale de ses plans de jonction. Toutefois le ravinage, large et égueulé à son origine, se règle et s'approfondit; puis, à la base, le torrent dépose les cailloux qu'il charrie dans son cours rapide. Cependant, tous les jours, ce cône de déjection C augmente de volume (voir en D) et finit par atteindre le goulet supérieur. Pendant longtemps, le torrent, par la force d'impulsion acquise, descend directement sur le dos du cône en se faisant deux rives de cailloux qu'il rejette sur ses bords. Mais il arrive un moment où ce cône présente une si longue pente et forme un dos tellement prononcé, que le moindre obstacle, une roche éboulée, détourne le cours d'eau, et alors il suit l'une des deux lignes de jonction du cône avec la pente de la montagne; c'est-à-dire la

(1) Ce fait si facile à observer le long des parois des torrents, coulant entre des schistes cristallins, des granits et des protogynes, indique clairement la résistance plus énergique des plans de jonction de ces masses cristallines. On voit, en effet, souvent, ces roches lavées par le torrent, présenter un réseau de lignes saillantes qui ne sont autres que les plans de retrait dont nous avons parlé longuement plus haut.

pente *a b* ou la pente *c d* (1). Si la pente du ravinage est très-raide, il y a à chaque angle du ravin une différence notable de niveau entre l'amont et l'aval. Alors il y a chute d'eau et palier ou ralentissement.

Sur les lias, les terrains jurassiques, dont les soulèvements se présentent le plus habituellement par grands plans, plateaux et failles, et dont la structure stratifiée montre des bancs superposés, les torrents s'écoulent sur des pentes assez faibles pour tomber

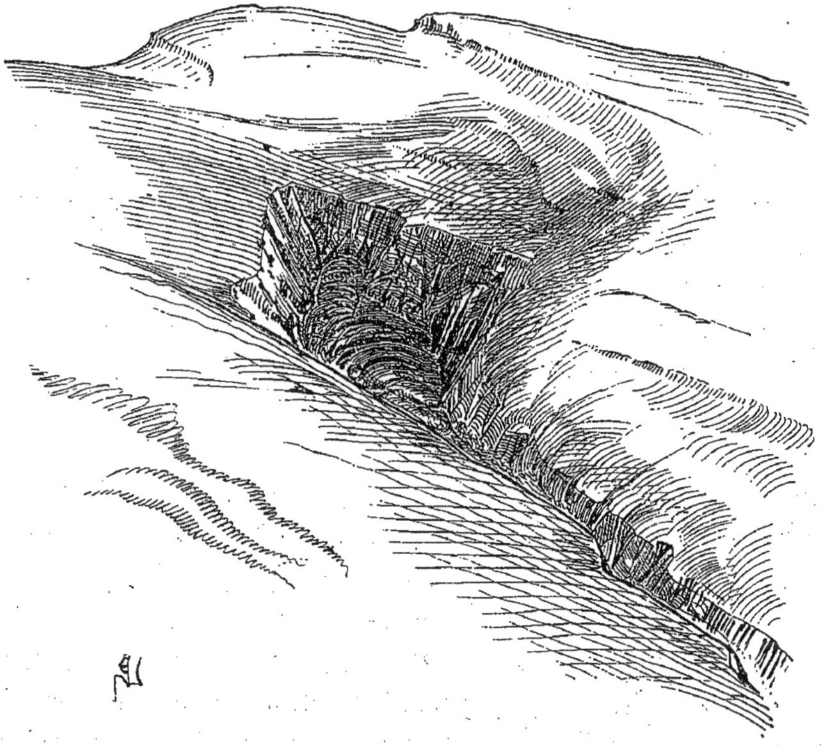

79. — Lits de torrents supérieurs dans des schistes ardoisiers.

tout-à-coup en cascade le long d'un escarpement abrupt. Ces cascades ne sauraient faire des cônes de déjection à leur base, les cailloux étant arrêtés avant d'atteindre la chute. Mais, sur les schistes micacés, argileux, ardoisiers, si facilement attaqués par la gelée et l'humidité, les cours d'eau supérieurs ont une physionomie toute particulière. Ces roches, sur lesquelles les glaciers ont eu tant de prise à cause de leur peu de dureté, présentent actuel-

(1) Voir, dans la vallée de Chamonix, le torrent de Blaitière.

lement des pentes adoucies, soit concaves, soit convexes, sur lesquelles les aspérités sont à peu près nulles. Les neiges et les eaux tombant le long des sommités se réunissent dans la partie concave de la combe ; là, elles se livrent à un travail de décomposition de la roche, s'infiltrent à travers ses feuillets si nombreux,

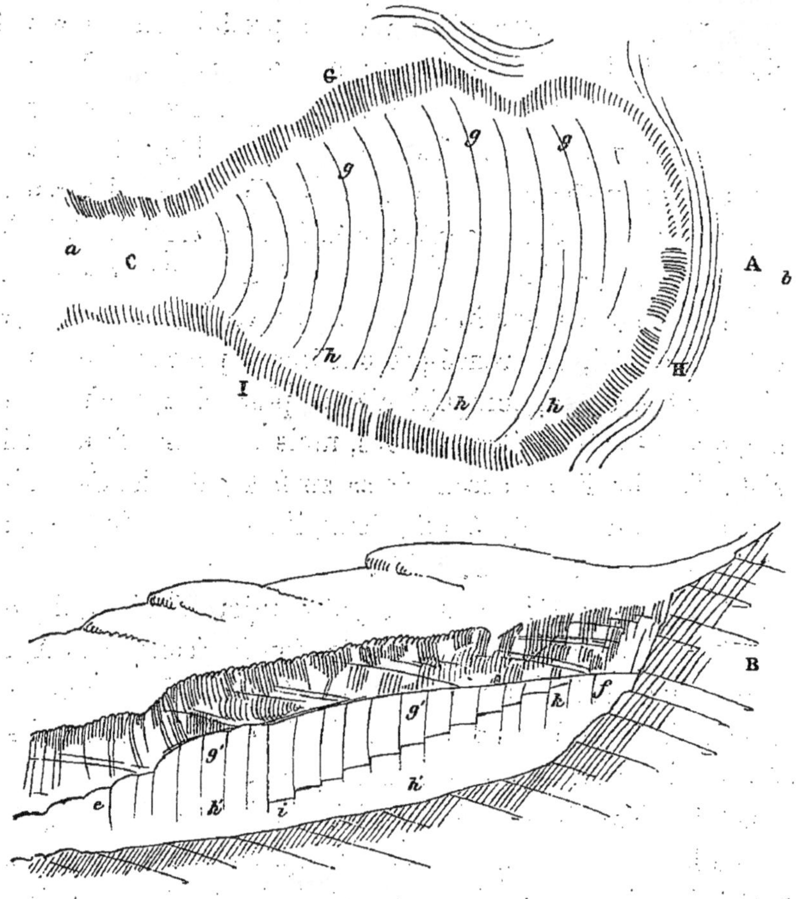

80. — Déblai de boues glaciaires dans une combe.

détrempent les argiles ; alors il se fait un ravinage profond, coupé presque à pic, et, au sommet de ce ravinage, une combe plus ou moins large, figure 79, mais dont le diamètre augmente sans cesse (1). Ces torrents forment à leur base des cônes de déjection

(1) Voir les combes des torrents, au-dessus des Houches, en montant au Pavillon de Bellevue, celles du col de Balme, celles du val Ferret Italien, celles du mont Joli.

très-considérables et de matières si bien réduites en poussière que la végétation les envahit promptement. Les débris schisteux ardoisiers mêlés d'argile ont été souvent entraînés par les premières fontes des grands glaciers sous forme de boue et ont été remplir des vallons d'une étendue considérable, l'exutoire de ces vallons n'étant pas assez ouvert pour permettre à ces boues de s'écouler ; puis le phénomène qui se produit sur une petite échelle dans la figure 79 s'est produit en grand (1). Cependant ces énormes amas argileux dont nous n'apercevons plus que le niveau supérieur, lequel a laissé des traces le long des escarpements, ont disparu ; les combes, creusées d'abord par les glaciers, puis remplies en partie, se sont recreusées. Comment ce fait s'est-il produit ? Dans les limons et alluvions torrentiels déposés dans les vallées, nous voyons bien que le cours d'eau, après avoir apporté le remblai, l'a creusé profondément pour se faire un lit, relativement étroit, et lorsqu'il n'était plus chargé d'une aussi grande quantité de matières solides, mais ce cours d'eau a laissé subsister l'ancien lit au-dessus de sa surface actuelle. Cependant, pour beaucoup de ces dépôts argileux, il n'en est point ainsi : ils ont été presque entièrement vidés.

Or ce qui se produit sous nos yeux aujourd'hui explique ce fait. Soit une combe, figure 80 : projection horizontale en A, section en B sur *a b*. L'exutoire C n'a pas été assez large pour permettre aux boues schisto-argileuses de s'écouler, et celles-ci sont restées dans le vallon suivant la section *e f*.

Les pluies, les neiges fondues qui descendent le long des parois G H I de la combe, passent sous le dépôt argileux, détrempent sa partie inférieure, qui, lubréfiée et s'échappant sous la charge supérieure, commence à s'écouler par l'exutoire C. A mesure que la matière inférieure se déblaye, la matière supérieure, plus sèche, plus dense, se fend suivant les lignes *g h* en projection horizontale *g' h'* en coupe et descend par gradins, ainsi que le montre le profil *i k*.

Ainsi, successivement, tout le dépôt quitte son réservoir et est

(1) Par exemple, dans les combes de Malatra, de Secheron, au sud du val Ferret Italien, au fond du val Ferret Suisse.

transporté dans les vallées basses, ne laissant dans la combe qu'il occupait que des témoins g' de son ancien niveau supérieur attachés à quelques anfractuosités des schistes (1).

Mais les eaux torrentielles entraînent avec elles des matériaux de formes et pesanteurs diverses, depuis les argiles les plus ténues jusqu'aux blocs de dimensions considérables. Ces matériaux sont transportés avec des vitesses d'autant plus grandes qu'ils sont plus petits. Le limon argileux sera entraîné jusque dans les réservoirs inférieurs ou les plaines et même jusqu'à la mer, le sable se déposera plus haut, là où les courants ont perdu partie de leur action, puis les galets, puis enfin les blocs en raison de leur poids (2). Il en résulte que les torrents à pente très-raide et voisins des sommets ont leurs lits semés de pierres énormes couvrant la roche dénudée et que le sable ou les galets ne sauraient s'y arrêter; que les torrents des vallées supérieures charrient des galets, et que ceux des vallées inférieures ne transportent guère que du gravier. Il y a donc triage des matériaux laissés par les moraines, les boues glaciaires et les ruines journalières.

Mais la proportion de ce triage dépend de la masse et de la rapidité du courant d'eau. Au moment des grandes débâcles de l'époque glaciaire, la masse de liquide était tellement considérable qu'elle entraînait des cailloux beaucoup plus loin que ne peuvent le faire les torrents actuels. Il se faisait donc, à l'origine des grandes fontes dans les vallées basses, un sous-sol de gros galets; puis, à mesure que diminuait la violence du courant et que les approvisionnements de matériaux s'épuisaient, des dépôts de galets plus menus, pour finir par des graviers et des limons. Le remblai, fait par les torrents dans ces vallées basses, était donc disposé suivant les conditions les plus favorables (nous allions dire les plus savantes), pour composer une bonne assiette du sol.

(1) On peut voir ce phénomène se produire dans les craies des falaises de Dieppe qui renferment de larges dépôts d'argiles. Dans les oules de la craie, l'argile s'écoule exactement, comme l'indique la fig. 80.

(2) Voyez les *Torrents, leurs lois, leurs causes et leurs effets*, par Michel Costa de Bastélica. Baudry, édit.

Cependant, à cette règle il est des exceptions résultant des boues torrentielles; car, si les glaciers ont formé des boues qui ont été transportées loin de leur point de formation, les torrents ont procédé et procèdent chaque jour de la même manière.

Lorsque, après une fonte, les eaux torrentielles qui descendent dans des gorges à redans (voyez fig. 78) se précipitent en abondance, elles entraînent des blocs nombreux, les éboulis des parois minées qui, arrivant ensemble à un étranglement, s'arrêtent, s'arc-boutent, se calent réciproquement, suspendent ainsi la marche des cailloux, des détritus, et forment un barrage derrière lequel s'amassent les sables et limons. L'eau, arrivant toujours avec violence, détermine habituellement une rupture de cette digue improvisée, qui, sous forme boueuse, roule sur elle-même, dégradant les parois de la gorge, et descend s'épancher dans les parties basses en débordant le lit de déjection. Le torrent, coulant toujours, rejette sur ses bords les cailloux qui lui barrent le passage et forme deux digues de pierres de toutes grosseurs. Ce fait se présente à la base de tous les cônes de déjection torrentielle, et ces digues semblent parfois, tant elles sont régulières, dues à la main de l'homme.

Il n'est besoin de dire que les phénomènes d'écoulement des torrents à pente rapide varient en raison de la nature géologique du sol; que, là où le sol est meuble, d'une structure peu résistante, le torrent creuse des ravins beaucoup plus profonds que là où la roche présente une résistance tenace à l'effet des eaux.

Aussi, à grande distance, l'appréciation à simple vue de la section d'un ravin peut indiquer la nature géologique du terrain dans lequel il est creusé.

Les terrains liasiques, jurassiques, les schistes verts, et même certains terrains crétacés, présentent des dispositions qui sont particulièrement favorables à un écoulement réglé au-dessous des altitudes, contrairement à ce qui arrive sur les pentes très-abruptes. Dans ces terrains, et par suite de la structure même des roches, les torrents procèdent par étranglements et ressauts, auxquels succède une oule plus ou moins étendue.

Ces roches présentent, comme les roches cristallines, des plans

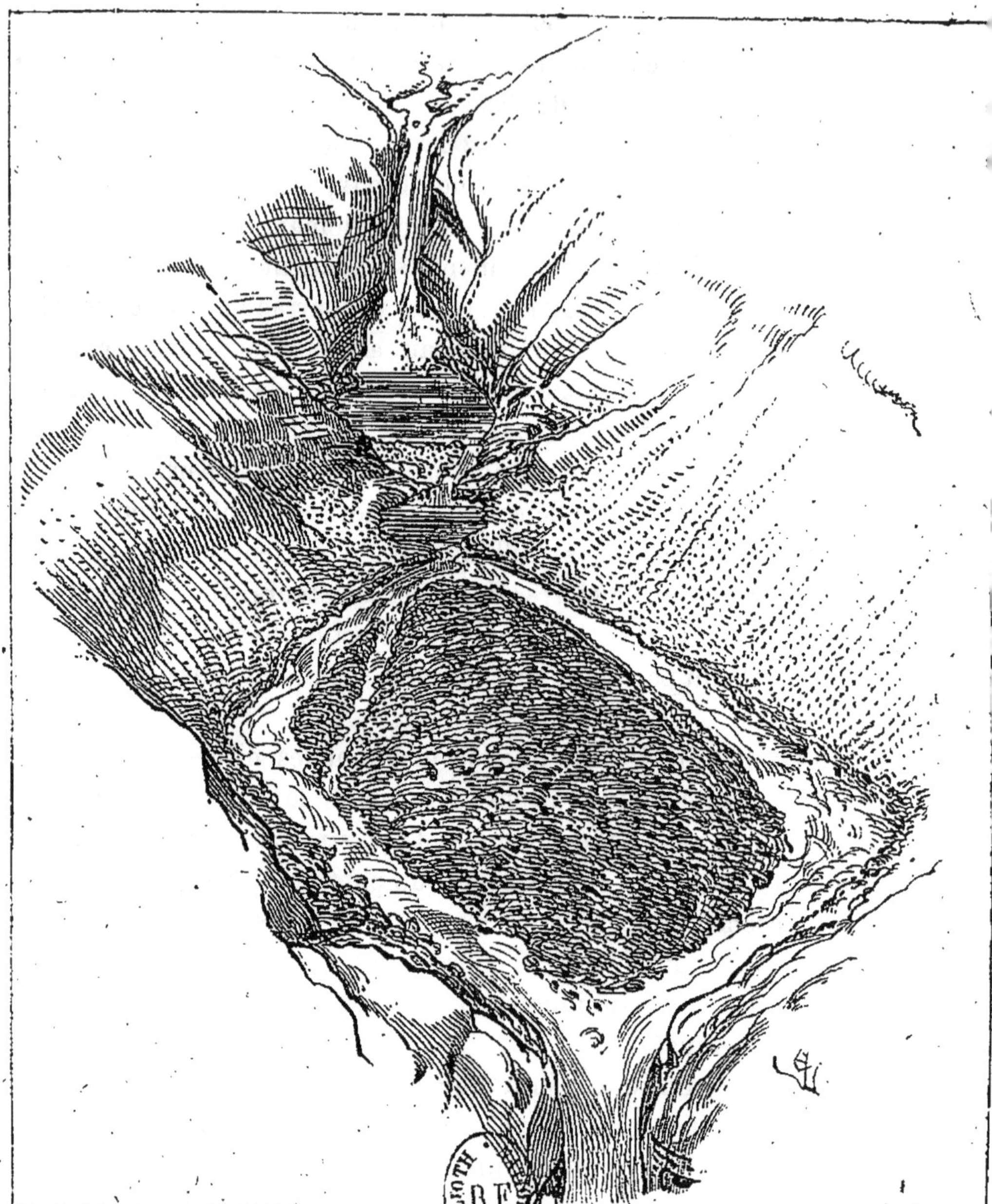

82. — Écoulement de torrents. (P. 171.)

de retrait (1) qui divisent les strates en rhombes, d'où, figure 81, il résulte que les glaces ayant d'abord préparé la voie, le thalweg du torrent est creusé en A et B, avec ressaut en C. Si l'on fait une section sur *a b*, on obtient la coupe D. En *e*, il y a chute, cascade.

Par suite, comme il a été dit plus haut, cuvette en *f*, amoncel-

81. — Écoulement de torrents.

lement de pierres en *g* sur la digue, souvent un deuxième réservoir *h*, résultant de la chute que produit cette digue, avec amoncellement secondaire de cailloux *i*. Le torrent trouve alors un repos, un élargissement entre les parois *l* L, *m* L. Il amoncelle les cailloux *n* au centre de cet élargissement, se divise habituellement

(1) La craie pure conserve encore cette structure.

en deux bras au cours relativement tranquille, puis il retrouve en une chute, et ainsi, dans la longueur de son cours. Ce fait peut s'observer dans un grand nombre de vallons étroits parcourus par des torrents.

Nous citerons, entre autres, les cascades au-dessus de Val-Tornanche qui coulent sur des schistes verts et des serpentines et qui montrent aussi, creusées dans cette dernière roche, ces *Marmites de Géants* dont il a été question plus haut.

Les Pyrénées présentent, à cause de la nature des soulèvements, un très-grand nombre de ces torrents à étranglements suivis de repos. Le phénomène peut s'observer en petit, dans les craies. Des ruisseaux, qui débitent deux ou trois centimètres d'eau en temps ordinaire, se comportent exactement comme ces puissants torrents des hautes vallées, figure 82 (1).

Maintenant, il s'agit de prendre le torrent à son lit de déjection, et de voir comment il se comporte dans les larges vallées qu'il a remblayées et nivelées.

(1) Craies des falaises de Dieppe,

IX

Les torrents et les lacs des vallées.

Les grandes débâcles de l'époque glaciaire entraînaient dans les vallées, dont les glaces avaient déjà érosé les bords, rompu les barrières sur beaucoup de points, les énormes débris morainiques.

Ces torrents fangeux, visqueux, roulant du sable et des cailloux de toutes grosseurs, trouvant un obstacle, une digue, — car il s'en fallait de beaucoup que les glaces eussent régularisé les thalwegs, — ralentis par cet obstacle, déposaient les matériaux les plus lourds dans les creux, s'épuraient jusqu'à un certain point, et, trouvant ou se faisant une issue, descendaient plus bas, où ils rencontraient encore des débris morainiques laissés par les étapes de retrait des glaciers, débris qu'ils détrempaient, entraînaient dans leur course, déposaient encore, et ainsi, jusqu'aux grands réservoirs de recueillement ou jusqu'aux vallées les plus basses.

Si l'on jette les yeux sur les figures 31, 32, 33, on voit que les fonds des vallées, ou, pour parler plus correctement, des dépressions destinées à former les vallées, présentaient, en bien des cas, des ressauts, des reliefs transversaux sur les pentes desquels étaient restées des moraines frontales laissées par des glaciers qui descendaient ces vallées. Ces reliefs transversaux n'avaient pas été supprimés par les glaces, qui, pour passer, n'avaient pas à les détruire et s'étaient contentées de les polir, d'arrondir leurs arêtes et de remplir de débris les anfractuosités. Les débâcles, conséquence du retrait des glaciers, remplissaient d'eau boueuse ces intervalles, formaient des lacs temporaires qui se comblaient rapidement par l'apport des cailloux et présentaient alors un *palier*. Le torrent coulait en nappe sur ce palier dont il augmentait

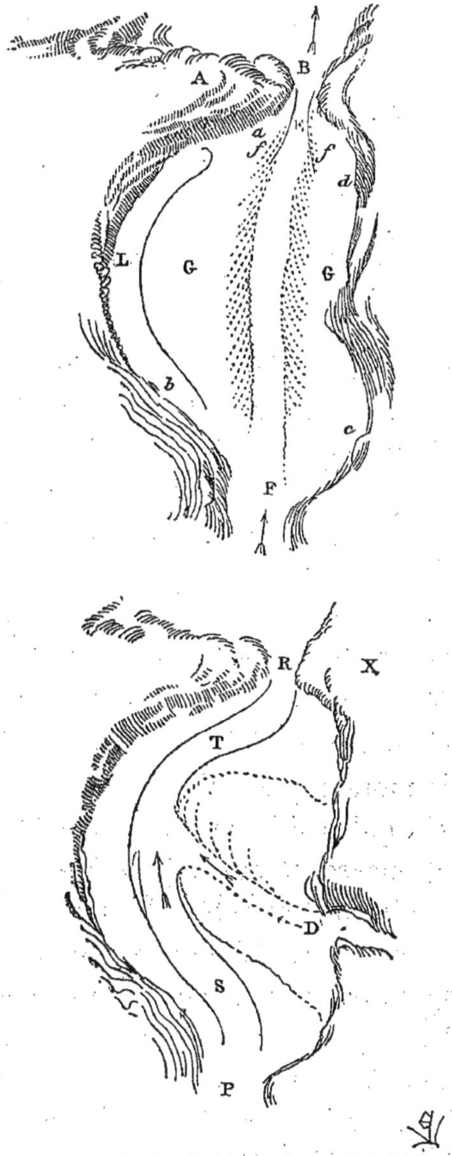

83. — Torrents de vallées.

le niveau par l'apport incessant des cailloux, puis s'y creusait un lit. Comment, et dans quelles conditions?

Il n'est pas besoin de dire que ces reliefs des dénivellements qui barraient les vallées ne présentaient pas une crête horizontale, mais au contraire des différences de niveau. Quand l'eau était arrivée au point le plus bas de cette crête, elle s'y engouffrait pour s'écouler. Le courant de ces lacs était donc rapide à l'exutoire, relativement tranquille à côté, d'où il résultait que les cailloux s'amoncelaient sur les bords de ce courant et de proche en proche en limitaient le lit, à commencer par le point de l'exutoire jusqu'en amont.

Soit, figure 83, une dépression avec barrage naturel en A, point le plus bas du barrage en B et exutoire par conséquent. Il s'est formé un lac *a b c d* dans lequel se déposent les cailloux. L'eau s'échappant par l'exutoire B, le courant s'établit de F en B rapide, les cailloux sont rejetés en *f*. Le chenal commencé, il continue à remonter vers l'amont par le dépôt continuel de cailloux, latéralement, et finit par être complet du point B au point F.

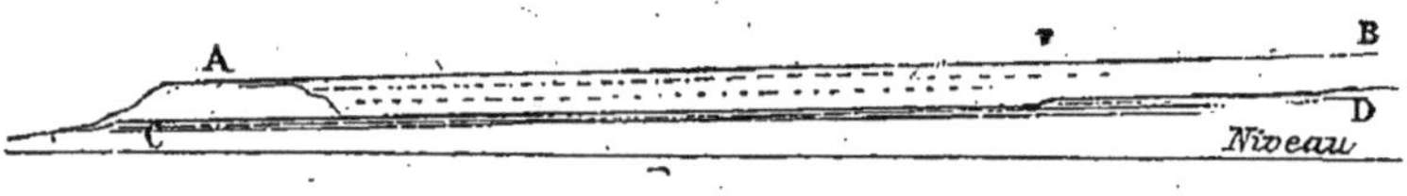

84. — Torrents de vallées.

Mais en B l'eau a creusé l'orifice, le niveau d'eau baisse et les parties G émergent ou ne sont plus inondées que dans les grandes crues ; parfois il reste alors un marais L qui fut un courant secondaire que les amoncellements *f* G ont comblé.

Mais si (voir en X) un torrent débouche en D, il a déposé un cône de déjection qui a obligé le courant principal P R à faire un détour de S en T.

Plus le torrent creusait l'obstacle A, figure 84, à l'aide des sables et cailloux qu'il charriait, plus il abaissait son plan d'eau et émergeait ses berges. Si bien que ce plan d'eau, qui, au moment du comblement de la retenue, était en A B, descendait en D C. Et c'est pourquoi les vallées qui possèdent encore des rapides, par suite des barrages C abaissés du fait des eaux, montrent le long des cours d'eau des berges hautes, toutes composées de graviers dont la nappe a été érosée par le courant qui ainsi a définitivement réglé son cours.

Mais ces digues, lorsqu'elles obligent le courant à une chute, produisent des phénomènes d'écoulement qui ont eu des conséquences importantes. A la base de la chute, il se produit dans les remblais antérieurs un affouillement. Si la digue est rocheuse, cet affouillement n'a d'autre conséquence que de former un repos profond pour le torrent, comme le montre la figure 81. Mais, si la digue est morainique, cet affouillement tend chaque jour à faire ébouler la digue, à élargir le pertuis, de sorte qu'à la longue la moraine disparaît rongée par le torrent, et, étant entraînée, le ressaut disparaît. C'est ainsi, que dans la vallée du Rhône, on ne

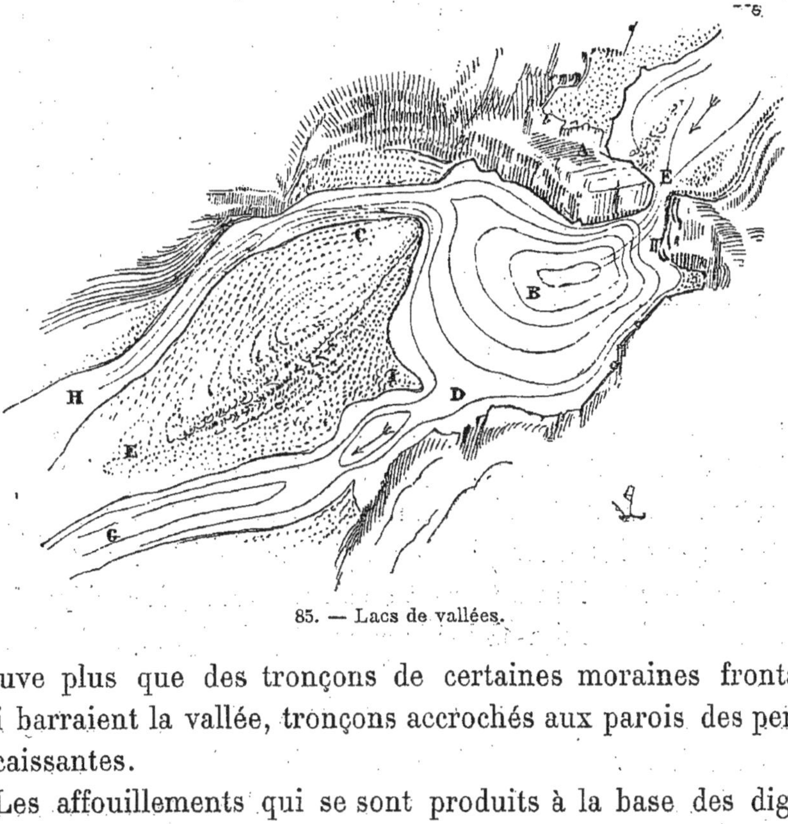

85. — Lacs de vallées.

trouve plus que des tronçons de certaines moraines frontales qui barraient la vallée, tronçons accrochés aux parois des pentes encaissantes.

Les affouillements qui se sont produits à la base des digues rocheuses barrant les vallées ont été assez puissants parfois pour former des étangs creusés aux dépens des terrains inférieurs de transport. La conséquence d'un rapide est toujours un affouillement en aval, d'où un repos et un ralentissement considérable. Si la digue A est rocheuse, figure 85, lorsque le plan d'eau a passé par-dessus, il a affouillé la base de cette digue en aval et a fait un dépôt de cailloux, digue factice. Mais le plan d'eau ayant baissé par suite du creusement du pertuis E, le lac a continué à être creusé sous la cascade, et les cailloux C D ont été détournés de C en E par le cours d'eau principal D G, les plus volumineux étant rangés de C en E. Un autre cours s'est fait jour en H, à côté du point culminant de l'amas de cailloux lequel était de C en I, lorsque le plan d'eau couvrait la digue (1).

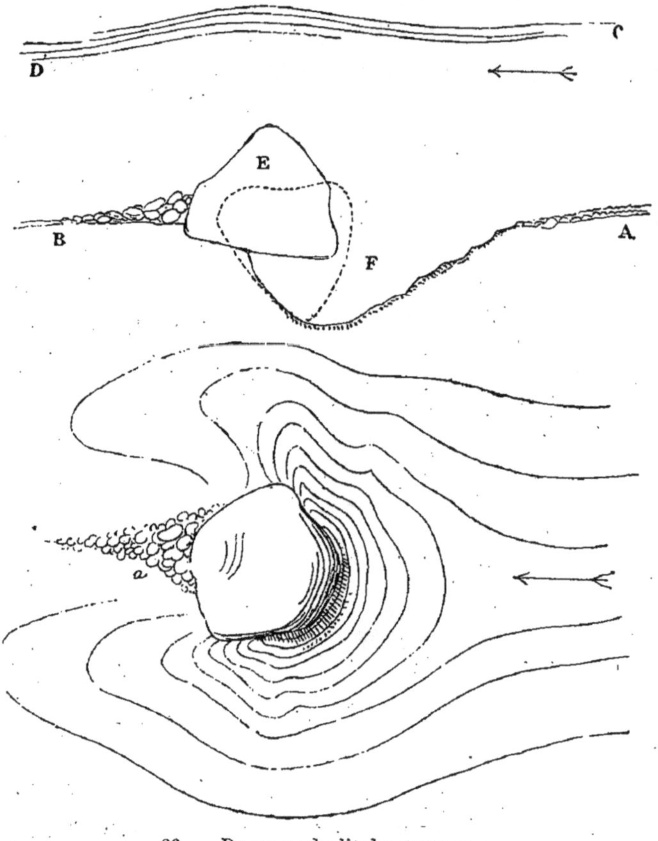

86. - Dragage du lit des torrents.

De même, si un bloc de pierre se trouve arrêté au milieu d'un cours d'eau sur un fond meuble, ce fond s'affouille en amont et la pierre faisant quartier s'enfonce davantage dans son lit, de

(1) Ces observations et les suivantes sont faites sur de petits cours d'eau qui permettent de modifier les conditions d'écoulement et de se rendre un compte très-exact de la disposition des dépôts, des affouillements, etc. En ces questions, l'échelle ne fait rien à l'affaire, et ce qui s'est produit en grand, se produit en petit devant les yeux en quelques instants.

telle sorte que les lits sur terrains de transport tendent à s'égaliser, à devenir planes. La figure 86 explique ce fait. Soit A B, un

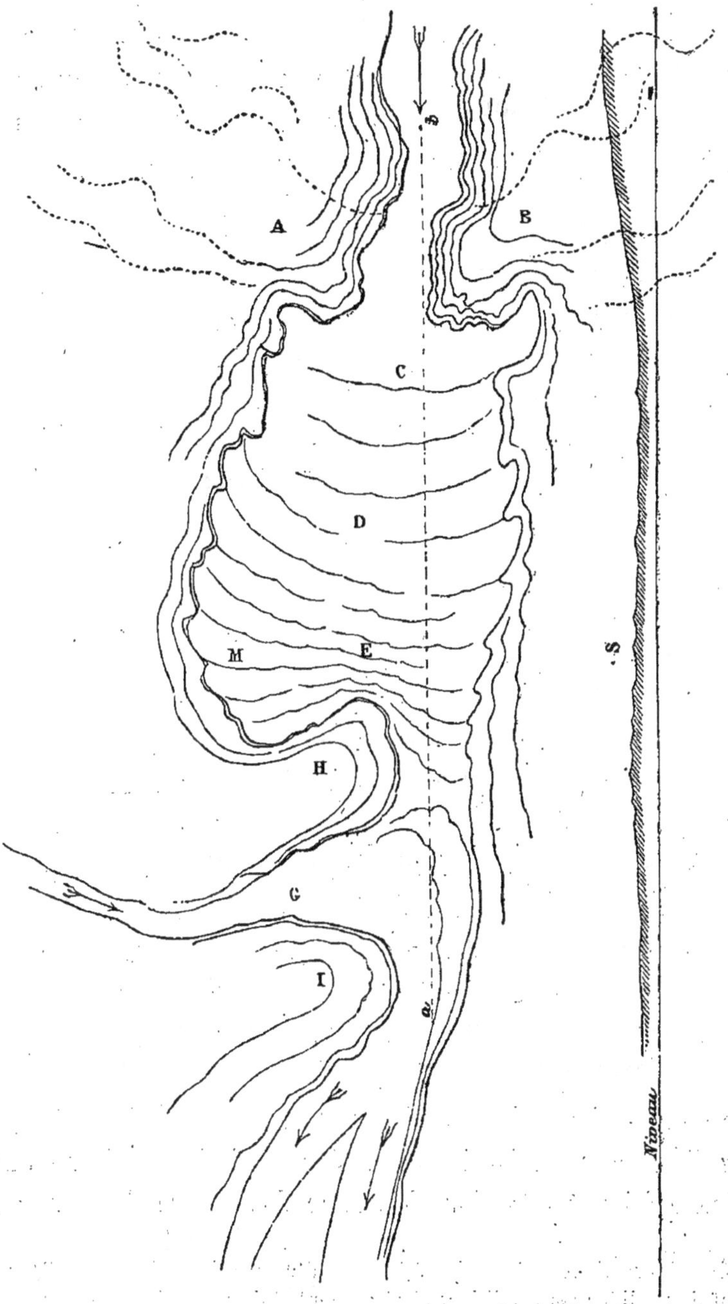

87. — Écoulements à travers des dépôts morainiques.

lit de gravier et C D le plan d'eau courante. Par suite de l'ondulation imposée au courant par la présence de la pierre E et du remous que produit l'obstacle, il se fait un affouillement F qui finit par miner le sol sous cette pierre, si bien que celle-ci fait quartier, ainsi que l'indique le tracé ponctué. Tant qu'il reste une saillie au-dessus du lit A B, l'affouillement se produit en amont et la pierre arrive à la longue, et en raison de l'activité du courant, à être complétement recouverte par le gravier. Au bas de la section est tracé l'effet de remous sur plan horizontal. Le courant a déposé en *a* les plus gros cailloux par suite de sa neutralisation sur ce point. Il résulte de cette observation que les grosses pierres que leur poids fixe au fond d'un lit graveleux, au lieu de combler ce lit, contribuent à le draguer en provoquant ces *souilles* ou affouillements, dont le résultat est l'enlèvement, par le courant, d'une quantité de ce sable ou gravier. Les petits cailloux produisent, au fond du lit d'un courant peu rapide, l'effet signalé en grand, et, en provoquant chacun leur petit affouillement dans le sable très-fin et le limon, obligent le cours d'eau à entraîner ces matières plus loin et à les déposer sur ses bords ou dans les retenues calmes. C'est pourquoi aussi le thalweg du lit des rivières présente toujours une couche de gravier plus ou moins gros en raison de la puissance du courant, mais toujours pure de limon. Ce gravier maintient le niveau du thalweg, et, s'il survient des crues très-importantes, il est emporté pour être remplacé par un apport nouveau au fur et à mesure du ralentissement de la crue.

Lorsqu'un torrent a rencontré dans une vallée une ancienne moraine frontale qui lui a barré le chemin, il a formé un lac, a franchi la crête de la moraine, l'a bientôt rompue à son point faible et s'est épanché plus bas, mais, en attendant, il a creusé le gravier en aval de la moraine, au point le plus actif de son écoulement, figure 87.

Soit A B (lignes ponctuées) une ancienne moraine frontale. Les eaux, débordant cette moraine entre ces deux points, ont, comme dans l'exemple, figure 85, affouillé le sol en C; mais, à mesure que les débris de la moraine étaient entraînés par le courant, ils formaient une pente et remblayaient la partie la plus concave C. Dès lors, l'inclinaison de ce courant plus longue tendait à creuser le sol plus loin, c'est-à-dire en D; puis, par suite de l'étendue du réservoir, le torrent ralentissait son cours, déposait ses graviers en aval et formait un relèvement du lit en E, relèvement que le torrent franchissait sur un point, péniblement, pour reprendre son cours donné par la pente du sol, plus bas. C'est ce qu'indique la section S faite sur *a b*.

Mais, si en G survenait un affluent, il déposait son cône de déjection HI et venait encore gêner l'écoulement du torrent principal. Il y avait alors remous, contre-courant dans le réservoir D qui formait, au fond du lit, les plis qu'indique la projection horizontale et la section S.

A chaque crue, des portions de la moraine étaient entraînées et comblaient d'autant le réservoir; le chenal s'établissait de plus en plus régulier dans ces atterrissements, et la retenue, sauf un marais en M, disparaissait.

La vallée du Rhône fournit un grand nombre d'exemples de ce fait dû à la résistance et à la ruine successive des moraines frontales laissées par les étapes successives du grand glacier.

Mais il faut se rendre compte des procédés employés par la nature pour remplir les larges vallées, niveler leur sol, établir ces pentes à peine sensibles sur de grandes longueurs et suivant une section transversale presque horizontale.

Nous avons vu que le courant glaciaire est bombé au milieu, présente une section transversale convexe, et que sa rapidité est plus grande suivant l'axe longitudinal que sur ses bords et sur son lit. Il en est de même du courant d'eau, quant à ce dernier point, mais sa section transversale n'est pas exactement composée comme celle du glacier. Si le courant est rapide et le lit uni, il y a convexité au milieu, dépression latérale et relèvement des bords; pour me faire mieux comprendre, soit, figure 88, un courant torrentiel très-rapide et dont le lit est uni; l'eau n'étant ni compressible ni élastique comme est la glace, la pression jointe à l'accélération de la vitesse du courant au milieu fait refluer le liquide latéralement et rejette les cailloux sur ses bords. Si au contraire (voir en A) le courant, suivant une pente faible, entraîne avec lui des matières en suspension, l'action de colmatage, c'est-à-dire de dépôt de ces matières sur son lit, donne à la section transversale une courbe convexe continue.

En effet, le dépôt des matières sur le lit des torrents dépend de son activité. S'il est très-actif, il range les matériaux latéralement, si son cours est lent, il les dépose au milieu. Il arrive que ce

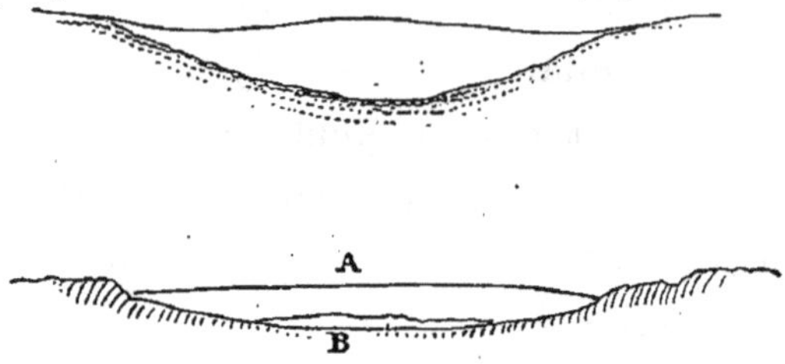

88. — Écoulements de torrents, profil.

dépôt finit par atteindre le plan d'eau et former des îles; alors le torrent érose une de ses rives pour trouver la section nécessaire au débit. Les eaux qui entraînent toujours avec elles une masse considérable de débris et qui sont colmatantes, au premier chef, présentent toujours une section convexe. Nous revenons plus loin sur ce sujet.

Dans le fond des vallées, le torrent procède comme sur les pentes les plus inclinées. Il fait là, comme sur ces pentes, un cône

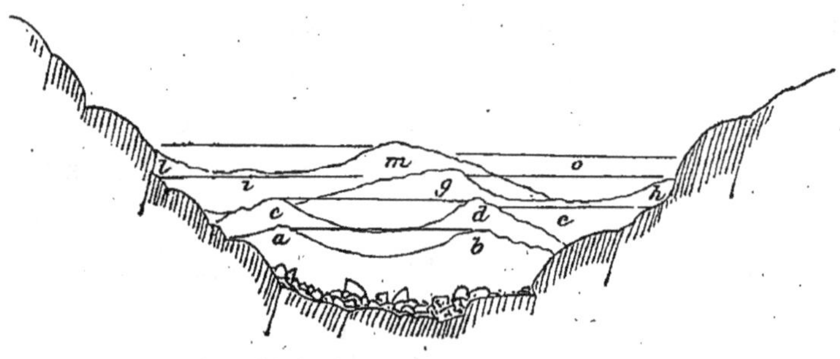

89. — Mode de remblai par les torrents.

de déjection qu'il tend à augmenter chaque jour, jusqu'au moment où un accident lui fait rompre les digues qu'il s'est faites pour chercher un lit plus bas. Soit, figure 89, la section d'une vallée telle que l'a laissée le glacier.

Le premier torrent commence par déposer un cône de déjection, section *a b*, puis *c d*. Un accident lui fait rompre la digue qu'il s'est faite en *d* et il porte son lit en *e*. Successivement, il élève son niveau et ses berges en *g h*. Un second accident lui fait rompre cette digue *g*, alors il passe en *i;* ses berges s'élèvent à la longue en *l m;* alors il passe en *o*, et ainsi, passant d'un bord à l'autre de

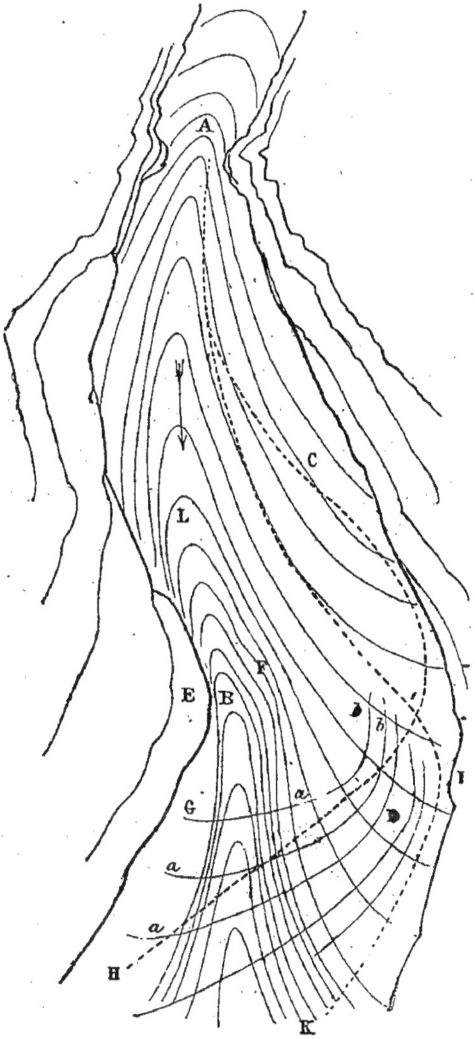

90. — Creusements des lits torrentiels.

la vallée, il finit par la combler entièrement, régulièrement, sans qu'il lui soit besoin, comme on l'a cru parfois, d'atteindre à des niveaux prodigieux. La conséquence encore visible de ce fait, c'est que les torrents des vallées, quand leur cours n'a pas été modifié par la main de l'homme, bordent toujours un des escarpements, passant de l'un à l'autre sans suivre jamais le milieu. Les grands fleuves rapides comme le Rhône suivent exactement la même loi et longent une des deux rampes de la vallée qui les contient. Mais les vallées ne sont pas toujours droites; beaucoup présentent des coudes, des sinuosités. Examinons donc, en projection horizontale et non plus en section transversale, comment les cônes de déjection se forment en raison des dispositions des berges, pour arriver toujours au même résultat, c'est-à-dire à un nivellement progressif; quelles sont les causes des accidents qui rompent les digues naturelles.

D'abord, pour que les cônes de déjection se forment, il faut admettre une crue extraordinaire, ce qui, au déclin de l'époque glaciaire, devait se produire incessamment, sauf peut-être pendant les hivers. Soit, le sol d'une vallée préparé par les glaces puis par les premiers apports boueux, les conglomérats glaciaires qui ont commencé à remblayer son lit, figure 90.

Il n'y a pas d'obstacles sérieux au cours des fontes qui, en vastes nappes, remplissent ce fond de vallée et baignent les escarpements. Le courant entraîne avec lui limon, gravier fin et cailloux. Les courbes de niveau de son lit suivent notre tracé. Le courant étant rapide en A à cause d'un étranglement et l'eau cherchant toujours le plus court chemin, la force principale de ce courant se dirige de A en B, formant une concavité dans le lit sous cette ligne du plan d'eau. La nappe liquide refoulée de C en D s'élève et dépose cailloux et graviers en cône de déjection. La base de ce cône, s'approchant du point B, resserre le torrent qui, gêné par son propre remblai et l'obstacle E, creuse davantage son lit pour passer rapide, et, reprenant une nouvelle impulsion, se dirige droit devant lui, pour recommencer en G H ce qu'il a fait en C D; mais, apportant toujours des graviers et des cailloux et le cône de déjection augmentant de C en F, gêne d'autant le passage du torrent en B. Alors, commence une évolution. Les berges immergées du lit F B s'éboulent en B, le relèvent, et le torrent est obligé de s'étendre aux dépens de cet éboulis; mais, à mesure qu'il recreuse ce lit vers le point F et au-delà, il trouve des atterrissements de plus en plus élevés; ceux-ci s'éboulent successivement avec d'autant plus de facilité qu'ils dépassent davantage le niveau du lit inférieur, et il arrive un moment où l'axe de ce lit vient battre l'escarpement I

91. — Creusement des lits torrentiels.

pour reprendre en K son cours et refaire plus bas une évolution ana logue; mais cet état change de nouveau. Le cours d'eau dépose alors un cône de déjection suivant les courbes de niveau *a b*, d'où, apport trop considérable en D de matériaux, éboulis de ces berges immergées D. Alors, le thalweg du lit tend à se porter en G, pendant qu'il se rapproche sans cesse de C en atterrissant l'espace L, si bien que ce thalweg suit la ligne A C H. Ainsi, même immergé totalement, le thalweg du torrent tend à s'allonger par les apports sédimentaires (1). Plus il s'allonge, plus sa pente s'adoucit, plus les dépôts se font régulièrement, le courant étant moins rapide.

Maintenant, arrivons à une période plus rapprochée de nous. Les eaux sont moins abondantes en été, et en hiver les atterrissements émergent et ne sont inondés qu'à la fonte des neiges et aux pluies d'automne. Ces crues répandent encore sur les rives du torrent gravier et cailloux, puis les eaux baissent et le torrent rentre dans le lit qu'il s'est creusé. Mais, de ce que la vallée tout entière n'est plus perpétuellement noyée sous une nappe d'eau courante, il résulte que le torrent apporte toujours dans son lit, et surtout sur ses bords, des masses de gravier, tandis qu'il ne répand qu'accidentellement ces graviers et cailloux sur les parties émergées. Le cours d'eau tend ainsi à remblayer son lit et à relever ses bords. Survient une crue; il s'épanche en dehors de ses rives, entraîne les remblais et les dispose en cône de déjection, figure 91. Soit A B le cours d'un torrent, qui, par suite des crues, a formé les cônes de déjection qu'indiquent les courbes de niveau *a b*. Les lignes longitudinales *c d* indiquent la direction des pentes suivies par les graviers, les plus gros s'étant arrêtés près des rives du torrent et les plus déliés à la base des cônes, sauf quelques cailloux entraînés.

A force de donner du relief au cône par les apports de graviers et d'élever son lit, profitant d'une crue, le torrent égueule sa berge factice et va chercher le point le plus bas, la pente la plus raide. Notre figure fera parfaitement comprendre ce qui se passe alors.

(1) Nous le répétons, nous avons longuement étudié ces phénomènes en petit dans les ruisseaux nombreux qui coulent sur les sables des vallées, déterminant des crues par de petits barrages factices; et ces expériences, sur une petite échelle, nous ont expliqué beaucoup de phénomènes qui, en grand, nous paraissaient, dès lors, clairs et simples.

Si un cône de déjection est une portion d'un cône régulier dont la base est perpendiculaire à l'axe, il est clair que toutes les lignes tirées de son sommet à sa base sont égales, et que, par conséquent, quelle que soit la ligne que suive le torrent, il fera toujours un parcours de même longueur sur une pente égale.

Mais il n'en est pas ainsi des cônes de déjection des torrents rapides. Ces portions de cônes sont très-allongées (voir en X). Leur base est une ellipse dont le cours d'eau générateur est le grand axe. Il en résulte que la ligne *o p* est plus courte que la ligne *o r* et que la pente *o p* est plus raide que la pente *o r*. C'est pourquoi il arrive si souvent que les torrents qui ont formé un cône de déjection quittent leur lit générateur *o r*, pour couler plus rapidement sur la pente *o p*. Eh bien, sur notre figure, les atterrissements torrentiels se sont disposés, à cause de la rapidité du courant, de telle sorte que la ligne A G arrive à être plus courte que la ligne A H ; les points G et H étant d'ailleurs au même niveau. Le torrent est donc sollicité à prendre le parcours A G au lieu du parcours A H. En effet, un jour, après une crue qui a mis du désordre dans ses rives, il quitte son lit A H et s'en creuse un nouveau en A G. Alors, il suit naturellement la rencontre du cône avec l'escarpement de la vallée. Mais, trouvant un obstacle en K, il tend à se détourner brusquement, il ronge la berge gauche L de son ancien lit, il forme une digue de gravier en M, va rejoindre le point bas N, et suit naturellement de N en O le plan déclif du second cône. Le lit M B se comble successivement, est mort, ou ne forme plus qu'un bras rempli seulement pendant les grandes crues (1). Tout ceci explique comment, plus les vallées sont remblayées et nivelées par conséquent, plus les cours d'eau produisent des méandres, allongent leur cours et ralentissent par conséquent leurs courants.

Cependant il se produit et se produisait plus encore, à l'époque des grandes fontes glaciaires, des phénomènes d'écoulement plus compliqués, bien qu'aboutissant au même résultat,

(1) Dans l'espace d'une heure ou deux, chacun peut observer ces phénomènes, le long d'une source coulant sur un sable fin, entre des berges solides, pour peu que l'on prenne le soin de retenir et de lâcher les eaux de façon à produire une succession d'écoulements normaux et de crues.

Dans les vallées élargies, déjà remblayées par un apport

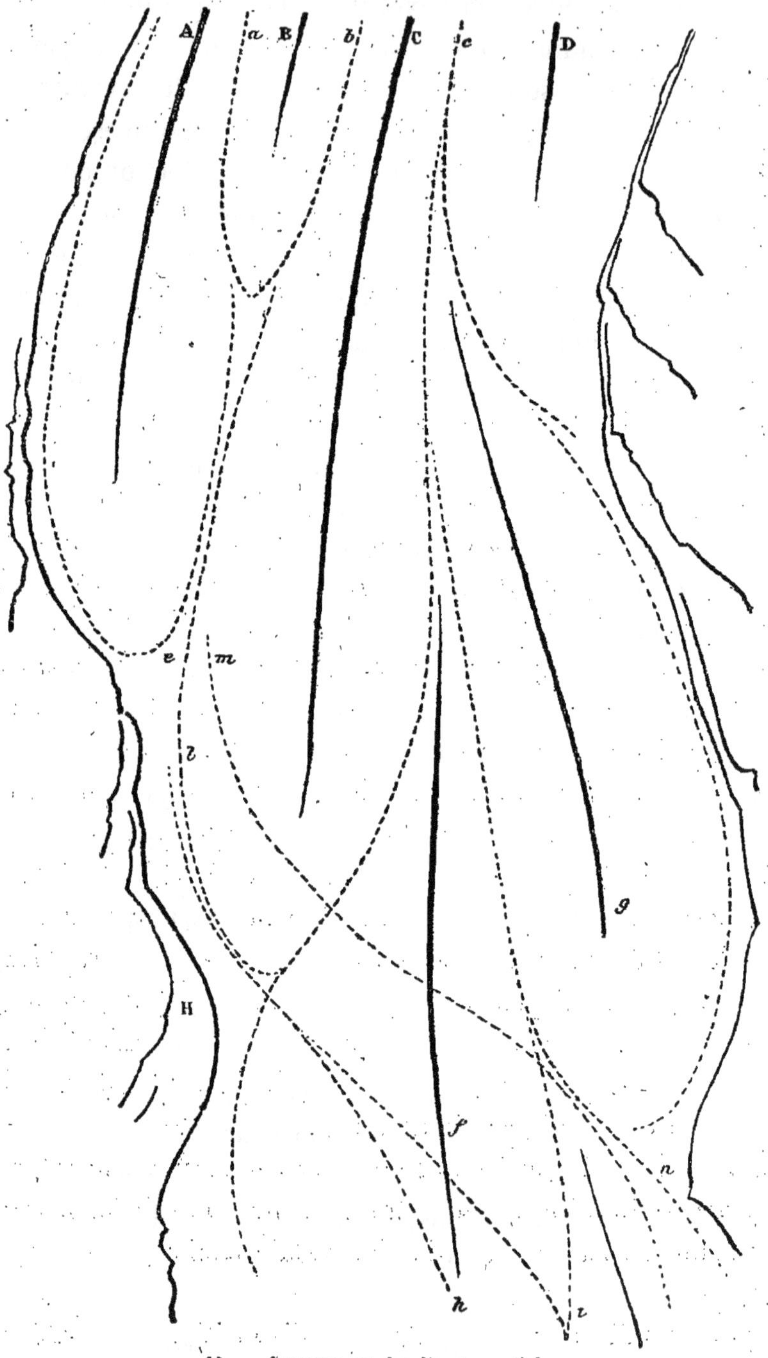

92. — Creusement des lits torrentiels.

boueux et torrentiel, les grandes crues qui formaient une nappe couvrant entièrement le sol, au moment où elles baissaient, creusaient un plus ou moins grand nombre de courants, déterminés par des accidents du sol, à travers la nappe générale, et plus rapides que n'était ce courant général.

Ces courants tendaient à suivre des lignes droites, autant que le permettaient les rampes de la vallée. Ils procédaient comme il a été démontré figure 90 et formaient un lit composé de cônes de déjection très-allongés, s'enchevêtrant, mordant les uns sur les autres, se recouvrant en manière d'écailles et remblayant ainsi la vallée par lits successifs, avec une parfaite régularité et suivant une loi qu'il n'est pas difficile d'expliquer.

Soit figure 92, une vallée, recouverte d'une nappe d'eau coulante avec quatre courants torrentiels A B C D. Ceux-ci déposent chacun un cône de déjection en raison de leur puissance. En les déposant, ils forment des lignes de rencontre *a b c* plus creuses, qui deviennent à leur tour les lits torrentiels *a e, b e, c f c g*. Ces nouveaux courants déposent leurs cônes de déjection d'autant plus puissants qu'ils sont plus violents. Mais le courant *a b e* vient se heurter contre l'escarpement H ; ne pouvant renverser cet obstacle, il se déporte, ainsi que nous l'avons vu précédemment, figure 91, vers le courant *c f* et finit par se joindre à lui, suivant la ligne *l h*, ou plutôt suivant la ligne *l i*; car le torrent *c f* a fini par prendre la ligne déclive formée par les cônes de déjection des torrents *c f, c g*. La courbure se prononce, et, en formant à son tour le cône de déjection suivant la ligne *m n* vers l'amont, elle sera bientôt obligée d'abandonner la ligne *l i* pour prendre ce nouveau lit *m n*. Tous ces rapides séparés dans la masse coulante tendent donc à se réunir en un seul et à creuser le lit du torrent futur, lequel passera d'un bord de la vallée à l'autre.

Il n'est pas besoin de dire que beaucoup de circonstances locales font varier à l'infini ces cours des torrents ; moraines, barrages déterminant des accidents particuliers : mais la loi reprend toujours son empire.

Nous avons dit quelques mots de la disposition des matériaux charriés par les torrents suivant leur volume. Les plus lourds sont naturellement déposés ou échouent les premiers, à moins que la vitesse acquise en raison de leur poids ne les entraîne ; les moyens, en arrondissant leurs angles, facilitent leur entraînement et sont transportés fort loin si le courant est rapide ; les plus petits parviennent jusqu'aux lacs inférieurs ou jusqu'aux vallées basses si des réservoirs ou des paliers ne les retiennent pas.

Un torrent de vallée, figure 93, présente, ainsi que l'indique la figure 88, une section transversale convexe avec relèvement des bords, ou simplement convexe. Les pierres trop lourdes s'arrêtent sur le lit où, comme le démontre la figure 86, elles s'ensevelissent d'autant plus profondément qu'elles sont plus grosses, si ce lit est graveleux.

Les pierres, qui n'ont pas assez de poids pour résister à la force du courant, sont roulées latéralement, par suite du refoulement

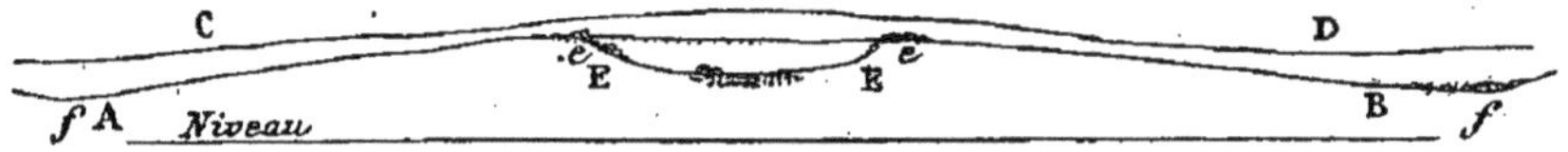

93. — Colmatage.

des eaux. Elles s'arrêtent lorsque leur résistance est supérieure à l'effort du courant. S'il survient une crue, AB étant la section du cône de déjection, et CD, le niveau de la crue, à section transversale, toujours convexe, les cailloux sont repoussés en *e*, les plus grosses pierres échouent, les moins grosses sont entraînées sur les pentes du cône et arrivent en *f* aux lignes de jonction de ce cône avec d'autres cônes ou avec un escarpement : lignes de jonction, qui sont destinées un jour ou l'autre à devenir le lit du torrent ainsi *pavé* de cailloux qui, comme on l'a vu figure 86, maintiendront le niveau de ce lit et dragueront les limons.

De sorte que les cônes de déjection émergés présentent toujours les cailloux les plus gros le long du lit des torrents, puis à leur base. Mais il est nécessaire de s'enquérir de la section longitudinale des cônes de déjection et des torrents qui les ont formés, des lois qui donnent cette section.

Les torrents remblaient ou affouillent, ils affouillent lorsqu'ils sont en décroissance, ils remblaient lorsqu'ils gonflent. Le torrent normal creuse son lit; le torrent, subissant une crue, forme le cône de déjection, élève l'assiette sur laquelle il coule. Mais il a commencé par trouver une assiette naturelle de roches ou une pente sédimentaire solide ; cette pente en long peut être ou convexe ou concave.

Quand le torrent coule dans une gorge, la puissance d'affouillement seule agit ; mais, quand le torrent sort de la gorge, l'action colmatante agit à son tour, le torrent forme son cône de déjection. Le profil de ce cône est en raison de l'énergie du phénomène torrentiel. Si la puissance torrentielle est peu considérable, figure 94, en sortant de la gorge A les grosses pierres s'arrêtent en raison de leur résistance supérieure à l'action d'entraînement, elles

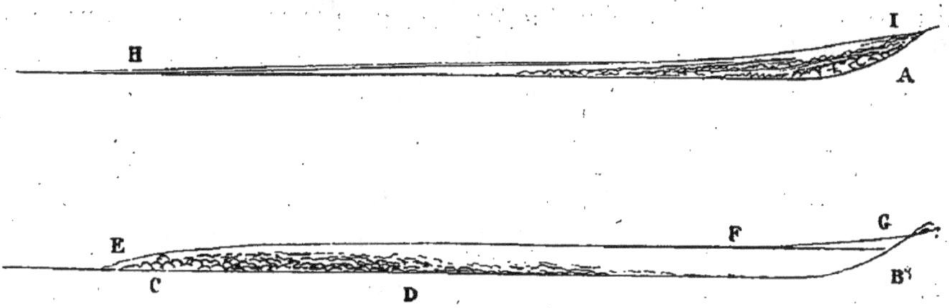

94. — Cônes de déjection.

forment le sommet du cône et les dépôts prennent une section concave, les matériaux triés venant se déposer par la même loi, les plus gros d'abord, puis les plus petits et le sable à la base du cône. Mais, si la puissance torrentielle est considérable en sortant de la gorge B, les gros matériaux, entraînés en vertu de la vitesse acquise, tendent à dépasser les plus petits et ne se déposent en C que lorsque l'étendue du courant en diminue la rapidité. Successivement, les matériaux de moindre volume et pourvus de moins de vitesse se déposent en D et le cône de déjection prend le profil E F, il est convexe.

La force torrentielle décroissant, la concavité se produit en G, et, rentré dans un état stable, le torrent creuse son lit concave sur toute la section du cône, quelle que soit sa convexité, parce que le torrent normal procède par triage ; c'est-à-dire, dépose d'abord les plus gros matériaux et successivement ceux de moindre volume, suivant leur poids ; alors, bien que le cône de déjection présente la courbure F E, le lit du torrent présente la courbe I H. Les torrents de boue plus ou moins liquide, ou les courants de matière, forment des dépôts chaotiques, c'est-à-dire composés de matériaux de toutes dimensions; le torrent normal établit un triage entre ces matériaux. Survient une crue extraordinaire, le torrent normal peut redevenir accidentellement courant de matière, et c'est ainsi que l'on observe, dans les dépôts, des alternances de graviers régulièrement disposés en raison de leur volume, puis des lits chaotiques où les pierres grosses, le gravier et le sable sont mélangés sans ordre.

Une cause tend sans cesse à apporter du désordre dans les dépôts des courants; ce sont les torrents affluents ou latéraux, très-nombreux dans les montagnes, et dont la pente est plus rapide que n'est celle du torrent troncal. Ces affluents entraînent des grosses pierres qui, tombant dans le lit torrentiel troncal, gênent sa marche et l'obligent parfois à se détourner, à éroser les rives opposées à la bouche de l'affluent; ou, si cette rive est résistante, à rétrécir son lit, à le creuser d'autant et à acquérir une force locale capable d'entraîner plus loin ces matériaux qui viennent gêner son cours. Ainsi, la nature sait parer à toutes les éventualités, par l'observation rigoureuse de ses propres lois (1). Cependant il arrive que l'affluent, entraînant des matières en quantité considérable, se précipite dans le torrent troncal avec une telle énergie, qu'il le coupe, entame la berge opposée, la perce, si c'est une digue naturelle ou artificielle, et se répand dans la vallée au-delà de cette berge. Ces effets qui se produisent assez souvent dans les montagnes, et qui se produisaient beaucoup plus fréquemment encore autrefois, causent les plus graves perturbations dans le régime des torrents troncaux, forment des étangs ou marais, que le torrent troncal finit cependant par combler plus ou moins rapidement, suivant qu'il charrie plus ou moins de gravier. En effet, le torrent troncal, lorsqu'il a repris son cours normal, se déverse en partie hors de son lit par cette brèche ouverte dans sa berge, il entraîne avec lui des sables qui, l'eau étant tranquille

(1) Voyez l'ouvrage de M. Cézanne, sur les cours d'eau, les torrents.

dans ces parties immergées, se déposent et finissent par combler l'érosion.

Après les travaux si remarquables de MM. Cézanne, Belgrand, Costa de Bastélica sur les torrents et cours d'eau, nous n'avons pas à nous étendre davantage sur ce sujet : ce serait sortir de notre cadre. Nous terminerons nos observations sur les torrents par quelques mots sur les lacs inférieurs des vallées.

Très-nombreux, après l'époque glaciaire dans les vallées dont le fond, à vrai dire, ne se composait que d'une série de lacs superposés, ils sont rares aujourd'hui. Les plus étendus seuls se sont

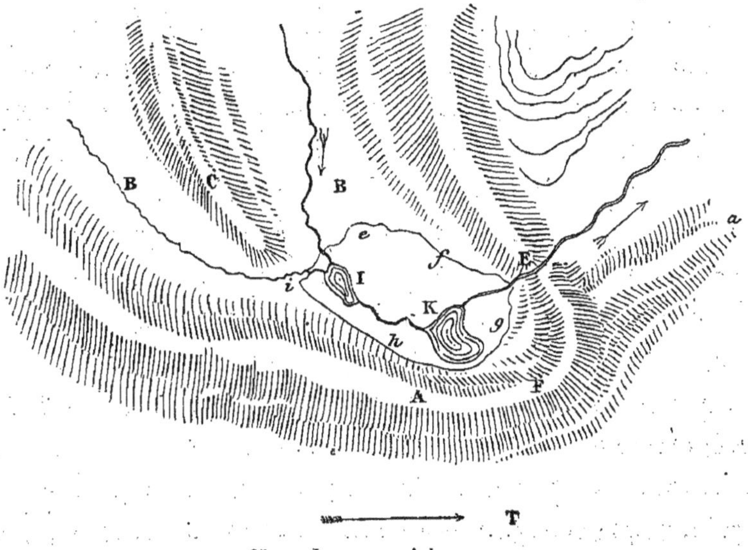

95. — Lacs morainiques.

conservés, les autres ont été comblés ou se comblent sous nos yeux, par l'apport continuel des matières charriées par les torrents. A l'embouchure de ces torrents dans les lacs, il se forme un cône de déjection, un delta. Ce delta augmente incessamment, surtout à l'époque des crues, émerge en amont et finit par combler le lac jusqu'à son exutoire. Nous signalons un grand nombre de ces lacs comblés dans les vallées qui entourent le Mont Blanc, lesquelles ne possèdent plus que le lac Combal, dans le Val Veni, et encore peut-on prévoir le comblement définitif de ce lac qui, depuis un siècle, a perdu plus d'un tiers de la surface.

Mais, indépendamment des lacs produits par les niveaux affaissés des vallées et qui n'ont pu être encore comblés par les apports torrentiels, tels que la plupart des lacs de la Suisse (1), il en est qui sont la conséquence d'une retenue produite par une digue morainique. Le lac Combal que nous venons de citer n'existe que parce que la grande moraine de droite du glacier de Miage Italien a barré la vallée. Mais là le phénomène est simple, il se manifeste souvent d'après des conditions plus compliquées.

Un glacier latéral descendant en B, sa moraine médiane C, figure 95, joignait un glacier troncal T. Celui-ci s'étant retiré, le glacier latéral B dépose une moraine frontale A qui se confond avec la moraine latérale gauche du glacier troncal dont nous trouvons les vestiges en *a*. En fondant, le glacier B forme un lac, une retenue *efghi*. Ce lac se creuse un exutoire au point E, le plus faible de sa digue, celui où les matériaux d'apport ont dû être, de par la disposition même du glacier, le moins abondamment déposés, tandis qu'en A F, la digue a une grande puissance. C'est donc latéralement et non suivant sa direction naturelle B T que le courant s'écoule. Mais il reste toujours un ou plusieurs réservoirs I K, car le lit du lac *efghi* se trouvait en contre-bas de l'exutoire E.

Les pluies, le torrent lui-même, ont, à la longue, apporté des sables et cailloux qui ont en partie comblé ce lit, pendant que le courant d'eau pure creusait de plus en plus son lit E sans y déposer des matières. Les derniers vestiges I K du grand lac *efghi* sont donc destinés à disparaître. Cette observation est faite dans la vallée du Vorder-Rhein au-dessous de Flims et en amont de Trins. Là, des cours d'eau nombreux, coulant sur le lit d'un ancien glacier, viennent se heurter contre l'ancienne moraine frontale de ce glacier, latérale du glacier troncal du Vorder-Rhein ; un de ces cours d'eau forme encore deux petits lacs.

Mais cette vallée du Vorder-Rhein présente, sur beaucoup de points de son parcours, des sujets d'observation du plus haut intérêt quant aux phénomènes d'écoulement des torrents.

A l'embouchure du Hinter-Rhein dans le Vorder-Rhein au-

(1) Lacs de Genève, de Neufchâtel, de Thunn, de Brienz, des Quatre-Cantons, etc.

dessous des villages de Trins et de Tamins, la vallée, large, laisse voir les traces d'énormes remblais de boues glaciaires et de moraines, puis des terrains d'alluvions épais, déposés par les eaux torrentielles chargées de matières, puis encore des érosions successives très-régulières de ces remblais par les torrents d'une époque relativement récente, figure 96. En M sont les témoins de boues morainiques qui atteignaient un niveau supérieur au

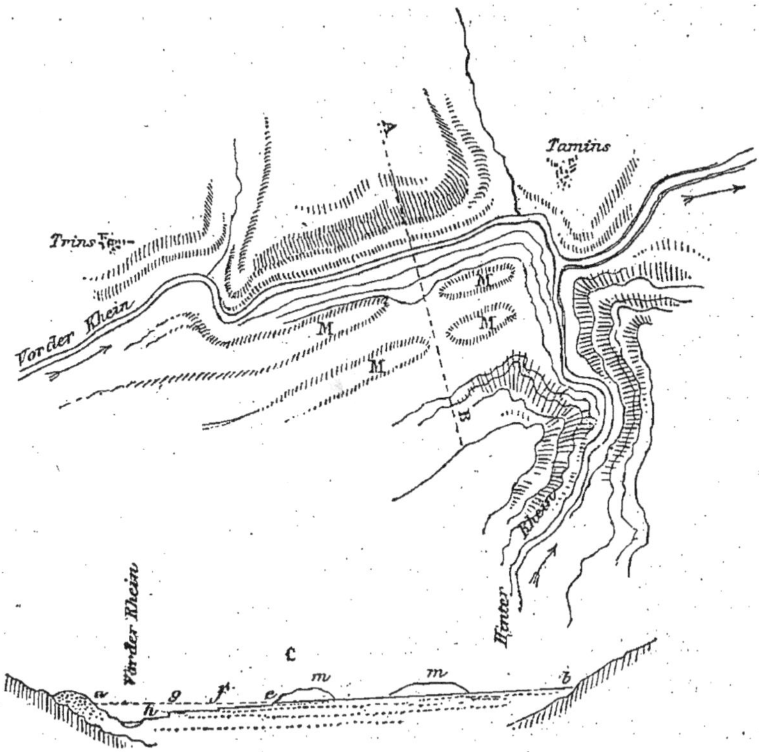

96. — Vallée du Vorder-Rhein.

sol actuel de la vallée (voir en *m* la section C sur A B). Ces terrains ont été en grande partie entraînés par les eaux torrentielles qui ont déposé l'alluvion *ab;* puis le torrent réduit, devenu plus limpide, a creusé son lit *ae;* puis, réduit encore, le lit *af;* puis le lit *ag;* puis enfin le lit *ah* dans lequel il coule aujourd'hui.

Ainsi, après avoir déblayé, remblayé, aplani le fond des vallées par d'énormes apports de cailloux et de sables, les torrents, moins chargés de matière, diminués de volume, ayant perdu la viscosité que leur donnaient ces matières entraînées, se livrent à un travail contraire. Désormais, ils creusent ce sol remblayé, entraînant plus bas les sables et cailloux approvisionnés; ils abaissent leur lit, le règlent, et cependant, s'il survient de larges inondations, ils recommencent leur premier travail, remblaient de nouveau, changent même parfois leur lit, le recreusent ailleurs ou sur le même parcours ; et nous voyons se produire sur une petite échelle, aujourd'hui, les phénomènes qui se sont manifestés en grand après l'époque glaciaire.

On peut difficilement se faire une idée du niveau auquel ont atteint les torrents primitifs dans les hautes vallées, et combien ils ont dû plus tard enlever de remblais. Ainsi, dans le bas du Val de Valorsine, au-dessus de l'auberge du Châtelard, et en suivant la vallée jusqu'à la Tête-Noire et au-delà, on rencontre de longues bandes de roches (terrains houillers et houillers anthracifères), qui, usés par le passage des glaces, forment des côtes mamelonnées à leur surface. Le niveau supérieur de ces côtes est à 150 mètres environ au-dessus du torrent actuel, et cependant, entre les mamelonnages supérieurs de ces roches, on trouve des amas de cailloux roulés schisteux et granitiques qui proviennent d'amont et qui indiquent clairement que le torrent dépassait ce niveau. Il a dû enlever plus tard tous les cailloux qu'il avait déposés en contre-bas de ces roches, tous les sédiments qui, certainement, remplissaient la vallée jusqu'à la crête même des côtes rocheuses aujourd'hui dégagées. L'action érosive des torrents a donc eu, dans les vallées hautes, une action très-énergique. Les eaux ont déblayé une grande partie des apports boueux et torrentiels dus aux premières débâcles, et, après avoir comblé ces vallées, elles les ont déblayées pour transporter ces matériaux dans les vallées basses et niveler leur thalweg.

Mais il existe à l'extrémité inférieure des vallées des Alpes de grands lacs aux eaux profondes, terminés, vers leur exutoire, par des dépôts morainiques et blocs erratiques qui ne permettent pas de douter que leur lit n'ait été rempli par des glaciers. Tels sont les grands lacs du versant italien, tel est même le lac de Genève. Ces lacs peuvent se diviser en lacs de cluse et en lacs de combe;

lacs de cluse, lorsqu'ils ont trouvé une dépression suivie d'une digue à travers laquelle ils se sont fait un passage; lacs de combe lorsqu'ils ont réuni les eaux dans un réservoir tout entouré de soulèvements : dans un cirque. Il est même certains lacs qui sont en même temps lacs de cluse et lac de combe, comme, par exemple, le lac des Quatre-Cantons.

Au-delà de ces lacs de cluse, les alluvions torrentielles ont une telle importance, qu'elles auraient suffi, et bien au-delà, à les combler. Il a donc fallu, qu'après l'apogée de l'époque glaciaire, les eaux boueuses chargées de gravier, descendant des vallées hautes, aient franchi ces lacs pour aller déposer plus loin les débris qu'elles charriaient. La question est des plus embarrassantes. Car, pour que ces eaux torrentielles aient été assez abondantes pour entraîner avec elles ces énormes amas d'alluvions, il fallait que l'ablation glaciaire fût déjà fort avancée, que les rampes des grandes vallées en amont de ces lacs fussent déjà en grande partie débarrassées des neiges. Pourquoi alors ces déblais ne se sont-ils pas arrêtés au fond de ces dépressions? comment ont-ils pu être charriés au delà ?

Disons d'abord, avec M. Studer et la plupart des géologues suisses, que nous ne pouvons admettre que les glaciers aient creusé les lits de ces lacs à des profondeurs de trois, quatre et cinq cents mètres au-dessous du niveau de la mer. Par ce que nous avons dit précédemment sur l'action des glaces, après un grand nombre d'observations sur le terrain, on peut admettre que, si les glaciers ont une action latérale assez puissante pour arracher des promontoires et élargir des vallées par voie de limage, ils n'agissent que faiblement, relativement, sur leur lit, que leur plasticité se prêtant à suivre les dénivellements du sol, ils n'opèrent et ne sauraient opérer sur le lit comme le ferait une gouge, se contentant de l'user, de le polir, de le lubréfier, pourrait-on dire. Comment admettre que, à la sortie de la vallée haute du Rhône, le glacier, qui alors pouvait s'étendre à l'aise, eût creusé le lit du lac de Genève jusqu'à une profondeur de 300 mètres au-dessous du plan d'eau actuel, tandis qu'il respectait en amont la digue de Saint-Maurice, tandis que l'énorme glacier qui descendait du

Mont Blanc avec une pression de 2,000 mètres, ménageait le Prarion et était obligé de se soulever sur le dos de cette digue schisteuse, bien qu'il fut resserré sur ce point? Comment supposer que ces courants glaciaires, qui aujourd'hui se prêtent à toutes les irrégularités des soulèvements, et passent dans les rétrécissements naturels comme dans des filières pour se développer au-delà sur de larges surfaces, et n'opèrent dans les gorges que sous forme de brisure et d'érosion latérales, favorisées par la dislocation des roches exposées aux intempéries, eussent possédé une puissance de creusement aussi considérable sur un point particulier de leur parcours, alors qu'ils trouvaient de l'espace latéralement ?

Ces lits des grands lacs inférieurs alpins étaient des dépressions produites par le refoulement et le plissement des terrains. Les glaces les ont remplis, les ont comblés, les ont débordés; mais, lorsque même, par suite de l'ablation, les glaciers eurent abandonné les plaines, pour remonter dans les vallées hautes, il dut demeurer dans ces dépressions, dans ces *fonds de bateaux,* des glacières larges et profondes, couvertes de débris morainiques, glacières qui mirent un long temps à fondre. Il dut y avoir même fréquemment solution de continuité entre la glacière et le glacier qui l'avait alimentée (1), et cette glacière rendue inerte, ne s'avançant plus, reçut sur sa surface les torrents boueux des débâcles, leur fournissant ainsi un lit nivelé pour couler plus bas.

Nous trouvons cette opinion émise déjà par plusieurs savants. « Nous supposons, dit M. Desor (2), que, lors de la première invasion, les glaciers se sont avancés assez rapidement pour envahir les lacs avant que les torrents eussent eu le temps de les combler entièrement. Lorsque plus tard les glaciers se sont retirés, la glace n'aurait pas disparu complétement des endroits profonds ; il en serait resté des culots au fond des vallées qui, recouverts par de puissants amas de gravier, s'y seraient maintenus pendant la période interglaciaire. Plus tard, lors de la seconde invasion, les glaciers auraient poussé leurs moraines par-dessus ces anciens

(1) Voyez la figure 71.
(2) *Le paysage morainique,* par Desor, p. 77.

fonds de glace et auraient pu ainsi entasser le même terrain erratique au-delà des régions des lacs sans que ces derniers s'en trouvassent comblés. »

Il paraît difficile de trouver à la conservation des dépressions qui contiennent les grands lacs inférieurs alpins, une meilleure explication, car des phénomènes analogues, sur une très-petite échelle, se produisent encore de nos jours, et nous voyons pendant des années des culots de glace recouverts de gravier demeurer dans des dépressions, laisser passer sur leur surface des courants d'eau, des boues qui sont portées au loin. A la longue, ces culots fondent, et il reste un petit lac à la base du glacier.

Cependant les grands courants glaciaires ont bien pu parfois éroser et creuser des terrains inférieurs tendres en laissant subsister ceux qui étaient plus résistants, puisqu'ils ont opéré et opèrent encore ainsi dans les parties supérieures des montagnes; mais cette action n'a pu avoir un effet d'affouillement notable sur les fonds des grandes dépressions qui contiennent les lacs inférieurs.

X

Causes de la croissance et de la décroissance des glaciers actuels du Mont Blanc.

Vers la fin du dernier siècle les glaciers du Mont Blanc s'étaient fort retirés vers les hauteurs. On prétend qu'à une époque très-antérieure et d'après une chronique du douzième siècle, on passait à mulet du Prieuré de Chamonix par le col du Géant à Cormayeur. Sans discuter ces traditions qui ne peuvent avoir la valeur d'observations scientifiques, nous nous bornerons à signaler les faits certains, connus et constatés.

Autour du Mont Blanc, les hivers longs et rigoureux qui alternèrent de 1812 à 1817 avec des étés pluvieux, augmentèrent considérablement les névés et par suite les glaciers. Vers 1818 ils descendaient très-bas. En 1820 les glaciers du Miage et de la Brenva, dans le val Veni, continuèrent leur marche progressive pendant que les glaciers du versant nord restaient stationnaires. Ceux-ci diminuèrent même sensiblement de 1821 jusqu'en 1826. Alors ils reprirent leur mouvement progressif jusqu'en 1837, où ils diminuent de nouveau pour reprendre une certaine croissance jusqu'en 1854 avec quelques oscillations. Depuis lors ils n'ont cessé de diminuer jusqu'à l'an dernier 1875. Cependant, sur quelques autres points des Alpes, et notamment au-dessus de Zermatt, le glacier de Gorner ne cessait d'augmenter de 1818 à 1851. Depuis lors ce glacier subit des oscillations ainsi que la plupart de ceux qui descendent des alpes bernoises, versant nord-est. Ces dernières années, de 1868 à 1875, les glaciers des Bois, de l'Argentière, des Bossons, du Tour, de Bionnassay, du Miage français, de Tré-la-Tête, du Miage italien, de la Brenva, du mont Dolent, de Saleinoz, du Trient, n'ont cessé de diminuer d'une manière très-notable. Depuis lors le glacier des Bois a fait une retraite de 200 mètres, celui des Bossons de 150 mètres, et leur surface s'est sensiblement abaissée. Après les Ponts, le niveau de la Mer de glace n'était qu'à 10 ou 12 mètres au-dessous de la crête de la moraine, aujourd'hui il est à plus de 20 mètres. L'ablation est donc considérable. Les névés, proportionnellement, ont abaissé leur surface, surtout à l'exposition du sud-est (1).

(1) Nous ajouterons à ces renseignements ceux recueillis par notre savant ami, M. Charles Martins : « Quelquefois un glacier marche, en une seule année, avec une rapidité tout à fait exceptionnelle. Ainsi, après les étés pluvieux de 1815 à 1817, le glacier de Distel, dans la vallée de Saas, en Valais, s'avança de 15 mètres en un an, celui de Lys, sur le revers du mont Rose, de 48 mètres; celui de Zermatt a progressé de 22 mètres en 1853.

« Mais le glacier le plus célèbre, sous ce rapport, est le *Vernagtferner*, au sommet de la vallée d'Oetz, dans le Tyrol autrichien. Dans l'été de 1843, il se réunissait, en s'avançant, au petit glacier de Rofen, dont il est aujourd'hui séparé par un promontoire. Tous deux, formant une seule masse, descendaient rapidement dans la vallée. Les habitants s'effrayèrent; ils savaient par la tradition qu'en 1600, 1667 et 1772, ce glacier avait marché avec la même rapidité et barré le cours d'un ruisseau qui s'était transformé en lac : ce lac avait ensuite rompu sa digue de glace et s'était précipité dans la vallée en y causant de grands ravages. Les autorités d'Inspruck, averties par la rumeur publique, nommèrent une commission qui constata quelle était la vitesse de progression du glacier. En 1842 elle fut de 200 mètres en 67 jours, ou de 2m,98 par jour, puis elle se ralentit pendant les années 1843 et 1844; mais dans l'été de 1845 elle était de 9m,92 par jour. C'était un véritable glissement de la masse tout entière. L'eau s'ouvrit un passage sous la glace le 14 juin, et depuis cette époque jusqu'en 1848 le lac se remplissait et se vidait à peu près deux fois par an. Ce glacier a dû, comme tous les autres, entrer en 1854 dans sa période de retrait; mais il n'est peut-être pas revenu à son état antérieur, car après l'envahissement de 1667 il mit trente-quatre ans à rentrer dans ses limites habituelles.

.... « Dans le Valais, pendant les années et étés pluvieux de 1812 à 1818, le glacier du Rhône avait tellement avancé que deux géomètres, MM. Pichard et Marc Secrétan, calculèrent qu'il aurait mis 774 ans pour arriver du fond du Valais jusqu'à Soleure. Moins de huit siècles! C'est une minute sur le cadran de la géologie. J'ai fait un autre raisonnement : Supposons que l'hiver de la plaine Suisse reste tel qu'il est, mais que l'été soit moins chaud, de façon que la température moyenne de Genève soit de + 5° au lieu de + 9°16, comme maintenant. La limite des neiges éternelles sera également abaissée et ne dépassera pas 1,950 mètres au-dessus de la mer. Les glaciers de Chamonix descendront au-dessous de cette nouvelle limite d'une quantité au moins égale à celle qui existe entre la limite actuelle (2,700 mètres) et leur extrémité inférieure. Or, aujourd'hui, le pied de ces glaciers est à 1,150 mètres d'altitude; avec un climat de 4° plus froid, il sera à 750 mètres plus bas, c'est-à-dire à 400 mètres et par conséquent au niveau de la plaine Suisse. »

Les Glaciers actuels et période glaciaire; extr. de la Revue des Deux-Mondes, 1867.

Pour que ces oscillations ne se produisent pas sur un territoire aussi peu étendu que celui de la Suisse et de la Savoie, exactement de la même manière, il faut bien admettre que la direction des vents qui apportent la neige est pour quelque chose dans les causes de croissance et de décroissance des glaciers, (Voir les figures 13, 14, 18 et 19.) La continuité d'un courant de l'air venant du nord-ouest déposera des masses de neiges considérables au-delà des crêtes sur le versant opposé. Les vents persistants du sud-ouest sont favorables à l'amoncellement des neiges sur des versants nord-nord-est, comme sont ceux qui alimentent les glaciers descendant dans les vallées de Zermatt et de Saas, tandis que ce même courant, enfilant le massif du Mont Blanc dans sa longueur, ne peut relativement produire les mêmes dépôts.

Mais le massif du Mont Blanc, par sa configuration géologique même, est soumis à des oscillations glaciaires très-sensibles. Le plateau primitif, profondément affouillé, par suite des propriétés inhérentes à la protogyne de se ruiner facilement dans le sens vertical en laissant ainsi émerger de grands plans nus, de hautes aiguilles au-dessus des névés et des glaces, présente ainsi de larges surfaces sombres qui réfléchissent les rayons du soleil et fondent rapidement les glaces et névés.

Les courants des glaciers, profondément encaissés, sont soumis à des températures élevées qui les fondent d'autant plus rapidement que les surfaces gelées diminuent, de telle sorte que l'ablation se produit suivant une proportion croissante, à mesure que le glacier perd de l'importance. Lorsqu'au contraire, comme au massif du mont Rose, par exemple, le plateau supérieur n'offre pas des dépressions aussi marquées, mais se présente sous la forme d'une immense plaine glaciaire, légèrement inclinée vers le nord, il n'y a pas réverbération des roches encaissantes et les glaciers se maintiennent plus pleins, même après une période d'étés chauds.

Les cirques, si favorables à l'amoncellement des névés, tels que ceux du Talèfre, de Leschaux, du Géant, sur le massif du Mont Blanc, mais entourés de parois escarpées, qui réfléchissent les rayons solaires, produisent une fonte considérable pendant les journées de beau temps des mois de juin, juillet et août ; et la température, dans ces grandes combes, est alors très-élevée. Elle s'abaisse la nuit au-dessous de zéro, et la regélation des eaux qui ont imbibé sa surface produit une dilatation qui pousse la masse glaciaire d'autant plus rapidement dans les lits inférieurs. Celle-ci, encaissée entre des roches ou des moraines dont la réverbération est encore plus active que n'est celle des roches, fond d'autant plus qu'elle dégage ses rives. Ainsi, par un été chaud et sec, se vident les réservoirs, s'affaissent les courants glaciaires ; l'ablation est rapide ; le point terminal du glacier remonte sur le lit.

L'hiver long et froid de 1870-1871 n'a produit aucune action sur la marche décroissante des glaciers du Mont Blanc, la proportion dans l'ablation a été la même que celle des années précédentes. Mais il ne faut pas oublier que cette saison froide a été suivie d'un printemps chaud et sec, que l'été fut très-beau et que l'automne s'est prolongé tard.

En 1871, il n'est pas tombé de neige à Chamonix avant la fin de décembre. Pendant l'hiver 1874-1875, les neiges ont été très-abondantes dans les vallées, leur épaisseur était de 4 mètres au village du Tour et au Nant Borant ; mais ces neiges étaient proportionnellement moindres sur les sommets qui, peut-être, pendant leur chute, étaient découverts. Les glaciers continuaient à diminuer pendant l'été de 1875, et les amas de neiges dans les vallées étaient fondus pendant le mois de mai, qui fut très-chaud.

On signalait pendant cet hiver 1874-1875 des amoncellements de neiges peu ordinaires sur les cols du Saint-Gothard et du Simplon, et au 15 juin il y avait encore à la Maienwand, au-dessus de l'hôtel du glacier du Rhône, 1 mètre de neige.

Les pluies chaudes de la fin de ce mois, qui causèrent tant de désastres dans le midi de la France, fondirent rapidement ces neiges, et, au mois d'août, les neiges persistantes de la chaîne du Brévent, du Bonhomme, du col de la Seigne, avaient presque entièrement disparu. Le mois de juillet, très-pluvieux, n'avait pas eu un seul jour de temps clair, autour du Mont Blanc. Ces pluies, mieux encore que celles de juin, avaient fait fondre les neiges basses. Cependant les avalanches, à la fin de l'hiver, avaient été si grosses, qu'on voyait encore en septembre, au bas des couloirs latéraux de la Mer de glace, d'énormes amas de neiges qui, certainement, n'ont pu fondre avant la reprise de la saison rigoureuse, et qui, si l'hiver 1875-1876 est neigeux, se souderont au glacier et rétabliront ainsi les petits glaciers affluents si nécessaires à l'alimentation des courants principaux et qui contribuent énergiquement à leur accroissement.

En effet, dès qu'un glacier latéral cesse de se réunir au glacier troncal, qu'il se dessoude et remonte vers les hauteurs, il n'envoie plus à ce glacier troncal que ses fontes, qui, se précipitant dans son lit, tendent plutôt à le fondre qu'à l'alimenter. Mais, si la

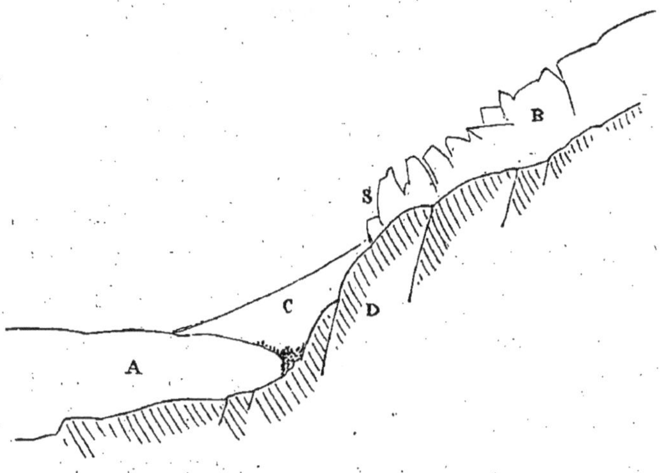

97. — Soudure des glaciers latéraux à un glacier troncal.

soudure se rétablit par des avalanches successives et persistantes, c'est-à-dire qui ne sont pas fondues en été, alors l'alimentation glaciaire latérale se reproduit, et, si le fait se répète sur un grand nombre de points, le glacier peut éprouver un rapide accroissement de ces apports latéraux. Or, la plupart des courants glaciaires du massif du Mont Blanc étant bordés d'un grand nombre de ces sortes de couloirs, issues des glaciers latéraux; si, à la suite de plusieurs hivers neigeux, ces glaciers latéraux se ressoudent au courant principal, l'accroissement sera rapide, relativement brusque même. Tels sont les glaciers de l'Argentière, de la Mer de glace, du Miage, de la Brenva. La plupart des glaciers du Mont Blanc sont donc soumis à des oscillations très-sensibles, plus rapides que ne peuvent l'être celles des grands glaciers du mont Rose et des alpes Bernoises.

Comment se fait cette soudure ? Soit, figure 97, un glacier troncal A, et B un glacier latéral : si les neiges, à la suite d'avalanches considérables se sont accumulées en C de manière à former un talus assez puissant pour résister aux fontes d'été, si ce talus persiste, les séracs S du glacier supérieur B, au lieu de tomber et de se briser le long de l'escarpement rocheux D, descendant sur ce talus C comme sur un lit, s'y soudent, et le glacier B, qui lui-même s'est accru par une plus grande abondance de névés, ne fait plus qu'un avec le glacier A. Le soleil ne frappant plus la paroi D, celle-ci redevient le lit véritable et ne peut plus être une cause d'ablation pour les séracs S.

Les interruptions qui se produisent à la suite d'étés chauds et d'hivers peu neigeux, entre les glaciers troncaux et les glaciers latéraux sont une des causes de décroissance rapide pour les premiers ; car il arrive que ces glaciers latéraux ne font même plus tomber leurs séracs sur ces glaciers latéraux, vivent isolés et ne fournissent plus qu'une alimentation liquide. Mais il ne faut pas oublier que les glaciers marchent et que leur vitesse, à l'axe longitudinal, est, par an, de 90 mètres en moyenne : cette vitesse étant d'ailleurs plus active dans les parties moyennes supérieures que près du point terminal, plus prononcée au milieu que sur ses bords (1). Si donc un glacier latéral est remonté, a cessé d'être

(1) La cabane que Hugi avait fait construire sur le glacier inférieur de l'Aar en 1827, près du promontoire de l'Abschwung, était descendue de 100 mètres en 1830, de 714 mètres en 1836 ; et, en 1840, M. Agassiz la trouva à 1,428 mètres de sa place primitive. Elle était donc descendue d'environ 100 mètres par an. Ce fut en 1840 que MM. Agassiz et Desor s'établirent sur le glacier de l'Aar et construisirent, sur un rocher erratique porté par la glace, la cabane connue sous le nom d'*Hôtel des Neufchâtelois*, où ils demeurèrent pendant tout un été. Pour étudier les lois de vitesse du glacier qu'ils cherchaient à définir, ces observateurs plantèrent une série de piquets en ligne droite, correspondant à deux points fixes. Le déplacement de ces jalons devait indiquer le mouvement, et la distance entre les positions relatives des piquets devait accuser la quantité dont le glacier était descendu, dans le temps laissé entre deux observations. Mais quand Agassiz revint l'année suivante, pour vérifier l'état des piquets, il les trouva tous couchés sur la glace. Cette première expérience lui apprit donc seulement que la surface du glacier s'était abaissée de $1^m,50$, au moins : longueur des piquets. Le persistant géologue fit donc enfoncer des perches de 5 mètres environ dans la glace, piquets qu'il recepa à la surface. En 1841, l'une de ces perches

soudé au glacier troncal, et qu'à la suite d'un hiver neigeux un cône puissant d'avalanches se soit produit en A B C, figure 98, ce cône, à la fin de la saison chaude, par suite de la marche du glacier, occupera la surface *a b c*. S'il y a nouvel apport d'avalanches, la base du nouveau cône sera D E F, laquelle se déformera encore l'été suivant, et ainsi, la soudure entre les deux glaciers se fera obliquement, dans le sens du courant. Mais la vitesse I K, axe du glacier, étant de 100 mètres annuellement, et celle LM de 30 mètres seulement, la vitesse O P de l'axe du courant latéral plus élevé sera de 110 mètres. Ce glacier latéral formera bientôt un courant spécial qui ne se mêlera pas à celui du glacier troncal; et la preuve, c'est que ce courant aura sa moraine médiane R S, ses crevasses spéciales jusqu'au point d'ablation. Ce courant fera sa place et forcera le glacier troncal à relever sa surface pour débiter, ne serait-ce que la même quantité de glace, dans un lit rétréci par l'intervention du courant latéral. On comprend donc comment une série de quelques hivers neigeux et d'étés humides peut amener une crue assez rapide dans les glaciers qui, comme ceux

ressortait de 2 mètres et, au commencement de septembre, elle dépassait la surface de 3 mètres. L'ablation à la surface était donc de 3 mètres. Dès lors, le savant observateur traça une nouvelle ligne de six balises, espacées entre elles et par rapport aux bords du glacier à des distances vérifiées. Lorsqu'il revint, l'année suivante, les balises avaient considérablement avancé leur ligne, qui de droite était devenue courbe, convexe vers l'aval. Ce résultat prouvait à la fois le mouvement et la vitesse plus grande au milieu. Mais ces expériences tendirent de plus à démontrer que la vitesse diminue à mesure qu'on se rapproche de l'extrémité du glacier; c'est-à-dire qu'elle est moindre dans les régions inférieures que dans les régions supérieures (voyez, dans l'*Atlantic-Monthly*, janvier 1764, l'article de M. Agassiz). M. Tyndall a donné à ce fait l'exactitude d'une observation scientifique, sur le glacier du Géant. Il a planté trois piquets, A B C sur l'axe. A était à l'amont, B au milieu distant de 544 mètres de A; C, à l'aval, était à 487 mètres de B. Les vitesses diurnes, mesurées au théodolite, accusèrent :

Pour A, 52m,19
— B; 39m,19
— C, 32m,38

Les parties supérieures se rapprochent donc constamment des inférieures, et cette différence dans les vitesses peut raccourcir de 20 centimètres par jour pour une longueur de 1 kilomètre du glacier.

(Voyez les *Glaciers*, par William Hüber, major du génie de la Confédération suisse; l'auteur a recueilli toutes ces observations suivant une méthode excellente; voyez aussi : *la Chaleur*, Tyndall, trad. de l'abbé Moigno.)

du massif du Mont Blanc, reçoivent beaucoup d'affluents, dès l'instant que ces affluents sont ressoudés au glacier troncal, ou plutôt font leur place à côté d'eux.

De plus, les chutes abondantes de neiges remplissent les crevasses, non comme le ferait du sable jeté à pelletées dans une cavité, mais par blocs. N'oublions pas que la neige, sur les parties élevées, tombe toujours, poussée par un courant d'air plus ou moins violent, mais ne descend jamais verticalement.

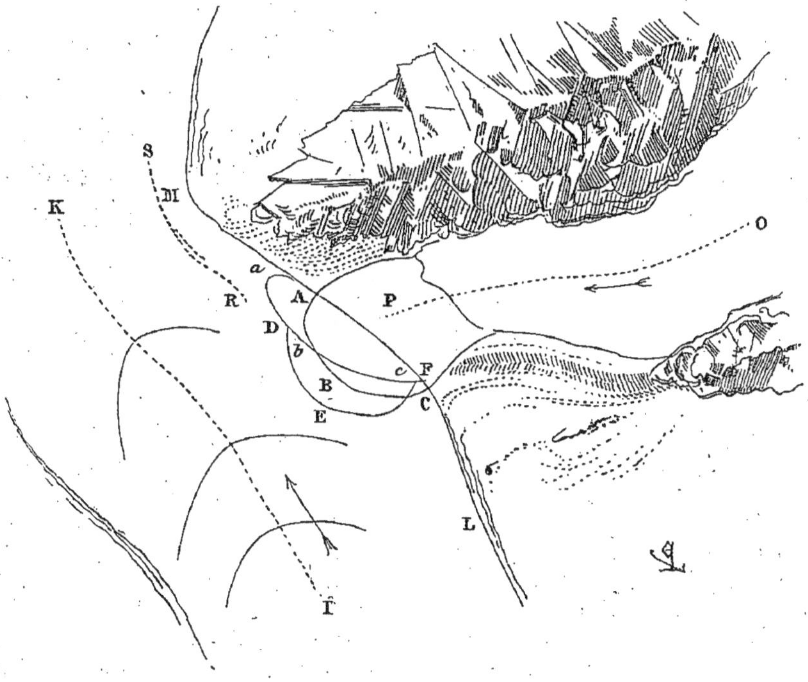

98. — Soudure des glaciers latéraux à un glacier troncal.

En raison des lois que nous avons indiquées plus haut, figures 13, 14 et suivantes, les bords des crevasses opposant un obstacle au vent, la neige s'y dépose plus abondante que sur les parties unies.

Soit, figure 99, la section d'une crevasse : le vent venant suivant la direction A B, la neige se dépose conformément aux deux sections C D. Si la chute est abondante, le bourrelet D se détache par son poids et entraîne le bourrelet C ; puis l'opération recommence. Ces blocs restent parfois engagés entre les parois de la crevasse (1), y forment un bouchement qui se remplit de neiges ainsi qu'on le voit en E. Alors, sur une certaine étendue, la crevasse ne paraît plus être crevasse de fond, bien qu'elle en soit réellement une. Ces fossés reçoivent les fontes en été qui, en se regelant, convertissent ces amas neigeux en glace ; la soudure se

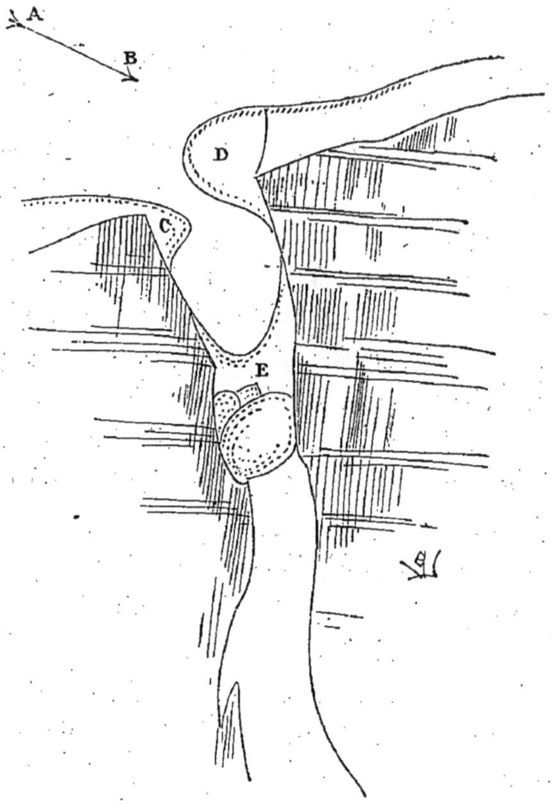

99. — Remblai des crevasses par les neiges.

fait, la dilatation s'opère, et ces sortes de coins posés entre les crevasses, en gonflant, font d'autant marcher le glacier.

Mais si, après un hiver très-neigeux, survient un printemps sec et chaud comme en 1875, puis un mois de juin très-pluvieux, des amoncellements de neiges de quatre ou cinq mètres d'épaisseur à une altitude de 2,500 mètres sont bientôt fondus. Le sol échauffé produit, par réverbération, une ablation rapide, la neige devient

(1) Nous avons observé la présence de ces blocs de neiges dans les crevasses sur presque tous les hauts glaciers.

molle dans toute son épaisseur et les pluies les entraînent facilement. Des approvisionnements énormes sont ainsi répandus dans les vallées basses, en quelques heures, et inondent de grands territoires.

Si, au contraire, l'hiver se prolonge, si le printemps est tardif, s'il est humide, les neiges se conservent jusqu'à la fin de juin, perdant peu de leur volume : les chaleurs de juillet provoquant alors des évaporations considérables, des orages fréquents pendant lesquels la neige nouvelle descend souvent jusqu'à l'altitude de 2,000 mètres et à la suite desquels la température s'abaisse. A la fin de juillet les jours raccourcissent sensiblement, et, si le soleil se montre, son inclinaison laisse dans l'ombre de grandes surfaces autour des sommets qui conservent leurs neiges. En septembre, les nuits sont déjà longues et froides, les neiges de l'hiver précédent sont dès lors préservées et protégeront les approvisionnements qu'apportera la saison d'hiver suivante. Plus la masse augmente, et plus les causes de fontes diminuent, plus les amas glacés absorbent les vapeurs et les regèlent ; leur augmentation s'accroît ainsi en raison inverse de l'ablation (1).

M. le chanoine Rendu, depuis évêque d'Annecy, prétendait en 1840 (2) que toute vapeur contenue dans l'air doit se condenser à la surface d'une vaste étendue de névés, comme le Mont Blanc ; les observations de MM. Ch. Dufour et J.-A. Forel ont démontré que, lorsqu'il y a condensation, ce n'est que l'excès de vapeur d'eau au-dessus du point de saturation de l'air à la température de la glace, qui peut se précipiter sur celle-ci ; que l'air, s'il est très-sec, peut enlever une certaine quantité d'humidité à la surface du glacier, mais que jamais l'évaporation de la neige ou de la glace n'élèvera sa tension à plus de 4^{mm},60, ou son contenu en vapeur d'eau à plus de 4,88 grammes par mètre cube ; donc : que la condensation peut être considérable, mais que l'évaporation ne le sera jamais.

(1) Nous renvoyons le lecteur, à ce sujet, aux observations si intéressantes de MM. Ch. Dufour et J.-A. Forel, professeurs à Morges : *Recherches sur la condensation de la vapeur aqueuse de l'air, au contact de la glace, et sur l'évaporation*, dont nous avons déjà parlé au chapitre III.

(2) *Théorie des glaciers de la Savoie*, Chambéry, 1840, p. 27.

Des observations générales viennent confirmer celles de détail que les savants professeurs de Morges ont faites avec un soin minutieux, et tant de fois répétées, afin d'établir des moyennes certaines.

Nous avions eu l'occasion de remarquer que, peu après le coucher du soleil, il se produit, lorsque le ciel est très-pur, comme un nimbe très-mince au-dessus des névés les plus élevés, qui n'a pas exactement la teinte du ciel, est plus rosé et se traduit même parfois en très-légers filaments au-dessus de la neige. Cela n'a rien que de très-naturel. La vapeur contenue dans l'atmosphère échauffée se condense à la surface de la neige et s'y dépose.

Mais ce phénomène a pu être observé par nous pendant la nuit et dans des circonstances différentes.

Le 12 septembre 1875, par un temps clair, les vents du nord et d'ouest luttaient à une altitude de 5,000 mètres, ce que permettaient de constater quelques nuages qui frisaient la cime du Mont Blanc ; la lune se levait derrière le Mont Blanc (1). Le sommet a laissé voir, pendant tout le temps que l'astre était masqué par lui, une ligne brillante qui suivait régulièrement ses contours, à une certaine distance. Les nuages légers semblaient glisser au-dessus de cette enveloppe sans la déformer en rien.

Mais, quand ils se trouvaient superposés à cette couche immobile, brillante, celle-ci devenait plus brillante encore et plus épaisse.

Le phénomène a pu être observé sans variations jusqu'au moment où la lune s'est montrée près du sommet.

Les névés soutiraient donc, aux nuages qui se trouvaient à une certaine hauteur au-dessus d'eux, une quantité de vapeur qu'ils condensaient à une distance de leur surface, distance que nous estimons devoir être d'une vingtaine de mètres.

Tous ceux qui ont parcouru les montagnes savent que les brouillards qui, le matin, remplissent les vallées lorsque le soleil

(1) A neuf heures du soir, entre le sommet et la Bosse du Dromadaire.

s'élève, se pelotonnent le long des pentes, les gravissent lentement, puis, arrivés à la hauteur des glaciers, disparaissent en peu d'instants, sont absorbés. Le soir des journées claires, quand le temps est au beau, un phénomène inverse se produit. Les nuages, qui se sont accumulés autour des sommets, descendent au moment du coucher du soleil, semblent se reposer doucement sur les glaciers, et, peu après, ont complétement disparu.

Les glaciers absorbent donc une grande partie de l'eau contenue dans l'atmosphère pour se l'approprier et la convertir en glace. Il est évident que cette propriété tend à les accroître en raison directe de leur surface et de leur volume, et que les causes d'ablation augmentent d'autant plus que les glaciers diminuent, que les causes de croissance augmentent d'autant plus que les glaciers prennent plus d'importance. Après des hivers neigeux prolongés, des étés humides, les glaciers sont dans des conditions favorables à leur augmentation persistante, parce qu'ils résistent mieux aux causes de fonte et absorbent une quantité plus considérable d'eau qu'ils peuvent regeler ou conserver comme on l'a vu. Mais si, par suite d'hivers et d'étés secs, ils commencent à décroître, les causes d'ablation prennent de plus en plus d'importance. Il faut donc, après une période de décroissance, pour que les glaciers gonflent de nouveau et puissent s'avancer dans les vallées, qu'il se présente une série d'hivers neigeux et d'étés humides.

En 1874 on constatait que, dans toute la partie occidentale de l'Europe, les sources, les cours d'eau avaient atteint un minimum de débit qui depuis très-longtemps n'avait pas été constaté, et on attribuait, non sans raison, cette diminution à une série d'hivers secs, sans neiges abondantes, et à des étés chauds.

En Suisse et en Savoie, le vent qui fait disparaître rapidement les neiges au printemps est le vent du sud-est appelé le *Fœhn*. C'est le *Schirocco* venant des déserts africains. Ce vent chaud et sec absorbe les neiges, les mange, suivant l'expression des montagnards. Si le Fœhn ne souffle pas au printemps, les neiges persistent très-tard, et le soleil n'a pas sur elles l'action évaporante de ce courant d'air chaud. Si l'été est humide et l'automne précoce, ce qui arrive souvent après des étés pluvieux, les nouvelles neiges retombent sur celles qui n'ont pu fondre, le névé se fait, le glacier commence. L'abaissement d'un degré dans la moyenne de température annuelle et un état humide de l'atmosphère peuvent donc produire un accroissement considérable des glaciers, et ce n'est pas tant la quantité d'eau tombée qui produit cet accroissement que l'état permanent humide.

Les pluies d'orage fondent énergiquement les parties inférieures des glaciers, et nous ne croyons pas que la grêle et les neiges qu'elles apportent au-dessus de 3,000 mètres, invariablement et même plus bas, compensent l'ablation dans l'état présent. Mais les pluies du printemps, qui nous paraissent douces dans la plaine, ne sont que de la neige au-dessus de 2,000 mètres, et de la neige pulvérulente au-dessus de 3,000 mètres. Si ces pluies persistent tard et si même elles durent pendant tout l'été, ainsi que cela est arrivé en 1816, il y a amoncellement considérable sur les hauts plateaux, dans les cirques supérieurs, et fonte nulle. L'approvisionnement des neiges est ainsi triplé, en supposant que, dans l'état ordinaire, l'approvisionnement hivernal soit dépensé par la fonte estivale. C'est-à-dire qu'il y a, pour une dépense estivale, l'approvisionnement accumulé pendant deux hivers et un été. On conçoit donc que, s'il survient une série d'étés couverts, humides, il doit se faire dans les réservoirs glaciaires un approvisionnement tel, que les courants gonflent et s'étendent avec une puissance irrésistible.

S'il suffit d'une variation infinitésimale dans la température du glacier pour produire son mouvement, ainsi que nous avons essayé de l'expliquer, il suffit également d'une modification peu sensible dans l'état atmosphérique pour provoquer les grandes oscillations glaciaires.

XI

Description du massif du Mont Blanc (1).

A la suite des études d'un caractère général que nous venons de donner, il paraît nécessaire d'appliquer ces études à la description du massif même du Mont Blanc, tels que les siècles nous l'ont laissé, et d'indiquer dans une sorte de revue détaillée les traces encore existantes des révolutions qui lui ont donné sa forme actuelle.

A distance, lorsque, d'un sommet très-élevé, on considère le massif du Mont Blanc, ses aiguilles si hautes et si aiguës, ses vallons profonds disparaissent, et l'ensemble présente une masse bombée avec un sommet conique aplati, qui dépasse de très-peu les sommets voisins. La blancheur des névés donne à cette masse un relief qu'elle n'a même pas en réalité; et si, à l'aide de la chambre claire, on en saisit la silhouette, à peine si ce profil présente des ondulations sensibles. Le massif, quant à sa forme d'ensemble, à ses grands contours généraux, n'a donc guère changé depuis l'époque de son soulèvement, et les ruines si profondes cependant qu'accusent ses flancs, ne sont que des érosions peu importantes, relativement à la masse; ces aiguilles gigantesques ne sont que des témoins à peine appréciables dans l'ensemble, et cependant le cube de matériaux enlevés effraie l'imagination; il a comblé de larges et longues vallées, et, sous forme de cailloux roulés et de sable, s'est répandu sur des territoires étendus.

Nous commencerons la description du massif par celle de la

(1) Voir la carte générale.

plus importante de ses rampes, plongeant vers le nord-nord-ouest et bordée par la vallée de Chamonix.

Cette vallée a son point culminant vers le nord-est, au col de Balme, et s'étend jusqu'au village des Houches; on doit la diviser en deux paliers : l'un, le plus élevé, qui s'étend du village du Tour à celui de l'Argentière; le second, qui des Tines descend jusqu'aux Houches.

Entre l'Argentière et les Tines existe un rétrécissement sensible au fond duquel l'Arve s'est creusé un lit étroit et coule bruyamment à travers les blocs amoncelés. A la place occupée par le village du Tour, le palier élargi contint longtemps un lac creusé aux dépens du terrain jurassique inférieur. L'Arve poursuit, sur les épais remblais inclinés qui ont remplacé le lac, un cours relativement tranquille, qu'il ne retrouve qu'aux Tines jusqu'aux Houches. Sur ce point le torrent se précipite de nouveau dans une gorge étroite, très-inclinée, entre les terrains jurassique et houiller, pour se répandre dans la vallée de Sallanches, où, après l'époque glaciaire, une large retenue formait un second lac remplissant toute cette vallée.

Pendant la période glaciaire, les glaciers du Tour et de l'Argentière, ainsi que le courant qui descendait du col de Balme, trouvaient en aval un rétrécissement de la vallée qui gênait leur passage; et, de plus, la Mer de glace, les glaciers des Aiguilles, ceux des Bossons et de Taconnaz, très-puissants, descendaient à angle droit dans le val de Chamonix, où sur le versant opposé glissaient également les glaciers des Aiguilles-Rouges et de la chaîne du Brévent. Ces courants élevèrent leur niveau supérieur jusqu'à 2,000 mètres d'altitude au minimum (1), et, trouvant vers Sallanches un rétrécissement de la vallée et une digue élevée, le Prarion, la débordèrent par les cols de Voza et de la Forclaz-Prarion et vinrent s'épancher dans cette vallée de Sallanches, où descendaient également les glaciers sortis du val des Contamines et du val de la Dioza.

Les glaciers du Tour et de l'Argentière, ainsi barrés dans leur

(1) A 1,000 mètres environ au-dessus du village de Chamonix.

cours par le rétrécissement de la vallée et par les masses de glace qui encombraient le val de Chamonix, durent trouver une voie. Un affaissement du soulèvement à la base orientale des Aiguilles-Rouges leur fournit cet exutoire vers le nord, à travers les terrains granitiques et anthracifères des vals de Valorsine et de Salvan. En passant par le col des Montets, ces deux glaciers se réunissaient donc pour tomber directement dans la vallée du Rhône, à Vernayaz, et rencontraient, en chemin, partie du courant glaciaire descendu du Trient, lequel, très-encaissé au droit de la Tête-Noire et ne pouvant suffisamment débiter, élevait assez sa surface pour franchir le col de Forclaz et descendre aussi dans la vallée du Rhône, à Martigny.

Le courant passant par le col des Montets était encore alimenté par le glacier qui, du Buet, descendait le val de Bérard, et par les glaciers latéraux de Fins-Hauts et d'Emaney (col de Barberine).

On observa que, si le col des Montets se trouve à peu près dans la direction du glacier de l'Argentière, le glacier du Tour, au contraire, a devant lui la digue des Posettes et de l'Aiguillette et ne pouvait passer par ce même col des Montets qu'en venant se joindre au bas du glacier de l'Argentière et en se détournant très-brusquement à gauche. Aussi éleva-t-il sensiblement son niveau jusqu'à couvrir entièrement le sommet de l'Aiguillette, en usant et arrachant profondément ses rampes composées de terrains jurassique inférieur, houiller, avec conglomérats de gneiss et de granit.

Il résulte de ce fait que, pendant un long temps, la grande combe du col de Balme fut entièrement remplie de glaces et qu'à peine si le sommet des Posettes émergeait. Et, en effet, sauf la partie formant la crête de ce sommet et de la Croix-de-Fer, toutes les rampes du soulèvement qui, de la Tête-Noire au col des Montets, séparent les vals du Tour, du Trient et de Valorsine, sont profondément érosées et moutonnées par le passage des glaces; et alors, les eaux de l'Arve supérieur, sous forme d'un courant glaciaire, se jetaient à Vernayaz dans la vallée du Rhône, au lieu de descendre dans la vallée de Sallanches. On voit encore au-

100. — Les glaciers de l'Argentière et du Tour. (P. 215.)

dessous de l'aiguille du Chardonnet, le long des rampes qui bordent le glacier de l'Argentière, rive droite, la trace du niveau du glacier qui, bien que déjà au déclin de l'apogée glaciaire, passait encore par-dessus le col des Montets, figure 100 (1). Aujourd'hui le glacier de l'Argentière est descendu en C; mais de B en A on voit une érosion bien marquée, puis des dépôts morainiques qui donnent, de la manière la plus évidente, le niveau supérieur du glacier pendant un long espace de temps. L'altitude du point A est 2,200 mètres environ. Plus bas en D, on constate encore un second niveau de période glaciaire; mais alors le glacier ne traversait plus le col des Montets, il allait se joindre avec celui du Tour, non sans difficulté, au glacier des Bois. C'est alors aussi que les glaciers latéraux E se séparaient du glacier troncal et vivaient de leur vie propre. Aujourd'hui, de ces glaciers latéraux, il ne reste plus que le glacier F (glacier de Lognan) séparé du glacier nord de l'aiguille Verte par une crête de rocher (les Rachasses R).

Lorsque le glacier de l'Argentière atteignait le niveau B A, le glacier du Tour T débordait la crête G, l'usait, puis plus tard y déposait sa moraine latérale de gauche. Mais, pendant l'apogée de l'époque glaciaire, l'arête G H était sous la glace. Cette arête étant moutonnée profondément, les courants des glaciers réunis (du Tour et de l'Argentière) n'ayant plus assez d'épaisseur et de puissance pour franchir les Montets, s'accumulèrent dans l'étranglement de la vallée, au-dessous du village de l'Argentière, forcèrent le glacier des Bois à se détourner brusquement pour leur livrer passage et à limer l'angle nord du contre-fort du Montenvers pour dégager son cours dont le niveau supérieur s'élevait à 2,300 mètres, c'est-à-dire à près de 1,200 mètres au-dessus de son lit actuel à la source de l'Aveyron, ainsi que le constatent les roches moutonnées et les débris morainiques qu'on trouve à la Filiaz, au-dessus du chalet de Montenvers. Le large glacier des Aiguilles, aujourd'hui divisé en trois petits glaciers qui sont ceux des Nantillons, de Blaitière et des Pèlerins, mais qui alors atteignait le niveau supérieur du glacier troncal de Chamonix, ne laissant émerger que la Tapiaz ou

(1) Cette visée est prise de Plan-Praz.

Plan de l'Aiguille, alimentait le glacier troncal qui recevait encore ceux des Bossons, énorme, de Taconnaz, du Bourgeat et de la Gria. Ce courant franchit longtemps la digue du Prarion (1), qui ferme la vallée à l'Ouest, ne pouvant débiter suffisamment par la gorge étroite qui sépare le Prarion de l'Aiguillette et de la Montagne de Fer; d'autant que le glacier qui descendait par le val de la Dioza gênait son cours. Alors ces courants glaciaires, alimentés de tous côtés dans l'affaissement qui forme la vallée de Sallanches, descendaient très-difficilement par le val de Cluses jusque dans la vallée de Bonneville et élargissaient ce val en enlevant des masses considérables des parois.

Les phénomènes glaciaires perdant de leur intensité, le Prarion (1,969 mètres) émergea et le courant de la vallée de Chamonix continua à élargir les gorges de Châtelard et des Chavants pour passer librement. Dans ces gorges, les limages de la glace ont une énergie qui montre quels efforts elle dut faire pour faciliter son passage. C'est alors que le courant glaciaire a déposé les beaux blocs erratiques que l'on trouve en montant à Merlet et sur les rampes de la gorge même du Châtelard.

La fonte continuant, le glacier troncal, formé des glaciers des Bois, des Bossons et de Taconnaz, s'arrêta à l'entrée de la gorge, au droit des Houches et déposa là une moraine frontale. Un large torrent, divisé en deux bras, continua à descendre dans la gorge, remplissant celle où coule le torrent actuel et celle du Châtelard.

Alors, la moraine de droite du glacier des Bois, sans cesse augmentée, tendit à barrer de nouveau le cours des glaciers de l'Argentière et du Tour. Ces glaciers, abaissés aussi, ne purent plus franchir l'obstacle et déposèrent leur moraine frontale le long de la moraine latérale droite du glacier des Bois, au-dessous du Bochard, au point où est aujourd'hui le village de Lavancher.

Puis, le retrait se prononçant, les glaciers latéraux des Aiguilles, ceux du Bourgeat et de la Gria, cessèrent d'être en communication avec le glacier troncal. Le glacier des Bois ne se joignit plus à

(1) Blocs erratiques de protogyne sur le Prarion et moutonnage très-prononcé avec petits lacs.

celui des Bossons, déposa une première moraine frontale de retrait au pied même des Bossons ; plus tard, une seconde moraine frontale au droit du village des Barats, enfin, une troisième au point où est bâti Chamonix (1).

Alors la moraine latérale de droite du glacier des Bois arrivait au-dessus du Chalet de la côte, là, où est un beau bloc de protogyne ; sa moraine de gauche, plus élevée, à cause de la déclivité transversale du glacier vers l'orientation du sud, suivait les rampes du Montenvers et venait s'arrondissant sur Chamonix (2). Ce glacier avait une moraine médiane comme il en possède une aujourd'hui, dont on reconnaît encore le dépôt au-dessus des Praz-d'en-Haut.

En même temps aussi, le glacier de Taconnaz cessait d'être soudé au glacier des Bossons, et celui-ci, livré à lui-même, reculait rapidement ses moraines frontales, mais continuait longtemps à barrer la vallée si bien qu'il obligeait l'Arve à ronger les rampes opposées pour passer.

Cependant, les puissants glaciers de l'Argentière et du Tour déposaient toujours des amas morainiques le long de la moraine latérale droite du glacier des Bois, et cela, jusqu'à l'entrée de la gorge. Fondant de plus en plus, le glacier du Tour se séparait du glacier de l'Argentière et déposait de même une épaisse moraine frontale devant la moraine latérale droite du glacier de l'Argentière.

Un petit lac, retenu par ces amas morainiques, se formait au-dessous du village de l'Argentière, un autre au-dessous du village du Tour.

Ces lacs furent comblés par les débâcles successives, et la période moderne commença.

Dans le val de Contamines, à l'ouest du massif, les phénomènes glaciaires présentèrent moins de régularité, à cause de l'étroitesse de cette vallée, de la nature variée des pentes et des désordres géologiques.

(1) Les restes de cette moraine frontale sont très-visibles sur la rive gauche de l'Arve, notamment dans le jardin de l'hôtel d'Angleterre.

(2) Traces bien visibles de cette moraine, au bas du chemin actuel de Montenvers.

Ce val, bordé sur le versant opposé au massif par des crêtes élevées, parmi lesquelles domine celle du mont Joli, se termine au sud par le Bonhomme, qui se joint aux points culminants du massif de ce côté par des crêtes dont l'altitude atteint 2,500 mètres en moyenne et la dépasse sur beaucoup de points.

Ainsi, le val des Contamines présente, à son origine supérieure, un cirque très-vaste, dont le sol est très-élevé, dont les rampes sont très-abruptes, et qui était singulièrement favorable à l'amoncellement des névés. De plus, dans le massif même, des rides profondes, rapprochées, exposées directement à l'ouest, devaient lui envoyer des courants glaciaires très-puissants. Ces courants aujourd'hui sont ceux du Bionnassay, du Miage français, de la Frasse et de Tré-la-Tête. Sauf ce dernier glacier, les autres cependant ne sont alimentés que par des névés d'une assez faible étendue, mais ils descendent, excepté celui de la Frasse, dans des gorges étroites qui les abritent du soleil.

Aussi, dans ce val de Contamines, l'action glaciaire s'est-elle produite sur les soulèvements, avec une énergie exceptionnelle et qui permet de se rendre compte des effets de la glace sur les roches. La formation géologique de cette extrémité du massif présente en outre une assez grande variété de terrains, et on voit ainsi comment la glace agit sur chacun d'eux.

Les lias occupent en partie les pentes opposées au massif en face de Saint-Gervais, mêlés à des bandes de quartzite et de schistes bariolés, puis apparaissent les terrains jurassiques, puis encore les schistes argileux et bariolés (verrucano). Au Nant-Borant, les lias et schistes ardoisiers pourris, puis au-dessus, les lias, les cargneules, les grès, les conglomérats. En face, sur les rampes du massif, les schistes bariolés, les schistes calcaires, les terrains à anthracite au-dessus de Saint-Gervais, les lias, puis les gneiss, jusque près du col du Bonhomme (1).

Ces terrains, de dureté différente, ont opposé aux glaciers plus ou moins de résistance et ont produit les formes les plus étranges.

(1) Col du Bonhomme, ou plutôt Croix-du-Bonhomme, 2,455 mètres. — Sommet du Bonhomme, 2,695 mètres.

Pendant l'époque glaciaire, le val des Contamines était rempli de glaces jusque peu au-dessous du sommet du mont Joli, et cet épais courant allait joindre celui qui descendait de la vallée de Chamonix le long du Prarion, par le col de Voza ; et même, quand commença la décroissance, le glacier de Bionnassay, barré par celui qui descendait le val des Contamines, se joignait encore au glacier de Chamonix par ce col de Voza et le point connu aujourd'hui sous le nom de Pavillon de Bellevue. Il arriva dans cette vallée ce que nous avons observé dans celle de Chamonix : le niveau des glaces s'abaissa, les glaciers se séparèrent, les contreforts émergèrent. Alors, le val des Contamines fut comblé par d'énormes amas de boues glaciaires qui atteignirent une altitude de 1,200 mètres environ, puis ces boues furent draguées par les torrents.

Il est peu d'endroits où les moraines soient plus intéressantes à observer que dans ce val de Contamines ; les fontes ayant été relativement rapides, ces moraines ont été beaucoup moins délayées et entraînées qu'elles ne le sont dans le val de Chamonix. Dans le val du Bonhomme, un glacier descendait des aiguilles de Bellaval, trouvait un palier aux lacs Jovet actuels, se réunissait au glacier du Bonhomme, au plan Jovet, et se détournait brusquement vers le nord pour passer dans une gorge étroite au Nant-Borant. Là, ce courant était barré par le glacier de Tré-la-Tête qui alors était assez puissant pour franchir la digue sur laquelle est établi le chalet du Pavillon, mais aussi pour descendre directement sur le Nant-Borant.

Plus bas, le glacier de la Frasse se répandait en grande nappe ; puis, par deux ravins, descendait sur les Contamines et formait un second barrage. Plus bas encore le glacier de Miage français formait un troisième barrage par le travers de Saint-Nicolas de Véroce, et enfin, le glacier de Bionnassay interceptait le courant du val au droit de Bionney. Ces barrages répétés dans une vallée étroite firent élever le niveau du glacier troncal à une hauteur de 2,200 mètres environ entre le Nant-Borant et les Contamines (1).

(1) Le Nant-Borant est à 1,457 mètres d'altitude; les Contamines, à 1,200 mètres.

Toutefois, tous ces glaciers n'ayant pas des réservoirs de névés très-considérables, sauf celui de Tré-la-Tête, leurs fontes se produisirent beaucoup plus rapidement que dans la vallée de Chamonix.

Ils remontèrent assez promptement dans leurs vals respectifs, et le glacier latéral de Tré-la-Tête continua seul à descendre dans le val des Contamines jusqu'au-dessous de Notre-Dame de la Gorge, quand déjà les glaciers du plan Jovet et du Bonhomme étaient fort réduits. Cependant le glacier de la Frasse avait laissé en travers du val des Contamines et un peu au-dessus de ce village deux moraines latérales, après que le glacier de Tré-la-Tête était remonté, qui formaient un barrage. Un lac demeura longtemps, entre Notre-Dame de la Gorge et ces moraines, que le torrent ruina en partie en se creusant un passage. Ce lac était en outre alimenté par le Nant-Rouge (1).

Le glacier primitif du Bonhomme s'était divisé en deux parties séparées par une belle moraine médiane qui descend dans le val jusqu'au-dessous de la Balme.

Mais le glacier de Tré-la-Tête avait, lui aussi, formé un barrage dans le val supérieur par l'apport d'une haute moraine (rive gauche) qui fit longtemps du val du Bonhomme, au-dessus du Nant-Borant, un marais.

Se retirant toujours, le glacier du Bonhomme remonta vers les sommets, et la partie de ce glacier, qui occupait le cirque actuel du Bonhomme, réunie au glacier qui descendait de l'aiguille de Bellaval, déposant une moraine frontale au-dessus de la cascade actuelle de la Balme, formèrent un lac à la place du plan Jovet; lac qui fut comblé très-tard.

Enfin, le glacier de Bellaval, séparé de celui du cirque du Bonhomme, déposa une moraine frontale qui forma la digue actuelle des lacs Jovet. Pendant longtemps, c'est-à-dire jusqu'au moment où le val du Bonhomme fut déblayé des glaces, le grand glacier de Tré-la-Tête descendit directement dans ce val au droit de Notre-Dame de la Gorge, ainsi que l'indique le moutonnage des

(1) Voyez la carte générale.

101. — Le glacier de Bionassay. (P. 221.)

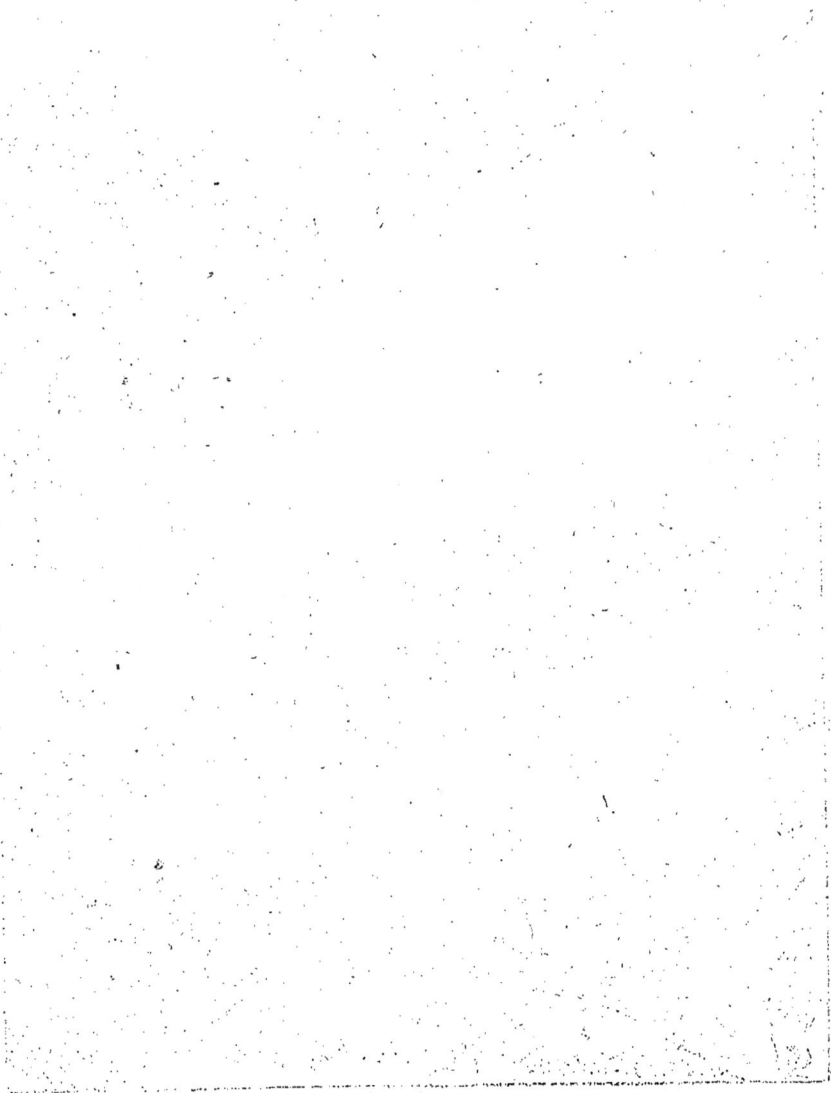

roches si profondément accusé sur la rive droite de ce glacier, jusqu'au-dessus du chalet (Pavillon).

Les moraines latérales du glacier de Bionnassay sont très-intéressantes à étudier; on en compte jusqu'à six, sur la rive gauche du val de Bionnassay et au bas du glacier actuel, qui indiquent des périodes de diminution de ce glacier à une époque relativement récente.

Ces moraines rapprochées, parallèles et accusant un amoindrissement successif du courant glaciaire, sont à peu près égales en hauteur et volume, ce qui prouve des retraits assez brusques, suivis de périodes de constance, figure 101. L'étude de ce glacier donne lieu à d'autres observations curieuses. Elle fait voir comme les glaciers remontent vers les sommets par étapes ou paliers. Ainsi, dans notre figure, le glacier actif s'arrête aujourd'hui en A (1). Mais il reste en B une masse terminale glaciaire inerte aujourd'hui, en ce qu'elle n'est plus soudée au tronc. Cette masse B fond sur place sans plus avancer. La solution de continuité s'est faite au point de rétrécissement des moraines et sur un ressaut.

Lorsque ce glacier descendait jusque dans le val des Contamines en face du village de Bioney, après la grande période glaciaire, son niveau supérieur était en N et tout le cirque C était plein de névés.

Dans le val même de Bionassay, et jusqu'au-dessous de ce village, on voit quatre moraines latérales déposées par le glacier sur sa rive droite, lorsque son point terminal était au droit de Champel. A cause de l'étroitesse et de l'orientation du val, ce glacier eut une longue durée, ainsi que le prouvent les énormes débris de sa moraine frontale au débouché de ce val dans la vallée de Saint-Gervais.

Lorsqu'on franchit le col du Bonhomme, on se trouve sur des terrains composés de conglomérats, de lias, de grès, avec quelques réserves de terrains postérieurs (2), des plus intéressants à observer et sur lesquels les glaces ont creusé de profondes rai-

(1) Ce dessin a été fait en 1871. Actuellement la masse B n'existe plus et le point terminal A est encore remonté.

(2) La Bonne Femme.

nures aux dépens des roches friables ; puis on atteint la cime et le col des Fours (1), qui ont été si bien limés, arrondis par les glaces, que ce désert présente l'aspect d'un plateau dénudé d'où partent des ravins d'abord mousses, à peine accusés, puis, se creusant de plus en plus et montrant leurs flancs escarpés d'un gris sombre en descendant vers le Chapiu. Aucun lieu n'égale la tristesse de cette solitude naguère occupée par les glaces, lesquelles ont aujourd'hui disparu.

C'est là que l'on peut étudier à loisir le lit des glaciers, car il en existait encore il y a dix ans, autour de la cime des Fours. Bien après l'époque glaciaire, tout l'espace compris entre cette cime des Fours et le col du Bonhomme n'était qu'un grand glacier qui descendait d'une part au Chapiu, de l'autre dans le val des Mottets. Ce val des Mottets est creusé au bas du grand glacier désigné, sur notre carte, par le nom de glacier de Saussure (2), et qui est situé à l'extrémité méridionale du massif du Mont Blanc. Pendant l'époque glaciaire, le triste val des Mottets était entièrement rempli de glaces qui s'écoulaient par une gorge étroite, creusée dans les lias et les schistes ardoisiers jusqu'au Chapiu.

Le niveau de ce réservoir glaciaire s'élevait jusqu'au col de la Seigne d'où l'on descend en Italie par le val Veni. Un lac se forma, à l'extrémité du val des Mottets, qui fut comblé par les boues glaciaires et les moraines entraînées. Par suite de son orientation, le glacier des Mottets fondit rapidement et occasionna des débâcles dont on retrouve les atterrissements jusqu'au-dessous du bourg Saint-Maurice.

Les rampes du massif du Mont Blanc, sur le val Veni et le val Ferret creusés sur la même ligne, sont beaucoup plus abruptes que du côté de Chamonix, et les glaciers, alimentés par des névés peu étendus, descendent moins bas. Les plus considérables des glaciers latéraux du val Veni sont ceux de Miage italien et de la Brenva. A l'apogée de la période glaciaire, ces glaciers du val

(1) 2,710 mètres. On trouve là les schistes micacés, les schistes houillers, les lias.

(2) On donne à ce glacier le nom de *Glacier* ou *Grand Glacier ;* dénomination vague. M. Ch. Martins a proposé de lui donner le nom de *Saussure*, et nous nous rangeons de l'avis de l'illustre savant.

Veni passaient par-dessus le col de Chécouri et laissaient à peine émerger le sommet du mont Chétif; car l'exutoire étroit, qui débouche par Cormayeur dans la vallée d'Aoste, était bien loin de suffire à l'écoulement.

Il n'est même pas certain que cette gorge fût alors libre, et elle paraît avoir surtout été creusée par les débâcles qui auraient brisé la digue rocheuse réunissant le mont Chétif au mont de Saxe. Ainsi, les glaciers du col de la Seigne, de l'Allée-Blanche, de Miage, du Brouillard, du Fresnay, de la Brenva, de Toule dans le val Veni; ceux du Fréty, de Rochefort, des Grandes-Jorasses, de Fréboutzie, de Triolet et du mont Dolent, dans le val Ferret italien, tombaient tous dans une étroite dépression sans issue. Ils la remplirent, et, trouvant sur l'autre versant des soulèvements de faible consistance, ils les franchirent en les écrétant. Mais alors ce réservoir glaciaire dut atteindre une altitude de 2,400 mètres. L'énorme pression, trouvant un point plus faible entre les monts de Saxe et le mont Chétif, brisa la digue, et les glaces commencèrent à descendre régulièrement vers Aoste, en sens opposé, c'est-à-dire en réunissant leurs courants à Entrêves.

Cependant l'escarpement du massif et l'étroitesse peu ordinaire des gorges dans lesquelles descendent les deux glaciers du Miage et de la Brenva ont assez protégé ces deux courants, malgré l'orientation favorable à l'ablation, pour que leur point terminal atteigne encore le val Veni même, où les deux glaciers se retournent pour se diriger sur Entrêves en déposant des moraines latérales très-importantes. Celle de droite du glacier de Miage a barré la vallée et retenu les eaux d'amont qui forment le lac Combal, dont l'exutoire a dû se creuser aux dépens des rampes de cette moraine qui venait s'appuyer sur les pentes opposées au massif.

Les moraines du val Veni ont un volume très-considérable et sont composées en grande partie de blocs énormes, ce qu'explique l'escarpement du massif et la nature relativement peu consistante de la protogyne des sommets, feuilletée sur beaucoup de points et mêlée de filons de serpentine, de diorite, de schistes cristallins; et aussi la base du soulèvement, qui semble reposer sur une épaisse couche renversée de terrain jurassique liasique, lesquels, en se décomposant facilement et formant des talus, ont permis aux éboulements de se produire sans que les fragments des roches supérieures aient été brisés par des chocs répétés.

On peut apprécier exactement encore aujourd'hui les différentes hauteurs qu'atteignaient les glaciers dans le val Veni, au moment de la décroissance de la période glaciaire, sur un grand nombre de points, car ces glaciers ont laissé les témoins de leurs anciens niveaux. Nous prenons un exemple entre plusieurs.

Quand on a dépassé en aval le lac Combal et qu'on se trouve un peu au-dessus de l'auberge d'Avizaille, se tournant du côté du glacier de Miage, on a devant soi l'aiguille du Châtelet (altitude 2,504 mètres), et plus loin les monts du Brouillard. Cette aiguille du Châtelet est limée jusqu'à son sommet par le passage des glaces. Ce sommet était donc immergé. Or les arêtes des montagnes du versant opposé ne s'élèvent pas, en moyenne, à plus de 2,300 mètres ; elles sont complétement moutonnées et criblées de ces petits lacs si caractéristiques qui indiquent un courant glaciaire, ayant eu une longue durée (1). Donc, les glaciers qui descendaient des rampes du massif du Mont Blanc remplissaient entièrement le val Veni et débordaient la chaîne opposée. La figure 102 donne cette aiguille du Châtelet, avec son sommet usé. Puis en A B le niveau d'une période d'abaissement du glacier du Fresnay qui alors se réunissait au glacier du Brouillard (2) et à celui de Miage ; puis un deuxième niveau d'abaissement D F, dans les mêmes conditions ; puis un troisième niveau D E, *f* F d'abaissement. Alors commençaient à se séparer les trois glaciers. Puis la moraine V qui indique une période de séparation définitive.

Aujourd'hui le glacier du Fresnay s'arrête en G ; le glacier du Brouillard, à peu près au même niveau. On voit en P son lit ancien et sa moraine M latérale droite qui vient se réunir à la moraine gauche du glacier de Miage. Ce glacier du Brouillard se réunissait à celui de Miage quand il atteignait le niveau C H. Lorsqu'il s'en

(1) Le plus important de ces petits lacs est le lac de Chécouri.
(2) Voir la carte générale.

102. — L'aiguille du Châtelet (val Veni). (P. 224.)

sépara, il descendit suivant la ligne HI; s'abaissant encore, il traça la ligne LK. On voit en R la grande moraine récente de droite des glaciers de Miage et du Brouillard réunis. En T les moraines antérieures, et en S les traces de la moraine plus ancienne encore, recouverte par celle T.

Ces ruines des rampes du massif, dans le val Veni, absolument dépourvues de végétation, permettent ainsi d'observer les phases glaciaires successives, leur décroissance avec périodes d'arrêt. L'aiguille de protogyne du Châtelet montre à nu son système cristallin, usé, limé par les glaces avec quelques parties arrachées, la plupart émoussées, arrondies, cavées ; tandis que le premier sommet des monts du Brouillard X (3,350 mètres), ayant émergé du courant glaciaire, dès les premiers déblais de neiges, montre ces ruines anguleuses, disloquées par places, qui caractérisent les sommets des arêtes altérées, non par le passage des glaces, mais par les variations brusques de température.

Mais longtemps le glacier de Miage italien barra complétement le val Veni, encombré en aval par les glaces descendant des glaciers du Brouillard, du Fresnay et de la Brenva, et même, alors que déjà ces trois glaciers réunis s'écoulaient par Cormayeur dans le val d'Aoste, le glacier de Miage était forcé de franchir la digue de la chaîne opposée, au sud-ouest du mont Chétif, par le col de Chécouri, descendant ainsi directement à Cormayeur par Dollone (1). Le défilé entre Cormayeur et Entrêves dut être encombré fort tard par les glaces, et le glacier de Miage conserva longtemps ce lit relevé sans suivre le val Veni, car les traces profondes de son passage sont très-visibles, et l'érosion produite par la glace, des plus énergiques.

L'ablation des grands glaciers fut évidemment plus rapide sur ce versant du massif du Mont Blanc que sur l'autre ; mais on peut mieux constater et classer peut-être de ce côté les périodes de décroissance suivies de périodes de niveaux constants, qu'on ne saurait le faire sur le versant de Chamonix.

Les bords supérieurs des glaciers, entraînant le long des escar-

(1) Voir la carte générale.

pements des pierres en grande quantité, ont marqué leur niveau sur les roches les plus dures par une série d'érosions profondes, et aussi en laissant dans les cavités des débris qui semblent y être maçonnés, et c'est ainsi que, sur les parois des glaciers descendant dans le val Veni, on peut reconnaître les affaissements successifs de ces glaciers. Toutefois, — et nous croyons devoir insister sur ce point, — il y a eu décroissance plus ou moins lente, mais non interrompue, puis un état qui s'est maintenu sans diminution ni augmentation durable, puisqu'il a fallu un grand nombre d'années pour creuser les traces telles que celles si visibles en HI, par exemple, de la figure 102, ou encore celles DE *f*. Il y a donc eu, après l'apogée de la seconde époque glaciaire, de grandes fontes pendant un certain laps de temps, puis arrêt; deuxième période, pendant laquelle les glaces se sont maintenues à un niveau constant; puis troisième période, nouvel arrêt, et ainsi jusqu'aux époques historiques. Nous admettons que ces observations ne sont pas de nature à faciliter l'explication du phénomène glaciaire sur notre globe; mais elles résultent de faits que chacun peut constater. Sur aucun point du massif on ne peut mieux signaler l'action des glaces sur les soulèvements que dans ces vals Veni et Ferret. Les entraînements et ruptures qu'elles ont produits sont d'une évidence terrible. Agissant comme un bélier par leur poids ou leur choc, ou comme une lime, elles ont enlevé des morceaux entiers de la montagne et ont façonné leur lit. En face de l'auberge d'Avizaille, le glacier du Fresnay et le petit glacier du Châtelet présentent un amas de ruines dont on peut difficilement se faire une idée, des escarpements inusités résultant de ruptures violentes. La figure 103 montre ce glacier aujourd'hui très-réduit. En A sont les rampes du mont Rouge (1), en R le palier qui réunissait les glaciers du Fresnay et du Brouillard. Alors émergeaient les aiguilles B C D.

En E sont les rampes rocheuses du Mont Blanc, qui, dénudées de ce côté, se dégradent chaque jour. Lorsqu'enfin les glaces furent limitées dans l'affaissement qui forme aujourd'hui les vals Veni et

(1) Cette vue fait suite à la précédente (voir la carte générale).

103. — Revers méridional du Mont Blanc. (P. 226.)

104. — Les vaux Ferret et Veni. (P. 227.)

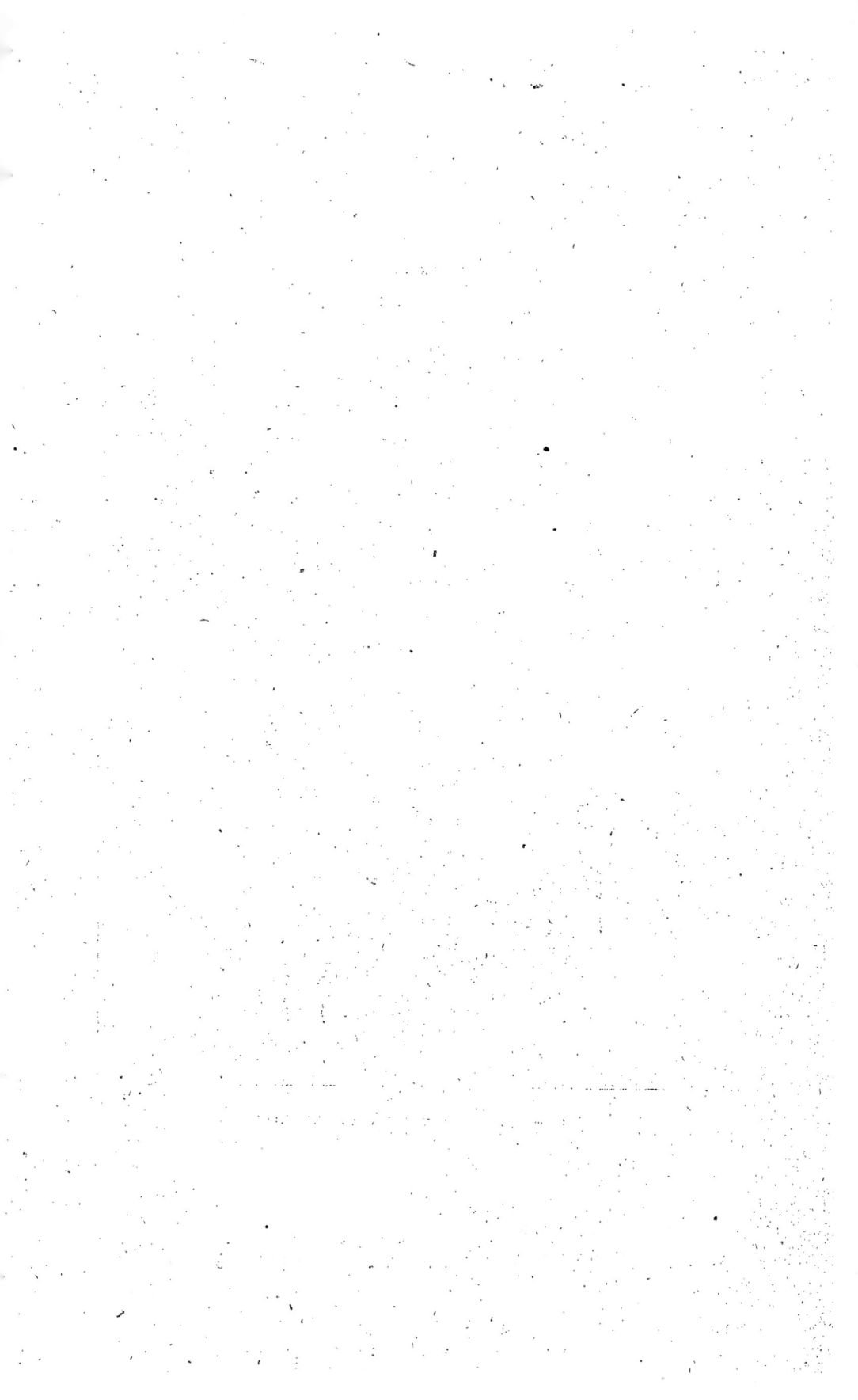

Ferret, elles débouchèrent, comme il a été dit, dans le val d'Aoste, par une gorge resserrée où sont établis aujourd'hui les bains de la Saxe; mais il y eut longtemps un lac à l'enfourchement, sur l'emplacement d'Entrêves. A partir de ce village, le val Ferret s'élève beaucoup en sens opposé au val Veni et longe le revers du Géant, des Grandes-Jorasses, de l'aiguille de Leschaux, du mont Grenetta, pour arriver au col Ferret, au-dessus du glacier du mont Dolent. Les soulèvements schisteux du versant opposé sont profondément limés par le passage des glaces qui, pendant l'apogée de la période glaciaire, passaient par-dessus cette digue comme elles passaient par le col de Chécouri, en face du sommet du Mont Blanc, dans le val Veni.

Le grand glacier du val Ferret débordait la crête du mont de Saxe et tombait entre cette chaîne et le mont Cormet dans une couche de terrains triasiques qu'il creusait pour rejoindre le val de Cormayeur, au-dessous de la digue. En effet, l'arête des monts de la Saxe ne s'élève pas à plus de 2,338 mètres (point culminant), et les traces supérieures du grand glacier du val Ferret (époque glaciaire) se trouvent au bas des Grandes-Jorasses à plus de 2,500 mètres. Du reste, une vue des vals Ferret et Veni, prise du col Ferret (2,536 mèt.), figure 104, explique parfaitement comment les masses glaciaires, descendant des pentes du massif du Mont Blanc, devaient passer par-dessus les rampes opposées. Notre figure laisse voir en A le mont Chétif, derrière le sommet duquel passaient les glaces descendant directement du Mont Blanc au droit d'Avizaille; en B la rupture sur la vallée d'Aoste; en C les rempants des Grandes-Jorasses; en D le col de la Seigne, et en V le val Veni supérieur. Les rampes du massif, plus abruptes encore dans le val Ferret que dans le val Veni, furent cause que les glaciers, après l'apogée de l'époque glaciaire, cessant de se réunir dans la vallée pour descendre vers Entrêves, s'arrêtèrent brusquement le long des rampes opposées et ne formèrent pas ces détours des glaciers de Miage et de la Brenva. Divisés entre eux, par l'ablation du glacier troncal, ils butèrent leurs moraines frontales le long de ces rampes opposées et barrèrent le val si bien, que le torrent d'amont dut passer sous leur lit pour descendre vers Entrêves, et qu'il se forma une série de petits lacs entre chacun de ces glaciers.

C'est ce qu'indique la figure 105 (section du val Ferret, sur les Grandes-Jorasses, le hameau de la Vachey et les chalets de Sécheron).

Cette coupe fait voir que les amoncellements de névés, pendant la grande période glaciaire, suivaient la pente AB et passaient par-dessus les rampes schisteuses opposées. Quand les glaciers perdirent de leur puissance, le glacier qui descendait des Grandes-Jorasses, et qui aujourd'hui est réduit aux minces dépôts du Tron-

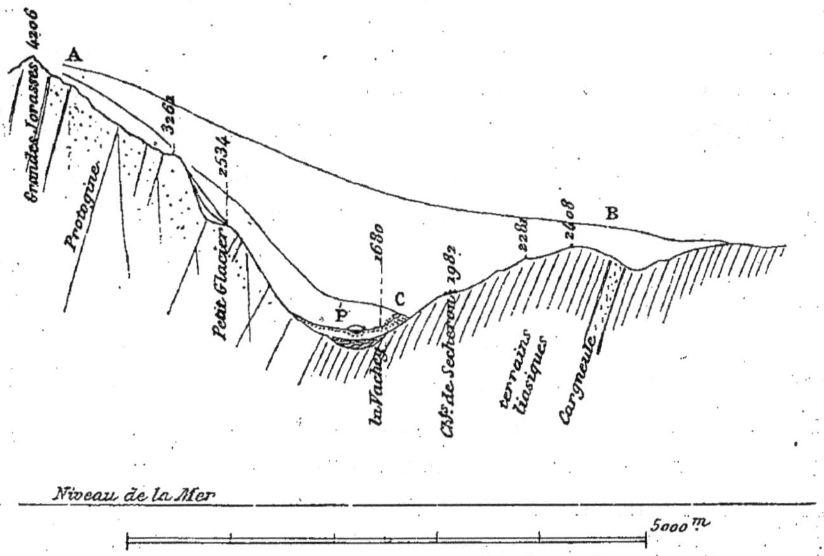

105. — Coupe du val Ferret italien.

chey, donnait la section longitudinale AC et déposa une haute moraine frontale en C. Le torrent venant du col Ferret, du Dolent et des glaciers de Fréboutzie et du Triolet, dut donc se frayer un passage en P sous la glace, non sans laisser un lac au droit des chalets de Fréboutzie.

Au-dessus de ce lac, les deux glaciers réunis du Triolet et du Dolent, à la partie supérieure du val, déposèrent une épaisse moraine frontale en travers du val qui forma un petit lac. Ce ne fut que très-tard que ces deux glaciers se séparèrent.

Quand on a passé le col Ferret, on descend dans le val Ferret suisse qui se trouve dans l'axe du val Ferret italien, se prolongeant au nord jusqu'à Sembrancher. A partir du col Ferret, la protogyne cesse d'apparaître et les rampes du massif ne se composent que de gneiss sur une base renversée de terrains liasiques. Ce val, indépendamment des glaciers latéraux du massif, recevait celui qui descendait du Grand-Golliaz. Cette réunion produisit au droit du village de la Folly, en face le glacier de Laneuvaz descendant du massif, un élargissement considérable dans la vallée, qui, après l'époque glaciaire, contenait un lac bientôt comblé par les boues des rampes, composées, sur le versant opposé au massif, de terrain liasique, de schistes gris argileux et calcaires.

Quant aux glaciers du massif, n'ayant, sauf celui de Saleinoz, que des névés supérieurs peu étendus, leur point terminal est situé très-haut et ils n'ont qu'un développement peu considérable (1). Les rampes du massif, par contre, présentent un escarpement abrupt, sous forme de grands plans pyramidaux, d'une venue, sans ressauts et d'un aspect des plus sévères.

Les grands courants glaciaires troncaux qui descendaient du col Ferret, du grand Golliaz, rencontraient à Orsières un autre courant glaciaire qui descendait du Vélan et du grand Combin, puis ces trois troncs rencontraient à Sembrancher un quatrième courant qui descendait aussi du grand Combin, du mont Colon et du Mont Blanc de Cheillon (2). Ce quatrième tronc était d'une puissance considérable et venait barrer à angle droit le glacier troncal qui suivait les rampes orientales du massif du Mont Blanc. De plus, au-dessous de Sembrancher, la pointe du massif, réunie à la Pierre-à-Voir, barrait absolument le passage. L'amoncellement des glaces dut être énorme dans le val Ferret suisse, par suite de ces circonstances, car on observera que, sur aucune autre paroi du massif, ne se présentent des affluents glaciaires ayant cette puissance. Aussi, toutes les arêtes du soulèvement, entre le

(1) Les points terminaux des glaciers de Laneuvaz, de Truzbue et de Planereuse ne sont guère au-dessous de 2,400 mètres; tandis que le point terminal du glacier de Saleinoz était à environ 1,500 mètres d'altitude, il y a quinze ans. Aujourd'hui, il est beaucoup plus haut, 1,800 mètres.

(2) Les principaux restes de ce courant sont : les magnifiques glaciers d'Otemma, de Breney et de Getroz, sur la rive droite; ceux du mont Durand, de Zessetta et de Corbassière, sur la rive gauche.

massif du Mont Blanc et le val de Bagne, qui aboutit à Sembrancher, remontant vers le sud-est, furent-elles immergées sous les glaces, et leur nature peu résistante fit qu'elles furent profondément limées et adoucies.

Tout porte à croire que ces courants, réunis à Sembrancher, sans trouver d'issue, passèrent à l'ouest de la Pierre-à-Voir pour se jeter dans la vallée du Rhône par le pas du Lens, sur le prolongement des schistes argileux, soulevés sur ce point. Ce qui n'est pas douteux, c'est l'accumulation prodigieuse des glaces au confluent des vals d'Orsières et de Bagne, accumulation qui, en ruinant les parois, par frottement, forma un immense cirque. Mais, au-dessous de Sembrancher, la pointe nord du massif du Mont Blanc s'abaisse, la protogyne cesse de paraître et les gneiss et les terrains liasiques percent. Les glaces profitèrent de cette déclivité et de cette solution de continuité des roches pour se frayer un nouveau passage dans le prolongement du courant descendant du val de Bagne, et venir tomber au-dessus de Martigny. Dans cet étranglement, les ruines ont un aspect formidable. Toutefois la digue n'était pas abaissée au point de laisser couler un torrent. Au moment des premières débâcles, il se forma donc un lac au-dessus de Sembrancher ; lac dont le niveau s'éleva jusqu'au village de Verségère et qui avait ainsi sept kilomètres de longueur. Alors seulement, il pouvait franchir la digue liasique de la pointe du Catogne déjà abaissé par le passage du courant glaciaire. Les débâcles de tous ces affluents glaciaires accumulèrent des masses énormes de boues dans ce réservoir, et celles-ci rompirent définitivement la digue jusqu'au niveau de la vallée actuelle de Sembrancher, ce qui permit aux torrents de s'écouler. Ce lac se vida et laissa seulement un dépôt d'alluvion.

L'effort des glaces, en raison des circonstances locales que nous signalons, produisit entre les soulèvements du Catogne, de la Pierre-à-Voir et des Six-Blancs, des effets qu'il est bon d'étudier ; car ils font assez ressortir l'importance des agents glaciaires auxquels certains géologues contestent la puissance. Mais ces courants glaciaires, au moment de leur apogée ne pouvaient se contenter de l'écoulement pénible qu'ils trouvaient à l'ouest de la Pierre-à-

Voir, à une altitude de 1,660 mètres (Pas du Lens) et sur la digue que leur opposait le soulèvement liasique entre le Catogne et ce Pas. D'ailleurs, seul, le courant formidable du val de Bagne profitait de cet exutoire, et le courant oriental du massif du Mont Blanc, refoulé, ne pouvant s'écouler, se fraya un passage dans le prolongement de son affluent du val d'Entremont en coupant la pointe du massif et en séparant ainsi le Catogne de ce massif, à travers la protogyne, les schistes porphyritiques et les gneiss. Une faille ou une dépression dans le soulèvement facilitèrent évidemment ce passage que les glaces élargirent avec une puissance prodigieuse pour venir tomber au-dessus de Martigny et joindre ainsi le glacier troncal du Rhône. Toutefois la résistance qu'opposait au passage de ce bras le soulèvement du massif ne permit à la glace de s'écouler qu'en glissant sur un dos d'âne dont le point culminant atteint 1,500 mètres d'altitude, de telle sorte que d'Orsières (850 mètres) le courant remontait pour redescendre jusqu'au Borgeau (600 mètres). Nous avons vu que la plasticité de la glace lui permet de s'avancer, malgré ces différences de niveau, dans le lit qui lui sert d'assiette.

Cependant, quand l'ablation commença, le courant oriental du massif laissa émerger le point culminant de son lit au-dessous du Catogne et fut contraint de se joindre au courant du val de Bagne, en déposant des moraines latérales énormes sur la rampe orientale du Catogne et sur la rampe occidentale des Six-Blancs. Plus tard, la disjonction étant opérée, le glacier du val Ferret suisse et le glacier du val d'Entremont, unis encore, déposèrent une puissante moraine frontale à Orsières. Quand la disjonction entre ces deux glaciers fut consommée, celui du val Ferret suisse remonta son point terminal à sa jonction avec le glacier latéral de Saleinoz, en déposant une moraine frontale à Praz-le-fort où il se forma un petit lac.

Sur le lit de l'ancien glacier qui passait entre le Catogne et le massif, lit à deux pentes, comme il vient d'être dit, plus tard, de petits glaciers latéraux, établis sur les deux rampes et notamment sur celle exposée au nord, où il en reste encore des lambeaux, formèrent des moraines qui vinrent barrer ce val étroit et retinrent un petit lac, au-dessus d'Orsières : le lac Champey, qui existe encore (1,468 mètres), mais qui se comble chaque jour par les apports de sable et de cailloux.

Le Catogne est une des montagnes les plus intéressantes à étudier, à tous les points de vue. Elle forme une pyramide à base triangulaire régulière, avec trois plans bien accusés dont le sommet isolé s'élève à 2,600 mètres. Sa base orientale présente un soulèvement de lias, puis de gneiss porphyritiques au sommet ; puis, vers le nord-ouest, une bande de protogyne orientée comme le massif, du nord-nord-est au sud-sud-ouest, puis une bande de gneiss.

Les jonctions de ces roches, non-seulement se distinguent nettement, mais ont produit des ruines d'un aspect différent, bien que l'ensemble présente un caractère général de plans et d'arêtes. Sur quelques points, au contact des gneiss porphyritiques, les lias ont acquis une plus grande dureté, et ont même mieux résisté que ces gneiss aux agents atmosphériques et au passage des glaces. C'est ce qu'on observe très-bien à l'arête (1) qui de Sembrancher se dirige vers le sommet, dans la direction du nord-nord-est au sud-sud-ouest. Cette arête résistante ne se retrouve plus sur l'autre versant du val de Sembrancher où la couche des lias prend beaucoup plus de largeur.

Le sommet du Catogne d'où on enfile dans sa longueur tout le massif du Mont Blanc est un excellent observatoire pour vérifier la position de tous les sommets de ce massif (partie nord-nord-est) et pour étudier les sommités du Grand-Combin, du Mont Blanc de Cheillon et du Vélan, qui n'en sont éloignés que de 19 à 20 kilomètres.

On a vu, figure 12, que le massif du Mont Blanc présentait originairement un plateau s'élargissant vers son extrémité nord-nord-est, et que la protogyne, vers cette extrémité, comprimée, formait un bourrelet qu'encaissaient les schistes cristallins à une altitude moyenne de 3,000 mètres ; que la protogyne cependant paraissait encore le long de ces schistes cristallins.

Il résulte, de cette formation première, que le massif vers cette

(1) Voir la carte générale.

extrémité, au lieu de présenter des névés encaissés, des cirques, comme dans sa partie moyenne, forme des plateaux très-élevés d'où descendent trois glaciers principaux, qui sont : vers l'est, le glacier de Seleinoz, dans le val Ferret suisse ; le glacier du Trient, dans le val du même nom, et le glacier du Tour dans le haut val de Chamonix.

Bien que le glacier du Trient ne soit pas alimenté par un névé d'une très-grande étendue, ce névé, étant à une grande altitude et n'ayant que des pentes faibles, permet à ce glacier, orienté vers le nord, de descendre assez bas (1,580^{m}). Quant au glacier de Saleinoz qui se trouve dans des conditions analogues, au-dessous de ses névés assez plats et dont l'altitude est de 3,000 mètres en moyenne, il trouve une gorge étroite qui le protége contre l'orientation du sud.

Pour le glacier du Tour, son point terminal est aujourd'hui très-élevé, ses névés, bien qu'à une grande altitude et plats, n'occupant pas une très-vaste surface.

Mais ces trois glaciers principaux, et ceux intermédiaires plus faibles, partent tous, comme il vient d'être dit, d'un plateau d'une altitude moyenne de 3,200 mètres, percé seulement par des arêtes et sommets qui ne s'élèvent guère au-dessus de leur surface que de deux à trois cents mètres. Seule, l'aiguille de l'Argentière, la reine de cette partie du massif, atteint 3,912 mètres.

Mais, précisément parce que cette extrémité du massif se présente sous la forme d'un plateau dans sa partie supérieure, la période glaciaire a eu sur cette surface une action très-puissante. Les neiges la recouvraient en totalité, ne laissant émerger que de rares sommités. Aussi, l'action érosive des glaces se fait-elle voir très-haut et sur de vastes espaces.

Pour se rendre compte de cette action puissante, il faut visiter les glaciers, à peu près éteints aujourd'hui, d'Orny, des Écandies, dont les lits ravagés montrent la roche à nu, limée, polie, puis des amas morainiques abandonnés, comme le serait un travail de déblai brusquement suspendu.

L'altitude des glaces au droit de la plus haute déclivité du glacier de Saleinoz était de près de 3,000 mètres, c'est-à-dire à plus de 400 mètres du niveau actuel du glacier sur ce point. Le plateau s'étendait aussi au-delà de ses limites actuelles; il a réduit sa surface en ruinant peu à peu ses pentes et élargissant les exutoires dont les glaciers, à l'origine, profitèrent pour commencer leur marche. Les ravinages produits par le cours réglé des glaces descendant de ce plateau ont peu à peu empiété sur sa surface et, figure 106 (1), d'un profil que donne le tracé A B ont fait la section *a b c d e f* (lit des glaciers actuels) en laissant subsister des témoins C D qui forment les berges de ces glaciers, berges profondément ruinées. Mais, si sur le plateau de A en B, à 3,500 mètres d'altitude, l'approvisionnement des neiges était très-considérable, il est beaucoup moindre sur le plateau réduit *b d* et les

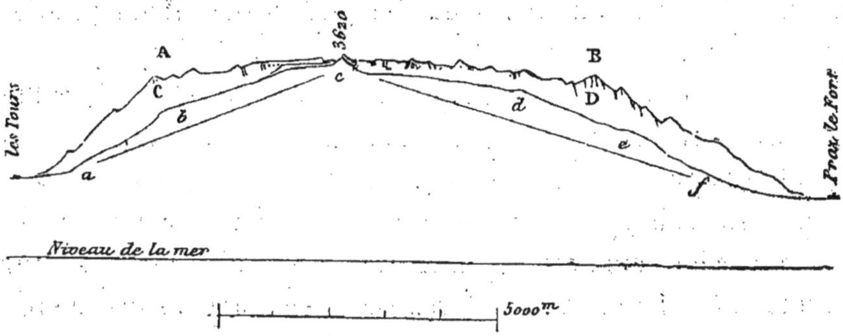

106. — Section sur les glaciers du Tour et de Saleinoz.

cours glaciaires qui descendent de *b* en *a* et de *d* en *f* réchauffés par la réverbération des témoins C D sont soumis à des causes d'ablation d'autant plus rapide que leur masse décroît. En supposant que, dans la suite des temps, le creusement des lits atteignît les deux lignes *c a*, *c f*, l'approvisionnement des névés, malgré l'altitude, serait trop minime pour alimenter des glaciers. Aussi, pendant que les grands cirques de la partie centrale du massif, bien qu'à une altitude moyenne moindre, donneront encore des approvisionnements de névés assez puissants pour alimenter des glaciers, les parties formant plateau, de ce massif, tendront sans cesse à réduire l'alimentation par l'érosion même des bords de ce plateau.

Nous avons dit que le glacier du Trient, gêné dans son écou-

(1) Profil fait suivant le Trient et le glacier de Saleinoz.

lement par le grand courant glaciaire qui, descendant de l'Argentière et du Tour, passait par le col des Montets, suivait le val de Valorsine en se jetant dans la vallée du Rhône par Salvan, avait dû, pendant l'apogée de l'époque glaciaire, déborder le col de la Forclaz et descendre à Martigny en droite ligne. Mais, lorsque le grand glacier du val de Valorsine réduit eut son point terminal vers Barberine, de son côté, le glacier du Trient laissait émerger le col de la Forclaz et se frayait un passage dans la gorge étroite qui, du val du Trient, descend à la Tête-Noire. L'étroitesse de cette gorge que le glacier ne put déblayer au niveau de son lit, produisit un lac à l'emplacement actuel du hameau du Trient, lac aujourd'hui rempli de cailloux et de sables.

Dès lors, le torrent du Trient creusa profondément son lit jusqu'à Vernayaz, en joignant à son cours le Nant du val de Valorsine.

Lorsque le glacier du Trient passait par le col de la Forclaz, il creusa son lit aux dépens d'une bande de terrain liasique étroite, enclavée entre des bandes de gneiss sur sa rive gauche et de schistes micacés sur sa rive droite. Quant au torrent qui se jetait à Vernayaz, il passait dans une fêlure produite entre les gneiss et schistes micacés, laquelle se trouvait le long de la rive droite de l'ancien glacier dont le courant glissait sur les roches anthracifères de Salvan, profondément sillonnées par son passage : le cours de la glace étant parallèle aux strates.

La masse glaciaire qui descendait du col de Balme et se réunissait au Trient au-dessous de la Croix-de-Fer avait profité de la jonction des terrains jurassiques inférieurs avec les schistes micacés séparés par quelques bandes de cargneule pour creuser un lit très-encaissé à sa base.

Cette extrémité nord-nord-est du massif du Mont Blanc, ainsi que l'extrémité sud-sud-ouest, présente une grande variété de roches et des déchirures violentes qui montrent assez l'effort de la protogyne soulevée pour se faire jour entre les strates des terrains subsistants avant ce soulèvement. De là ces fêlures, ces solutions de continuité qui ont formé ces gorges très-étroites et profondes dans lesquelles les torrents ont trouvé un passage.

Le point terminal du grand courant glaciaire troncal de la vallée du Rhône était depuis longtemps déjà remonté vers les parties hautes de cette vallée, que le courant glaciaire de Valorsine et de Salvan descendait encore en face de Vernayaz, ainsi que le prouvent les roches moutonnées de son lit au-dessus de ce village et jusqu'au niveau de l'alluvion.

Mais la moraine frontale de ce glacier fut balayée par les apports torrentiels du Rhône, et on ne voit plus que les restes de ses moraines latérales qui s'ensevelissent sous ce remblai.

Cette revue générale des rampes du massif du Mont Blanc serait incomplète si nous ne pénétrions pas dans le cœur même du soulèvement, afin de faire apprécier quelques-uns des phénomènes qui accusent les ruines partielles qu'il a dû subir.

En examinant la carte générale du massif, tout observateur attentif sera frappé de la disposition polygonale des arêtes qui réunissent les sommets.

Au centre même du massif, le plus grand des glaciers du Mont Blanc, la Mer de glace, est alimenté par les névés de trois cirques vastes, qui sont : au nord-est, le glacier de Talèfre ; au sud-est, le glacier de Leschaux ; au sud-ouest, le glacier du Géant et de l'Allée-Blanche, séparés par le rocher du Rognon. Ces trois cirques ont longtemps, pendant la période glaciaire, formé un large plateau qui ne s'est ruiné que successivement sur les points les plus faibles et a donné un écoulement régulier aux courants glaciaires.

Ainsi, l'aiguille du Moine se réunissait à l'arête qui, de l'aiguille de Talèfre, descend jusqu'à la grande moraine de Béranger. On voit, en montant le long de cette moraine, les ruines gigantesques qui accusent la rupture de cette arête et comment les rampes orientales de l'aiguille du Moine ont été profondément limées par les glaces lorsque la ligne de jonction a été rompue. De même, du pic du Tacul, on observe encore, au-dessus des névés de Leschaux, un contre-fort qui, se dirigeant vers le nord-est, établissait une ligne de jonction entre ce pic et l'aiguille de Talèfre, de sorte que ce glacier de Leschaux formait un grand palier couvert de névés, à une altitude de 3,500 mètres environ. De l'aiguille du Géant, les restes d'une arête se dirigent vers la seconde aiguille du Plan. Cette arête a été rompue au droit des séracs actuels du Géant, pour laisser écouler les névés du grand glacier qui est borné au sud-ouest par le mont Maudit et au nord par l'aiguille du Midi.

De même aussi, le soulèvement présentait un plan de jonction entre l'aiguille de Tré-la-Porte et l'aiguille du Moine, puis un second entre l'aiguille Verte et celle de Greppont.

Nous avons fait ressortir l'importance de ces arêtes résistantes (1) qui ne sont que les parties plus dures des masses cristallines le long des plans de retrait, et on observera que les arêtes ou plans de retrait de ces masses cristallines se présentent suivant certaines directions sur toute l'étendue du massif.

Ainsi, perpendiculairement au grand axe, en commençant par le nord, est une première arête qui, de la pointe d'Orny, se dirige vers le col de Balme. En s'avançant vers le sud-ouest, une seconde arête réunit le Tour Noir à l'aiguille du Chardonnet, se prolongeant jusqu'au-dessus de l'Argentière; puis une troisième arête se prononce de la grande aiguille de Triolet à l'aiguille Verte La quatrième arête réunissait les Grandes Jorasses, le pic du Tacul et l'aiguille de Charmoz; la cinquième, l'aiguille du Géant à l'aiguille du Plan; la sixième comprend: le mont Blanc de Cormayeur, le Mont Blanc, le dôme du Gouté, l'aiguille du Gouté, se prolongeant jusqu'au Prarion; la septième, l'aiguille de Sarsadorège, l'aiguille de Tré-la-Tête et les crêtes qui dominent les glaciers de la Frasse et de Miage français. A la pointe sud-ouest du massif, le parallélisme disparaît.

Ces arêtes, situées à des distances à peu près égales, c'est-à-dire variant entre 3,500 et 4,500 mètres, se dirigent toutes du nord-nord-ouest au sud-sud-est. Il est une deuxième série d'arêtes caractérisées, quoique d'une moins grande importance, qui se dirigent du nord au sud. Ce sont celles, — toujours en commençant par l'extrémité nord du massif, — de la pointe d'Orny au Catogne; de l'aiguille du Tour à ses voisines; de l'aiguille Verte à l'extrémité des Rachasses; de l'aiguille de Talèfre à l'aiguille

(1) Chapitre premier.

de Leschaux; du pic du Tacul à l'aiguille du Géant; de l'aiguille de Blaitière à celle de Greppont et à la Filiaz.

Du sommet du Mont Blanc vers le nord, trois de ces arêtes sont très-rapprochées. Celle des Grands Mulets émerge des névés et est dans le prolongement des monts du Brouillard, situés sur le versant du sud. On retrouve encore une de ces arêtes qui, de l'aiguille du Gouté se fait sentir jusqu'à l'aiguille Grise. Ces arêtes forment, en projection horizontale avec les premières, un angle de 35 degrés environ.

Le troisième système d'arêtes est à peu près perpendiculaire au premier, c'est-à-dire à peu près parallèle au grand axe, se dirigeant de l'est-nord-est à l'ouest-sud-ouest, et forme avec le premier système un angle de 75 degrés environ. Peu prononcé au centre même du massif, il se manifeste, au contraire, énergiquement à ses deux extrémités.

Ainsi, une longue arête de 9,000 mètres part de l'aiguille du Chardonnet pour s'arrêter au-dessus du lac Champey. Une deuxième part du Darrey pour former la rive droite du glacier de Saleinoz. Des arêtes courtes, suivant cette direction, réunissent le mont Dolent à l'aiguille du Triolet; l'aiguille de Talèfre au sommet voisin, vers l'est-nord-est (3,647 mèt.); le pic du Tacul à l'aiguille de Talèfre, avec rupture au droit de passage du glacier de Leschaux; la Tour-Ronde, aux Flambeaux; les rampes du mont Blanc du Tacul au Rognon, etc., et à l'extrémité : l'aiguille de Bellaval à la Croix du Bonhomme.

En examinant la carte, on voit que quantité d'arêtes de troisième ordre sont dans cette direction.

Il est enfin un quatrième système de direction d'arêtes très-limitées comme étendue, qui courent de l'est à l'ouest. On voit ces arêtes se prononcer de la Pointe d'Orny au Châtelet, au-dessus de la ville d'Issert; au nord du glacier du Tour; entre les glaciers de Saleinoz et de Laneuvaz; de l'aiguille de Talèfre aux séracs du glacier de Talèfre; du sommet des Rachasses au sommet du Bochard; de l'aiguille de Leschaux au mont Grenetta; aux grandes Jorasses (crête); au mont Maudit (versant oriental); à la Tête Carrée (versant oriental); à l'aiguille de Tré-la-Tête (versant occidental); des deux côtés du glacier de la Frasse; à la crête sud du versant du glacier de Tré-la-Tête, etc.

Les masses cristallines, décomposées partiellement, montrent habituellement leurs plans suivant les quatre directions que nous venons d'indiquer. Et le fait peut être surtout observé le long des rampes nord et sud de l'aiguille Verte, des Courtes et tout à l'entour du sommet du Mont Blanc.

La figure 106 *bis* donne ces quatre principales directions. Les sommets se montrent toujours à la jonction de deux, de trois

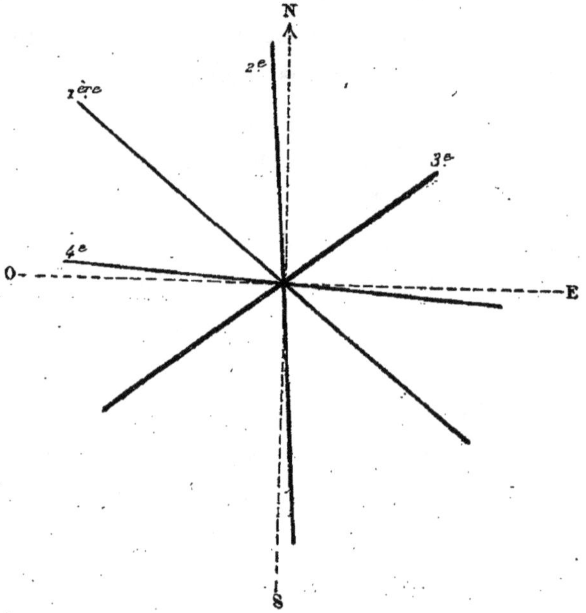

106 *bis*. — Direction des arêtes principales du massif.

et même de quatre de ces directions. Du sommet du Mont Blanc, la direction n° 1 se prononce depuis la rive droite du glacier de la Brenva, versant sud (aiguille de Peuteret), jusqu'au Prarion, versant nord; la direction n° 2, depuis les monts du Brouillard, versant sud, jusqu'à la montagne de la Côte, versant nord; la direction n° 3, depuis l'angle des séracs du Géant (Envers de Blaitière), versant nord-est, jusqu'au glacier de Miage italien, versant sud-ouest; la direction n° 4 ne se montre que par les contre-forts qui descendent dans les névés du glacier de la Brenva, mais reparaît au sommet des monts de la Brenva et jusqu'au mont Fréty.

Du sommet de l'aiguille Verte partent également des arêtes prononcées suivant les quatre directions; de même des Grandes-Jorasses.

Il résulte nécessairement, de la direction des arêtes, la direction des glaciers dont les cours se sont fait jour entre elles.

Ainsi on remarquera que le glacier de l'Argentière, versant nord, et le glacier du mont Dolent, versant sud, sont dans le prolongement l'un de l'autre, suivant une direction moyenne entre la première et la deuxième des arêtes. Il en est de même du grand glacier de Miage italien. Quant à la Mer de Glace qui s'est fait jour entre plusieurs polygones, en sortant du glacier du Géant, elle prend une direction moyenne entre la deuxième et la troisième arête, puis entre la première et la deuxième, puis, suivant la deuxième pour se détourner entre la première et la quatrième.

En sortant des névés du Leschaux, le glacier qui se réunit à la Mer de Glace suit une ligne intermédiaire entre la première et la quatrième arête, puis entre la première et la deuxième.

Mais, comme chacun peut faire sur la carte même ces observations, il n'est pas nécessaire d'insister.

On doit seulement en conclure que le désordre qui frappe les yeux dans cet énorme soulèvement n'est qu'apparent, et, qu'au contraire, des lois ont ordonné ces formes, ont déterminé le grand système cristallin, de telle sorte que sa ruine s'effectuât suivant certaines conditions qui se manifestent uniformément sur toute la surface plissée et soulevée.

Ainsi ont pu se façonner ces vals intérieurs qui pénètrent jusqu'aux arêtes culminantes du massif et qui se terminent par ces beaux cirques de névés protégés par des rampes polygonales; vals séparés par des contre-forts et crêtes régulièrement espacés, qui semblent laissés pour fournir aux courants glaciaires des affluents destinés à les entretenir.

Mais, quand on suppute par la pensée le temps qu'il a fallu pour *régler* ainsi ce soulèvement, pour le ruiner d'après certaines lois dont l'application ne cesse de se produire, on demeure épouvanté. Quand on voit avec quelle lenteur la glace procède pour limer les roches, pour briser certains obstacles, on se demande quel nombre de siècles il a fallu aux périodes glaciaires pour produire les ruines des parties culminantes, aiguiser ces aiguilles, élargir ces vals, pour éroser ces pentes et trouver des écoulements réguliers! Et ce premier labeur n'était qu'une ébauche. A leur tour, les eaux ont commencé leur travail de colmatage dans les grandes vallées. Divisées d'abord en une quantité de lacs superposés, de marais séparés par des moraines ou des digues rocheuses, elles ont peu à peu asséché ces marais par l'apport des graviers, comblé les lacs et formé le lit des torrents par un sol remblayé savamment.

En se livrant à ce labeur immense, la nature a su rester belle, surprenante par sa variété, malgré l'uniformité perpétuelle des mêmes moyens, la répétition à l'infini des mêmes phénomènes.

XII

Influence des travaux de l'homme sur l'économie des cours d'eau.

L'étude des soulèvements ne doit pas se borner à un résultat purement spéculatif, et le caractère particulier aux sciences naturelles, aujourd'hui, est d'entrer forcément dans le domaine de la pratique.

Les observations scientifiques ne sont plus seulement une satisfaction pour l'esprit; si elles font faire à l'intelligence humaine des conquêtes qui l'intéressent puissamment et lui ouvrent de nouveaux horizons, elles lui permettent d'utiliser les phénomènes naturels au profit de la sécurité et du bien-être de l'espèce.

Mais combien a-t-il fallu de siècles pour que les peuples civilisés en vinssent à soupçonner l'utilité pratique de certaines connaissances! Et qui donc, parmi les savants du dernier siècle, auxquels on doit tant de découvertes, voyait dans ces antiques bouleversements de la croûte terrestre autre chose qu'un accident désordonné?

De Saussure, le premier peut-être, observa les montagnes suivant une méthode scientifique, et, si certains phénomènes géologiques avaient déjà été entrevus par les Léonard de Vinci, par les Bernard-Palissy, ces observations ingénieuses, et délicates même, n'entraient pas dans la voie méthodique de la science moderne.

Sobre dans ses déductions, Saussure amassa des matériaux, sut voir et bien voir; ce qui n'est pas si aisé qu'on le croit. Ses observations sont exactes; et il est conduit par cette pensée que tout, dans l'ordre naturel, a sa raison d'être, que le hasard n'existe pas, que la grande loi universelle règle et dirige toute chose, et il cherche cette loi avec cette passion qui saisit les amants de la vérité, passion sans laquelle on ne saurait faire des découvertes de valeur dans les sciences naturelles.

La géologie, étude toute récente et qui déjà cependant a singulièrement étendu le champ des connaissances humaines, avait, pourrait-on dire, à dresser un inventaire des matériaux qui composent la croûte terrestre. Venue tard, cette science ne s'est point égarée dans le domaine séduisant des hypothèses; elle a poursuivi patiemment, méthodiquement, le cours de ses observations; aussi a-t-elle bien vite atteint le niveau de ses devancières, et a trouvé déjà des applications dont l'importance s'accroît de jour en jour.

Que l'homme ait attendu si tard pour prendre une connaissance exacte du sol sur lequel il doit passer son existence éphémère, cela semblerait étrange, si l'on ne tenait compte de l'influence du dogmatisme religieux chez la plupart des peuples civilisés, dogmatisme qui, pour les uns, inclinait vers le fatalisme; pour les autres, érigeait en vérités dues à une révélation surnaturelle quelques naïves légendes, nées dans l'obscurité du passé.

Mais, en présence des grands phénomènes géologiques, qu'est-ce que l'homme ? Que peut-il pour les utiliser ou combattre leurs conséquences ?

Comment ces petits êtres dont l'armée la plus nombreuse serait à peine appréciable sur les rampes de ces montagnes, pourraient-ils modifier en quoi que ce soit les lois qui régissent, sur des soulèvements aussi vastes, les cours d'eau, les atterrissements, les dénudations, l'amoncellement des neiges et leur fonte? Leur impuissance n'est-elle pas manifeste ?

Non, les phénomènes les plus terribles, les plus puissants de la nature, ne résultent que de la multiplication de moyens ou de forces infinitésimales.

Le brin d'herbe ou de mousse remplit une fonction à peine appréciable qui, multipliée, conduit à un résultat d'une grande valeur. La goutte d'eau, qui pénètre peu à peu entre les fissures des roches les plus dures, en se cristallisant, par suite d'un abaissement de la température, finit par faire ébouler des montagnes. Il n'est pas dans la nature de petits moyens, ou plutôt, l'action de la nature ne résulte que de l'accumulation de petits moyens.

L'homme peut donc agir à son tour, puisque ces petits moyens sont à sa portée, et que son intelligence lui permet d'en apprécier les effets.

Et cependant, détourné de l'étude de la nature, sa mère et sa grande nourricière, ne connaissant pas comment elle procède, l'homme, surpris un jour par une des phases de son travail incessant, voit ses cultures, ses villes balayées par une inondation.

Va-t-il chercher la cause de ce qu'il appelle un cataclysme et qui n'est qu'une conséquence d'une accumulation de faits? Non, il s'en prend à la Providence, il relève ses digues, ensemence ses champs et rebâtit ses villes... puis... il attend que le fait, conséquence de lois qu'il n'étudie pas, se renouvelle. N'est-ce pas ainsi que les choses se passent depuis des siècles? et la nature, soumise à ses lois, se livre sans trêve à son labeur, suivant une inflexible logique.

Les inondations périodiques qui désolent de vastes territoires ne sont qu'une conséquence de l'application de ces lois; c'est donc à nous de les connaître, ces lois, et de les faire tourner à notre profit.

On a vu, dans les études précédentes, que la nature avait, lors des grandes débâcles glaciaires, ménagé des réservoirs successifs, étagés, dans lesquels les eaux torrentielles déposaient les matériaux de toutes dimensions, d'abord sous forme de boues, puis, d'où, par une sorte de triage, elles les faisaient descendre plus bas; les plus volumineux se déposant les premiers, et les plus légers, sous forme de limon, entraînés jusque dans les plaines basses. On a vu qu'en comblant la plupart de ces réservoirs par l'apport des matériaux, les torrents tendaient à rendre leur cours de plus en plus sinueux, à l'allonger, à diminuer ainsi les pentes, et à ralentir par conséquent leur écoulement. On a vu que, dans les parties supérieures, les torrents trouvaient des repos, des paliers préparés par les ruines des rampes; que, de ces paliers, ils faisaient incessamment précipiter des débris qui, à la longue, formaient des cônes de déjection souvent perméables et à la base desquels les eaux, ralenties, filtrées, se répandaient en filets divisés dans les vallées.

Non-seulement les hommes ont méconnu ces lois dont nous ne rappelons ici que certains points saillants, mais ils ont, le plus souvent, été à leur encontre et préparaient ainsi, de leur propre main, les désastres les plus redoutables.

Remontant les vallées, l'homme a voulu faire contribuer à ses besoins les grands laboratoires montagneux. Pour trouver des prairies sur les rampes, il a détruit de vastes forêts ; pour trouver des champs propres à la culture, dans les vallées, il a endigué les torrents, ou a supprimé leurs sinuosités, précipitant ainsi leur cours vers les régions basses ; ou bien, amenant les eaux limoneuses dans les marais, il a desséché ceux-ci en supprimant quantité de retenues accidentelles.

Le montagnard n'a songé qu'à une chose, se débarrasser le plus promptement possible des eaux dont il n'a que trop, sans se préoccuper de ce qu'il adviendrait dans les régions basses.

Bientôt lui-même, cependant, a été la première victime de son imprudence ou de son ignorance.

Les forêts détruites, on a vu les avalanches de neiges couler en masses énormes le long des rampes. Ces avalanches périodiques ont entraîné avec elles l'humus, produit des grands végétaux, et, à la place des prairies que le montagnard croyait ménager pour ses troupeaux, il n'a plus trouvé souvent que le roc dénudé, laissant couler les eaux pluviales ou celles des fontes en quelques instants vers les parties basses, alors brusquement submergées et ravagées.

En conquérant quelques ares de terre aux dépens d'un marais ou d'un petit lac desséché, il en perdait souvent le double plus bas par suite de l'entraînement plus rapide des cailloux et sables.

Sur les cônes de déjection, produits des avalanches, cônes tout composés de débris, dès que quelques végétaux essayaient de pousser, il envoyait ses troupeaux de chèvres qui détruisaient en peu d'heures le travail de plusieurs années.

Au point terminal des combes élevées, là, où l'hiver amoncelle les neiges, loin de protéger la venue des grands végétaux qui peuvent neutraliser les avalanches, il coupait ces arbres, l'accès de ces points étant facile et les cônes de déjection favorisant le glissement des bois dans la vallée.

Cette destruction des forêts semble avoir même des conséquences autrement désastreuses qu'on ne paraît le supposer. La forêt protége la forêt, et, plus on les détruit, plus elles abandonnent les altitudes où jadis elles se plaisaient. Aujourd'hui, autour du massif du Mont Blanc, le mélèze qui vivait vigoureux encore à une altitude de 1,800 mètres et marquait la limite de la grande végétation, quitte ces hauteurs et laisse isolés des témoins séculaires que de jeunes sujets ne remplacent pas.

Ce fait peut être observé, au-dessous de la Pierre-Pointue, au-dessous de Montenvers, au-dessous du col de la Forclaz (côté de Martigny).

Au-dessus de la Tête-Noire, sur le plateau de soulèvement de terrain houiller anthracifère qui sépare le val de Barberine du val du Trient, sur une pente inclinée vers le sud (altitude de 1,800 mètres à 2,000 mètres), était une belle forêt de mélèzes, il y a quelques années. On a exploité les parties basses de cette forêt. Aujourd'hui toutes les parties supérieures sont mortes et ne laissent plus voir que leurs troncs écorcés, grisâtres. Vieux et jeunes bois ont péri et rien ne germe entre eux. L'herbe même ne croît pas sur le sol, jonché de branches pourries, qui montre de nouveau la roche moutonnée par les glaces.

Il y avait autrefois dans la vallée d'Andermatt des forêts de sapin et de mélèze assez étendues, à une altitude de 1,500 à 1,800 mètres; de ces forêts, dévastées à la fin du dernier siècle, il ne reste plus qu'un petit bois au-dessus du village d'Andermatt, qui le garantit contre les avalanches. Mais ces arbres sont vieux et les jeunes sujets ne paraissent pas. Ainsi, bien que les glaciers tendent à diminuer depuis quarante ans assez rapidement, ce qui semblerait indiquer une élévation dans la température moyenne, les forêts quittent les altitudes où elles se montraient encore, pour descendre plus bas. Y a-t-il connexité entre ces deux effets? C'est ce que nous ne chercherons pas à expliquer. Ils n'en méritent pas moins de fixer l'attention des naturalistes. Nous ne voyons pas d'ailleurs que la grande végétation s'élève plus haut dans les contrées montagneuses dépourvues de glaciers que dans celles qui en sont pourvues. Le fait contraire semblerait se manifester. Et dans les montagnes du Dauphiné, qui n'ont que peu ou pas de glaciers, les forêts ne se montrent point au-dessus de 1,500 mètres. L'aridité des rampes de ces montagnes descend même beaucoup plus bas en bien des points.

S'il était démontré que la grande végétation monte en raison de l'étendue des glaciers et descend en raison de leur ablation, ce fait aurait une importance considérable. Aussi, ne pouvons-nous qu'engager les savants explorateurs de montagnes à réunir à ce sujet des observations multipliées; après quoi, il faudrait savoir si ce sont les forêts qui ont une influence sur le développement des glaciers, ou les glaciers sur la végétation plus active des forêts.

Il n'est pas douteux que les glaciers, qui, comme nous l'avons vu, attirent une partie notable de l'humidité de l'atmosphère, provoquent autour d'eux un mouvement de l'air chargé d'humidité; qu'ils produisent une évaporation abondante et maintiennent ainsi dans leur voisinage un état hygrométrique variable, mais qui peut être très-favorable à la végétation. A une altitude de 1,200 à 1,500 mètres, les grands végétaux, sapins, mélèzes, se plaisent dans le voisinage des glaciers et y poussent vigoureusement, s'ils ne sont pas gênés dans leur croissance par des courants d'air trop vifs, tandis qu'à la même altitude, loin des glaciers, à moins qu'ils ne se trouvent dans des conditions très-favorables comme abri et humidité, ils sont grêles et n'atteignent pas à un âge avancé.

Quoi qu'il en soit, il semblerait que les efforts de l'homme devraient tendre à favoriser la croissance des grands végétaux, et non à les détruire à l'altitude extrême où ils peuvent pousser. Mais, à cet égard, l'incurie des montagnards est complète, et, pour se chauffer pendant quelques heures, on les voit brûler le pied d'arbres centenaires, ou bien conduire leurs troupeaux de chèvres à ces altitudes extrêmes de la végétation arborescente, où ces animaux arrachent les jeunes pieds, quand par hasard ils s'élèvent entre les roches dénudées. La nature semble se lasser pendant cette lutte journalière, et elle abandonne à la stérilité des espaces jadis couverts de forêts. Les mélèzes disparaissent et les mousses même quittent ces déserts de pierre. Que l'on parcoure la Savoie, l'Oberland, le Valais, partout on constate avec tristesse que les forêts tendent à descendre en même temps que les glaciers diminuent; que la solitude morne se fait au-delà d'une altitude de 1,800 mètres, et que les neiges d'hiver, en fondant aux premières chaleurs du printemps, causent des ravages de plus en plus sérieux sur les pentes, faisant succéder brusquement à des journées torrentielles des mois de sécheresse; enlevant les poussières fertiles, faisant ébouler ces immenses *traversales* de pierres meubles qui envahissent les vallées hautes, remplissent les oules, les bassins de retenue, et répandent partout la stérilité. Au lieu de ménager les marais et lacs supérieurs, l'homme, pour gagner quelques mètres de gazon bientôt envahis par les cailloux, donne à ces lacs ou marais des exutoires. Ainsi, envoie-t-il plus rapidement dans les parties basses ces eaux dont la nature ménageait l'écoulement. Et son travail égoïste ne lui profite même pas; ces lits marécageux se dénudent et ne produisent plus rien. La décomposition des roches est accélérée; celles-ci, étant en contact avec les variations de la température, s'exfolient, et ces débris, entraînés par les fontes, vont stériliser de larges espaces dans les vallées; les eaux torrentielles, arrivant en quelques instants sur les mêmes points, débordent, couvrent les champs et prairies, de sables Alors, on prétend régler leur cours, on leur façonne des digues, on évite les coudes, on les fait couler en ligne droite, en sorte que, rapides, ces torrents charrient au loin cailloux et graviers, forment des cônes de déjection stériles de plus en plus larges. Puis, surviennent les beaux jours, le lit est à sec, les prairies ne sont plus arrosées; à la place du torrent fougueux coule un mince filet d'eau perdu dans les amas de cailloux.

Qui sait si cet écoulement de plus en plus rapide des eaux torrentielles ne contribue pas à l'ablation des glaciers en diminuant les causes d'évaporation? Que de maux l'homme pourrait éviter si, au lieu de contrecarrer la nature dans son œuvre, il pénétrait ses desseins et se prêtait à leur accomplissement!

107. — Cônes de déjection supérieurs. (P. 249.)

Mais venons à l'application des moyens d'amélioration pratiques. C'est à l'origine qu'il faut prévenir le mal, et non quand il a acquis une telle puissance, que les efforts de l'homme deviennent illusoires.

Les torrents ont pour origine des glaciers, ou des réservoirs de neiges temporaires ou persistantes.

Les glaciers, comme on l'a vu, se chargent de régler le débit des cours d'eau, et ce n'est jamais d'eux que partent les inondations subites désastreuses. Les neiges persistantes et temporaires ne sont pas dans le même cas; qu'elles fondent partiellement ou en totalité au début de la belle saison, elles produisent soit des avalanches, soit des débâcles partielles sur les rampes des montagnes.

Occupons-nous d'abord des avalanches.

Celles-ci se produisent toujours sur des plans très-inclinés, au-dessous d'un réservoir supérieur; oule ou cirque plus ou moins étendu, lit d'un ancien glacier, figure 107. L'hiver, les neiges s'accumulent en A. Lorsque surviennent les premières pluies chaudes, les eaux coulent sous le lit de neige, le détrempent, et la masse, glissant par son propre poids, se précipite par l'orifice B sur le cône de déjection formé par une longue série de ruines des sommets et de chutes successives.

L'avalanche suit toujours, ou peu s'en faut, le même chemin ou *couloir*, et, y entraînant chaque année des débris, en fait une longue traînée de pierres plus ou moins menues, mobiles, sur lesquelles la végétation ne peut s'attacher.

Cependant, les forêts d'arbres résineux aiment ces amas pierreux; leurs racines ont besoin d'air et, s'accrochant à ces débris, les enveloppent. D'un sol inconsistant, elles font bientôt une pente résistante, solide, où l'humus s'arrête et fait pousser des mousses, des lichens qui soudent ensemble grosses et petites pierres.

Qu'arrive-t-il trop souvent? Les bûcherons s'attaquent principalement aux arbres qui bordent les couloirs d'avalanches, parce que ces couloirs leur font un chemin tout préparé pour le transport des bois. Les troncs d'arbres abattus, abandonnés sur ces pentes, y glissent jusque dans la vallée, où on les recueille. Dans leur trajet, ils brisent les jeunes sujets qui essaient de pousser entre les pierres;

ils font encore ébouler celles-ci, de telle sorte que, le printemps suivant, l'avalanche, au lieu de ne trouver qu'un étroit couloir et des arbres latéraux qui la brisent et l'éparpillent, a devant elle une large voie unie et toute préparée pour faciliter sa chute. Cette chute n'est que plus terrible, et l'avalanche, qui, à son point de départ, n'a pas trouvé d'obstacles propres à la diviser, roule par gros blocs en augmentant sa vitesse et entraîne tout, avant d'atteindre son point d'arrivée. Parfois même elle fait des bonds et s'étend au loin dans la vallée.

Il devrait y avoir les règlements les plus sévères pour empêcher l'exploitation des bois le long des couloirs, et, si ces règlements existaient, il faudrait les faire observer, ce qui est encore plus difficile que de les édicter (1).

Si dans les oules supérieures il y a des neiges persistantes, toute l'année coule un petit torrent soit dans le couloir, soit à la rencontre du cône avec les rampes ou avec son voisin. Dans ce cas, il se forme un autre cône de déjection intermédiaire C et des avalanches de D en C (fig. 107).

Loin de déboiser les couloirs, il serait possible de les boiser; quelques essais ont été faits dans l'Oberland et dans la vallée du Rhône, et ils ont donné de bons résultats. Pour cela, au point B supérieur du couloir, on a planté de longs piquets de fer en quinconces. Ces piquets de fer clouent l'avalanche, l'obligent à fondre sur place, ou, si son poids est trop considérable pour que les piquets la puissent arrêter, ceux-ci la divisent dans sa chute, et, au lieu de tomber en bloc, elle roule en fragments et poussière que les bois arrêtent. Pour boiser les couloirs, on établit de distance en distance, c'est-à-dire à quelques mètres les uns au-dessus des autres, des clayonnages de branches de pin retenues par des piquets de bois enfoncés dans le gravier. Pendant l'été, ces clayonnages arrêtent les terres et sables charriés par la pluie, les branches mortes et détritus. Il se forme ainsi des paliers auxquels on confie la graine de pin. Ces jeunes arbres, très-exposés, sont souvent emportés,

(1) Au mois d'août 1875, nous avons vu exploiter, dans le haut val du Bonhomme, des bois, dans ces conditions fâcheuses; c'est-à-dire le long de ces couloirs et sur des points où les avalanches sont déjà terribles.

mais il en demeure toujours quelques-uns, et même le sacrifice des victimes n'a pas été inutile. Il reste des débris qui ne demandent qu'à reprendre ; leur faible résistance a cependant contribué à éparpiller l'avalanche.

Mais, à l'orifice supérieur B des couloirs, il n'est pas toujours possible de ficher ces piquets de fer. Souvent, là, le sol n'est autre

108. — Les avalanches.

chose que le lit rocheux du glacier dans lequel le scellement des piquets de fer serait fort long et dispendieux.

Alors, à l'extrémité des lits d'avalanches, au-dessus de l'exutoire B, on peut, à l'aide des pierres, abondantes sur ces lits, former une série de barrages perpendiculaires aux directions des pentes. Ces bourrelets de roches et pierrailles, figure 108 (voir en A), n'ayant qu'un assez faible relief, arrêtent les neiges, les empêchent de glisser en nappes et les obligent à fondre sur place ou à se diviser pour couler. Ces barrages, bien connus, et auxquels les montagnards de la Savoie donnent le nom de *tournes,* ne sont établis par eux que dans les vallées au point de chute extrême des avalanches, pour protéger leurs habitations. Cependant c'est, non à la limite de parcours des avalanches, qu'il les faudrait élever, mais là, où les avalanches s'accumulent pour descendre en masses formidables dans les couloirs. Les neiges ne se précipitent dans ces couloirs que parce qu'elles trouvent au-dessus le lit moutonné, poli d'un ancien glacier, lit dépourvu d'aspérités. Il suffit généralement de

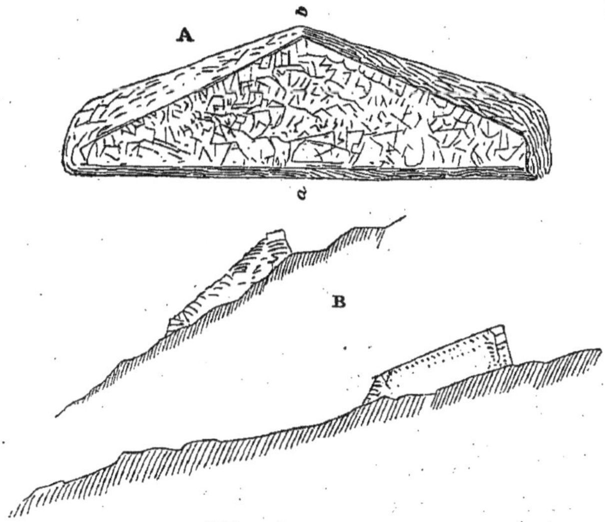

109. — Les tournes.

quelques faibles obstacles pour les arrêter dans leur course au moment où elles commencent à se mettre en mouvement.

Ces *tournes,* figure 109, présentées en projection horizontale A et en coupe B sur *a b,* peuvent n'avoir, dans la plupart des cas, que deux à trois mètres de hauteur à l'éperon, au-dessus du profil de la pente, et on doit tenir leur surface supérieure plus ou moins déclive en raison de cette pente.

Elles ne sauraient arrêter une avalanche au milieu de sa course, mais elles résistent à son glissement initial bien mieux encore qu'à l'effort terminal à fin de course, lequel ne peut jamais être connu exactement.

Toutefois, les points où elles doivent être établies, dans les larges entonnoirs qui surmontent les cônes de déjection, demandent à être marqués par un bon observateur. Leur conservation et leur effet préventif dépendent du choix de ces points.

Retenir les neiges sur les sommets, c'est éviter deux très-graves périls qui sont : 1° la chute des avalanches, 2° la suppression des petits torrents si nécessaires à l'arrosage des parties basses.

Si le temps que les bergers consacrent à la préservation des prairies hautes et à la répartition des eaux de telle sorte qu'elles s'écoulent promptement, était employé à ces travaux d'intérêt général, il suffirait à éviter des désastres et ne les priverait pas davantage du bénéfice de ces hauts pâturages. Mais personne ne songe à leur faire comprendre ces lois générales, et comment leur intérêt est solidaire de ceux de la vallée. Ne sont-ce pas les mêmes hommes qui, l'hiver, descendent dans les vals, et l'été montent sur les hautes pentes avec leurs bestiaux? Ces montagnards, qui envoient leurs bêtes de juin en septembre sur ces points élevés, ne possèdent-ils pas des prairies dans les vallées qu'ils fauchent pour amasser une provision d'hiver? Ainsi, leur ignorance les porte à détruire, par un aménagement inintelligent des prairies hautes, celles qu'ils possèdent en bas, et de plus ils contribuent à la dévastation de territoires étendus.

Au-dessus du point A, des exutoires des bassins de neiges, figure 107, il y a toujours amas d'humus, parfois même un marécage. Là, si l'altitude le permet, les grands végétaux ne demandent qu'à pousser, étant abrités, arrosés et trouvant un sol végétal épais. Mais c'est là surtout où l'on s'empresse de couper les pins pour les faire descendre par les couloirs ; et, si ces couloirs ont été en partie couverts par la végétation, le bûcheron coupe ces obstacles, afin de faire librement couler les troncs d'arbre jusqu'en bas du cône.

L'année suivante, une formidable avalanche se forme, le couloir est élargi, les sapins qui le bordent, renversés, et la stérilité gagne de nouveau la surface du cône de déjection. Les neiges descendent en masses des hauteurs au printemps, et les quelques flaques qui demeurent abritées à la base des arêtes du sommet ont totalement fondu en juillet. Dès lors, plus de torrents, plus d'eau dans les prairies hautes pour faire boire les bestiaux, pour arroser le sol. Le désert se fait, les pierrailles et la poussière recouvrent les gazons, et, sur ces espaces désolés, quelques marmottes seules trouvent moyen de vivre.

Et cependant, le montagnard n'est pas inintelligent à ce point qu'il ne puisse comprendre ces lois si simples dont chaque jour il observe les effets.

Mais qui donc s'occupe de l'éclairer. de lui faire entendre que s'il passe une heure chaque jour à remuer quelques cailloux, — ce qu'il fait d'ailleurs dans ses prairies basses, — lorsqu'il séjourne sur les hauteurs, il peut changer les conditions fâcheuses auxquelles son incurie le soumet?

Au bas de chaque sommet, de chaque rocher, n'y a-t-il pas, en petit, une disposition analogue à celle que donne notre figure 107? Ces grandes oules, dont les exutoires sont indiqués en A, se répètent à l'infini jusqu'à former des cuvettes de quelques mètres de surface. Que l'homme commence par régler ces petits réservoirs, et il pourra devenir maître des grands. Car cette question des avalanches et des fontes de neiges est une question de multiplication. Si l'homme est impuissant en présence de nombres fabuleux, il peut agir sur les unités sans se donner un travail au-dessus de ses forces et de ses moyens. Non-seulement, les chutes brusques d'avalanches dévastent des espaces considérables dans les vallées; mais, tombées d'une altitude de 2000 mètres à un niveau de 1000 mètres, les neiges fondent beaucoup plus rapidement, augmentent accidentellement les cours d'eau, puis, la fonte consommée, il n'y a plus d'approvisionnement pour la saison chaude. Il y aurait donc un intérêt considérable à maintenir les neiges près des sommets sur les anciens lits des glaciers que la nature leur a préparés comme autant de paliers où elles peuvent s'amasser et fondre lentement, en raison de l'altitude, des anfractuosités et de l'ombre des sommités.

Ayant eu maintes fois l'occasion de nous trouver sur ces hauts plateaux avec des montagnards, il nous est arrivé de leur expliquer ces problèmes si simples, de leur montrer la prévoyance de la nature et l'imprévoyance de l'homme, et comment, par des travaux insignifiants, il était facile de reformer un petit lac, de ralentir un cours d'eau, d'arrêter les éboulis dans ces terribles couloirs. Ils nous écoutaient attentivement. Et, le lendemain, ils étaient les premiers à dire : « Voilà une bonne place pour faire un « réservoir. En remuant quelques grosses pierres, ici, on pourrait « arrêter une avalanche.... »

Mais si, dans les écoles de la Suisse protestante, on donne aux enfants quelques notions de ces connaissances d'une utilité pratique, dans les écoles catholiques, on leur enseigne que l'univers a été créé en sept jours et que le huitième il n'y avait plus rien à faire.

Les bergers sont les ennemis des forêts ; ce qu'ils demandent, ce sont des pâturages. Tant qu'ils le peuvent, ils dévastent donc ces forêts, sans se douter que leur ruine entraîne fatalement celle de la plupart des prairies.

Nous avons vu dans le chapitre précédent que l'abaissement de l'altitude, limite des bois, semble être en raison directe de l'amoindrissement des glaciers. En un mot, que plus les glaciers perdent de leur volume, plus les forêts descendent vers les parties basses. Eh bien, nous avons constaté sur les lits des anciens glaciers qui dominaient la Flégère, au-dessous des Aiguilles-Pourries et des Aiguilles-Rouges, la présence de souches de mélèzes énormes, c'est-à-dire à plus de 100 mètres au-dessus du chalet actuel de la Flégère, tandis qu'aujourd'hui les derniers arbres sont à quelques mètres au-dessous de cet hôtel et végètent à peine. Ces déserts ne sont couverts aujourd'hui que de débris pierreux, de rododendrons et de maigres pâturages. L'eau, même en été, manque sur beaucoup de points, et, pour donner à boire à leurs bestiaux, les bergers de la Flégère ont été obligés d'amener les eaux des lacs Blancs dans quelques réservoirs, au moyen d'un petit endiguement qui suit les rampes des anciennes moraines. Cependant les fonds des oules sont abrités, contiennent une épaisse couche d'humus, et il paraît facile, malgré l'altitude (2,000 mètres), d'y faire venir des mélèzes. Mais le mélèze aime le voisinage des neiges ou des glaces. Or, sur ce plateau, dont les sommets atteignent 2,600 mètres en moyenne, à peine si aujourd'hui, au mois d'août, on signale quelques flaques de neige.

Jadis, ces anciens lits de glaciers étaient criblés de petits lacs, vidés, la plupart, par les bergers eux-mêmes qui ont espéré gagner ainsi quelques mètres de pâtures. Ces petits lacs, gelés d'octobre en mai, maintenaient les neiges, formaient de petits glaciers, et leur nombre faisait que ces solitudes conservaient des névés persistants qui, couvrant les lits rocheux, ralentissaient leur décomposition. C'était alors aussi que ces mélèzes, dont les souches existent encore, garnissaient les creux et parties abrités des oules. La surface des prairies était évidemment restreinte, mais ces prairies étaient bonnes, bien arrosées, et ne pouvaient être envahies. Aujourd'hui, lacs et névés ont disparu, mélèzes aussi, et on voit chaque jour les prés envahis par les débris pierreux et les sables.

Si l'on n'y met ordre, le val du Nant-Borant au Bonhomme, qui possède encore de si beaux pâturages protégés par quelques lambeaux de forêts, sera envahi par les débris; car déjà ces forêts sont exploitées avec une inintelligence complète des conditions imposées par les localités.

Les conifères semblent avoir été créés en vue du rôle qu'ils remplissent sur les rampes des montagnes. Leurs branches, qui s'étalent avec leur verdure persistante, arrêtent les neiges et sont assez fortement clouées au tronc pour résister à la charge qu'elles ont à porter. On voit dans les temps d'hiver, sur les branches palmées des sapins, des couches de 20 et de 30 centimètres de neige qui font à peine plier ces branches. Chaque sapin est ainsi une étagère qui reçoit la neige et l'empêche de s'amasser en bloc compacte sur les rampes. Là, pas d'avalanches possibles. Quand la fonte survient, tous ces petits approvisionnements séparés tombent successivement en poussière. Le tronc du conifère s'accroche aux rochers, à l'aide de racines, qui, comme de larges griffes, vont au loin chercher leur nourriture en reliant entre elles toutes ces pierres roulantes. De préférence même, le conifère choisit un rocher, il se campe sur son dos, l'enveloppe de ses robustes racines comme dans un filet; celles-ci, en s'étendant, vont chercher des pierres voisines, les attachent à la première, comme pour prévenir toutes chances d'éboulements. Dans les interstices, les débris de feuilles et de branchages s'accumulent, forment un humus qui retient les eaux et donne naissance à des herbacées.

Il est merveilleux de voir comme, en quelques années, des rampes composées de débris de toutes tailles, sans apparence de végétation, se couvrent de sapinières touffues, vivaces, si toutefois les chèvres ne viennent pas arracher les jeunes pousses, et si un peu de repos est laissé à ces éboulis. Alors, le terrain stérile est conquis, et, si l'avalanche survient, elle renverse quelques-uns de ces jeunes arbres, se fait un passage, mais la végétation s'empresse de réparer ses pertes. L'homme aide-t-il jamais à ce travail? Non, il en est l'ennemi le plus dangereux. Au milieu de ces jeunes conifères, il envoie ses troupeaux de chèvres, qui en quelques jours les dévastent, coupent les tiges et les empêchent de s'élever; puis il abat ces troncs délicats pour faire des fagots; tandis que la grande forêt voisine lui fournirait, en débris, largement de quoi se chauffer.

Nous avons assisté plusieurs années de suite à ce combat entre la végétation et l'homme. Parfois, mais rarement, la forêt naissante remporte la victoire et, déjà grande, se défend. Le plus souvent elle demeure atrophiée et présente un ramassis de troncs rabougris qu'une avalanche écrase et recouvre en quelques instants de débris.

Si, sur les cônes de déjection, la destruction des forêts est un grave danger, là, au moins, les matériaux sont rangés en raison de leur poids et de leur volume, et ces cônes dénudés ne peuvent qu'élargir un peu leur base.

Il n'en est pas de même des moraines. Sur ces remblais glaciaires, les matériaux sont confondus, car ils ont été déposés doucement, menus et gros, suivant que le glacier s'en débarrassait, laissant entre eux des vides quelquefois considérables. Les conifères aiment singulièrement ces terrains mêlés de sable fin et de pierres de toutes dimensions avec des cavités aérées; ils y poussent avec une énergie et une rapidité particulières et donnent à ces talus escarpés une grande consistance. Mais, si on dépouille la moraine de ce manteau qui la protége, les pluies, les neiges fondues la ruinent avec d'autant plus de facilité que les conditions de stabilité des matériaux sont anormales. Alors, s'il survient des crues, on voit des parties entières de ces amas délayées, entamées, couvrir de vastes espaces cultivés dans les vallées.

On a établi, il y a cinq ans, une route carrossable le long de la grande moraine ancienne de la rive droite du glacier des Bois, dans le val de Chamonix, au-dessous de Lavancher. Depuis lors, tous les ans, la partie dénudée de la moraine en contre-haut de la route, s'éboule sur cette voie, et il faut déblayer et refaire les soutènements chaque été. De proche en proche le désordre se propage, les gros blocs descellés roulent jusqu'en bas, brisant les sapins et entraînant avec eux de larges pans d'humus. Il y a toujours danger à toucher aux moraines et à les déboiser, car ce sont leurs débris qui, entraînés par les eaux, causent dans les vallées les plus grands dégâts.

Si l'éboulement et le délayage des moraines produisent dans les vallées de tristes conséquences, c'est bien pis lorsque ces moraines, placées à de grandes hauteurs, entraînées par des fontes subites ou des pluies d'orage, descendent dans des ravins très-inclinés et viennent se répandre sur le sol inférieur.

Ces moraines supérieures possèdent encore leurs glaciers ou en sont privées depuis une époque plus ou moins éloignée. Si les glaciers ont fondu, habituellement ces moraines, à une altitude de 2,000 mètres, se couvrent de rhododendrons, de mousses et d'un peu d'herbe; alors elles se maintiennent et ne sont pas entraînées; mais, si les glaciers persistent, ces moraines remuées par les glaces sont absolument dépourvues de végétation, et, s'il survient une fonte abondante à la suite de larges pluies d'orage, l'amas morainique formant digue est rompu sur un point, le torrent entraîne dans son lit une masse boueuse, entremêlée de blocs énormes, qui se précipite sous forme d'avalanche et se répand dans la vallée qu'elle couvre de débris sur une surface plus ou moins étendue. Les prairies, les champs sont alors ensevelis sous une épaisse couche de gravier que les malheureux cultivateurs sont obligés d'enlever pour extraire l'humus enseveli et le rapporter à la surface. Travail long, décourageant à ce point que ces champs sont souvent abandonnés. C'est ainsi que, dans le val de Chamonix, le torrent de Greppon recouvre périodiquement de gravier et de roches éboulées toutes les prairies situées entre son point d'arrivée sur le sol d'alluvion et l'Arve, c'est-à-dire un espace d'environ 30 hectares des meilleures terres. Et cependant le torrent de Blaitière, son voisin immédiat, exactement dans les mêmes conditions, ne rejette dans la vallée nul débris de la moraine supérieure. Pourquoi? C'est que le torrent de Blaitière n'arrive sur le sol de la vallée que par une suite de chutes, de cascades, avec paliers de repos, tandis que celui de Greppon coule en droite ligne, le long d'une anfractuosité, dans les schistes cristallins, ne trouvant dans son parcours aucun ressaut. Le lit de ce dernier torrent est un véritable couloir qui amène en quelques instants des boues et blocs morainiques dans le val. Les berges de ce couloir sont cependant formées, surtout dans la partie inférieure du lit, d'amas de sable au milieu desquels sont enchâssés des blocs de protogyne énormes qui cubent jusqu'à 100 mètres et plus.

Il serait très-facile de faire rouler ces blocs dans le lit, de façon à les caler, et de former des paliers successifs de manière à arrêter les éboulis qui contribueraient eux-mêmes à compléter ces paliers.

On aurait ainsi une série de cascades, peu élevées, il est vrai, mais suffisantes pour ralentir les avalanches boueuses. Si les pauvres montagnards, qui ont employé des saisons entières à rechercher leur terre végétale enfouie et à essayer d'élever des digues toujours franchies, avaient consacré le quart de ce temps à améliorer le cours du Greppon, ils seraient aujourd'hui tranquilles, tandis qu'après chaque orage, ceux qui à grand'peine sont parvenus à retourner leurs champs, tremblent de les voir de nouveau couverts.

Mais bien mieux, nous nous sommes assurés, *de visu*, que les entraînements de la terrible moraine du glacier des Nantillons qui cause ces dommages, pourraient être arrêtés avant même d'atteindre la partie supérieure du torrent, au point où celui-ci descend obliquement, après avoir abandonné le lit de l'ancien glacier.

A ce coude, avec un peu de travail, on peut établir un barrage assez solide pour arrêter les débris avant qu'ils n'aient acquis la vitesse que leur donne la pente du lit du torrent au-dessous de ce point. Les débris entraînés se chargeraient eux-mêmes de compléter le barrage, et formeraient un palier à travers lequel les eaux pourraient filtrer et ne plus se précipiter en masse boueuse. Nous avons cité cet exemple entre cent autres, parce que là le phénomène se reproduit à courts intervalles et qu'il est aisé de se rendre un compte exact du remède à apporter au mal, car les matériaux ne manquent pas, sont de nature, par leur poids, à résister à l'entraînement et n'ont qu'à être précipités dans le lit au moyen d'un affouillement des graviers qui les supportent.

Dans l'économie naturelle des torrents, on voit souvent que le moindre obstacle, en cas de crue, modifie en peu d'instants l'écoulement, détermine une déviation, une érosion. L'eau, cherchant toujours son plus court chemin, ne perd ni temps ni force à vaincre un obstacle, si elle peut, avec un moindre effort, passer à côté. Une observation attentive permet donc à l'homme d'influer sur le cours des eaux torrentielles, et parfois quelques pierres, un tronc d'arbre placés à propos, pourraient prévenir des effets désastreux.

Mais ce n'est que quand l'action a acquis une irrésistible puissance que l'homme pense à en arrêter les effets. Vains efforts ! Ses ouvrages les plus dispendieux et les plus longs sont entraînés comme de la paille.

C'est à l'origine des cours d'eau qu'il convient, avant tout, d'apporter l'attention, et c'est là qu'on laisse tout faire au hasard, que souvent même l'homme intervient pour modifier, dans une pensée d'égoïsme inintelligent, ce que la nature prévoyante avait disposé. Une douzaine de petits barrages que trois ou quatre ouvriers pourraient exécuter en une ou deux semaines suffiraient en bien des cas pour empêcher les eaux de ruisseaux d'origine différente de se réunir en un point à un moment donné et de former ainsi, à l'époque des crues, un torrent chargé de débris entraînant tout dans sa course, ruinant ses berges et couvrant des champs fertiles de sables et de cailloux. Les matériaux ne manquent jamais pour composer ces barrages qui, s'ils sont intelligemment disposés, forment des paliers en très-peu de temps. Les lits, les bords des torrents, les éboulis offrent en abondance ces matériaux.

Il arrive très-rarement que les torrents supérieurs coulent sui-

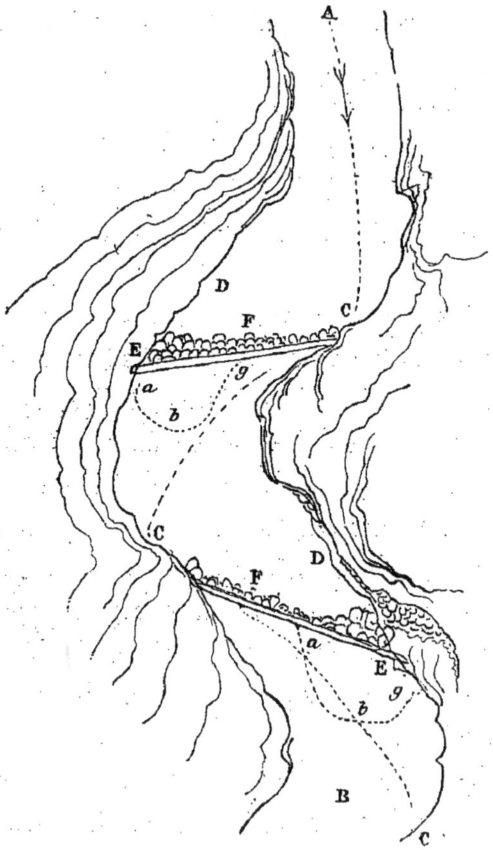

110. — Les barrages dans les torrents supérieurs.

vant une ligne droite. En raison même de la formation des roches qui leur servent de lit, leur cours forme des lignes brisées, figure 110. Soit A B, le cours d'un torrent, l'effort principal du courant se produit en C; en D, il y a calme relatif et ralentissement. C'est en effet en C que se font les affouillements, que s'usent les roches. Un tronc d'arbre, des pierres placés de C en E produisent bientôt en D un remblai de cailloux et de sable, un palier, et il se produit une chute dans la largeur FC. C'est alors qu'il faut charger ce palier D, principalement de F en C, avec de grosses pierres, de manière à reporter la chute de F en E. Ainsi augmente-t-on la longueur de l'axe du torrent et diminue-t-on d'autant sa pente, trouve-t-on des paliers qui ralentissent le courant et même des affouillements *a b g* à la base de chaque chute, lesquels forment autant de réservoirs qui rejettent sans cesse les cailloux sur le palier et le consolident. C'est en aidant aux procédés que la nature emploie, et non en cherchant à les vaincre, qu'on peut modifier un état de choses fâcheux.

Nous avons expérimenté en petit ces barrages, et en quelques jours, dans un torrent qui charriait à chaque pluie quantité de graviers, nous obtenions un cours régulier très-ralenti et de l'eau limpide.

Les torrents les plus désastreux ne sont pas ceux qui coulent entre des rives rocheuses et très-résistantes, mais ceux qui se précipitent dans ces ravins de schistes argileux, droits généralement et dont les berges décomposées s'éboulent en masses considérables dans le courant, gênent sa marche, se délayent sous forme de boue épaisse, constituent accidentellement des barrages visqueux que les eaux finissent par entraîner en avalanches formidables, irrésistibles dans leur course et qui roulent, avec elles, arbres, roches énormes, pour se répandre en cônes de déjection dans les vallées. Arrêter ces courants de boue dans leur marche est une entreprise impossible.

Quelquefois ils présentent une masse si compacte, d'une viscosité si tenace, qu'ils ne roulent que très-lentement. L'eau s'amasse au-dessus d'eux, et, impatiente, en quelques instants elle ronge une de ces rives décomposées, pour s'épancher en dehors du lit, couvre de débris des prairies ou les ravine, entraînant au loin la terre végétale.

Il n'y a de remède à cet accident que la formation de réservoirs supérieurs qui retiennent quelque temps les eaux de fonte ou de pluie et les empêchent de se précipiter à la fois dans le même ravin.

Habituellement, ces ravins profondément creusés par les eaux dans les schistes argileux commencent par une oule plus ou moins large (voyez fig. 79), plus ou moins accentuée, mais à l'orifice de laquelle le ravin, d'abord étroit et peu profond, s'élargit et se creuse à mesure qu'il descend des rampes.

Ces oules sont toujours creusées dans une partie affaissée ou déjà fortement déprimée par l'ancien passage des glaces; parfois elles atteignent des dimensions considérables, telles sont les combes que l'on rencontre à droite en montant le val Ferret italien. Mais, petites ou grandes, ces oules ou combes réunissent les fontes ou les eaux des pluies d'orages en peu d'instants et, en

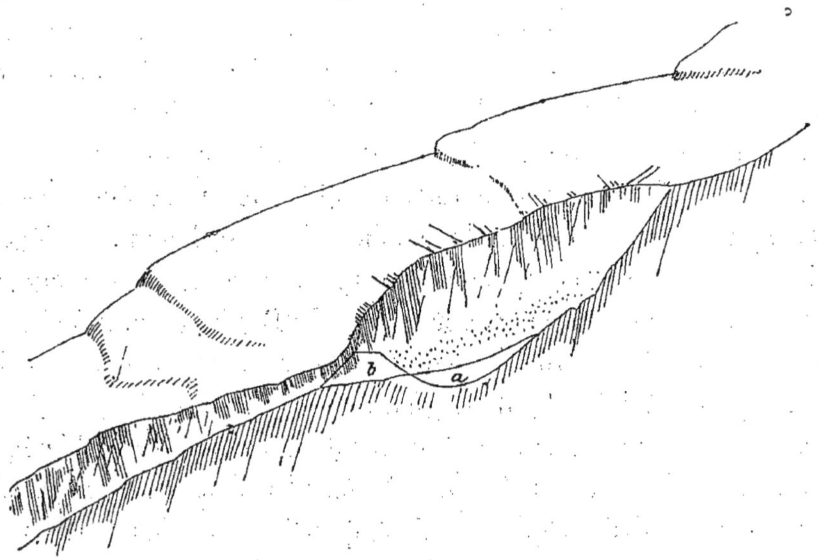

111. — Les barrages dans les combes.

masses considérables, les précipitent dans ces ravins directs et uniques, à pente régulière et généralement très-rapide jusque dans les vallées. C'est dans les oules ou combes que les réservoirs doivent être établis au moyen de barrages, à la gorge. Les bergers du mont Joli, du Prarion, ne font pas autre chose, afin de trouver des abreuvoirs pour leurs troupeaux. Car, sur ces pentes schisteuses, couronnées par des sommets mousses, il arrive que le torrent dévastateur, après la pluie d'orage, ne fournirait pas un seau d'eau quelques heures plus tard. Ce que les bergers font à l'aide de mottes de gazon ou de pierres pour réserver quelques mètres cubes d'eau, il serait très-facile de le faire à chaque oule et souvent même à la gorge des combes avec plusieurs journées d'ouvriers; car toujours le fond de ces cirques est rempli de débris meubles qui, enlevés, formeraient la digue de barrage, ainsi que le fait voir la section longitudinale sur une oule schisteuse, figure 111, en *a* (déblai), en *b* (remblai). Si petits, relativement, que soient ces réservoirs, ils ralentissent le cours initial du torrent de quelques minutes, et ces quelques minutes suffisent à parer au danger.

Nous avons vu, non une fois, mais plusieurs fois, le petit Nant qui descend au-dessus de l'hospice du Nant-Borant et qui prend sa source à 1,500 mètres environ de cet hospice, dans une de ces oules schisteuses très-profondes, gonfler si bien après une demi-heure de pluie d'orage, qu'il entraînait dans une boue noire des quartiers de roche de 4 à 5 mètres cubes, des troncs déracinés de sapins, enlevait en quelques instants des pans énormes de berges, au point d'affouiller les sapines du pont, lesquelles débordaient de plus de 6 mètres sur ces berges, et de menacer d'enlever ce pont, seul passage pour aller au col du Bonhomme. A peine la pluie avait-elle cessé que le torrent reprenait son cours inoffensif. Tout cela était l'affaire d'un quart d'heure.

Nous n'entrerons pas dans tous les détails concernant l'aménagement des torrents supérieurs, les cas varient à l'infini; mais ce qu'on ne saurait trop dire, c'est que l'homme pourrait, sans beaucoup d'efforts, parer aux désastres qu'il subit, en allant prévenir le mal à son origine.

Mais les ingénieurs, sauf des exceptions assez rares, visitent peu ces altitudes, ou du moins ne les étudient que très-superficiellement, et se bornent à projeter ou faire exécuter les travaux dans les vallées ou plaines, travaux qui ne sauraient qu'opposer une bien faible défense à l'action des eaux, lorsqu'elles ont acquis une puissance invincible par leur masse (1).

(1) Nous ne sommes pas les seuls à signaler ces négligences ou cette indifférence; et, à ce propos, nous croyons utile de citer ici un passage de la *Notice sur l'amélioration du régime des eaux d'après les principes appliqués en Suisse*, rédigée par M. A. de Salis, inspecteur en chef des travaux publics de la confédération suisse :

Mettez-vous dix pour attaquer cent hommes, l'un après l'autre, vous en aurez facilement raison ; mais si vous attendez que ces

« On rencontre fréquemment l'idée que la tâche de l'ingénieur ne s'étend pas au-delà des corrections fluviales de la plaine ou du fond des vallées.

« Quant à ce qui se trouve plus haut, on croit qu'il faut l'abandonner à ces procédés empiriques, dépourvus de toute méthode, qui prétendent guérir tous les défauts de la nature à l'aide d'une recette unique.

« En réalité les choses se passent autrement.

« C'est précisément dans les hautes régions que doit commencer l'œuvre de l'ingénieur. Elle y revêt les formes les plus variées. Il n'importe nulle part plus que là-haut de savoir discerner le remède le plus convenable quant au but à atteindre et aux moyens d'exécution. Mais pour juger avec sûreté, dans chaque cas qui se présente, il faut la science et l'expérience de l'ingénieur, et non la routine d'un empirique.

« On voit que, pour accomplir une tâche aussi grande que la restauration et la conservation de nos montagnes, il n'est pas trop des efforts réunis du forestier et de l'ingénieur, et que ces deux arts différents doivent s'aider et se compléter mutuellement.

« L'existence des forêts modère l'écoulement des eaux pluviales qui, se répartissant à la surface du sol, ne peuvent plus se concentrer dans les couloirs et ravins.

« D'autre part, les racines donnent de la cohésion au terrain et s'opposent au ravinement.

« Enfin, une fois que l'équilibre est rompu, une fois que la puissance vive de l'eau l'a emporté sur la résistance du sol, il faut avant tout la rétablir par des ouvrages de main d'homme, pour qu'après avoir pris une partie de sa stabilité, le reboisement puisse venir achever l'œuvre de la guérison.

« Mais on comprend que ces deux genres de travaux doivent nécessairement se mélanger, empiéter l'un sur l'autre, sur les limites de leurs domaines.

« .... Il ne faut pas, en effet, se dissimuler qu'il y a des obstacles contre lesquels les mesures, d'ailleurs les plus efficaces, viennent inévitablement échouer.

« Nous ne voulons même pas ranger au nombre des difficultés à vaincre la cupidité égoïste et l'ignorance, ces ennemis acharnés de nos forêts.

« Nous comptons pour les surmonter sur le sentiment de ce qui est dû aux générations futures, non moins que sur les lumières d'une instruction de plus en plus répandue parmi les populations montagnardes.

« Nous signalerons plutôt le climat et la nature du sol, dans certaines régions, comme les principaux obstacles aux efforts tentés par l'homme pour le reboisement de nos montagnes.

« Remarquons à l'appui de ces considérations que presque la moitié du bassin, où se forment les principaux fleuves, se trouve au-dessus de la région des forêts. On fera mieux comprendre la portée de ce fait en rappelant que les crues torrentielles ne surviennent pas tant qu'il ne pleut que dans les régions inférieures, et que les vapeurs de l'atmosphère tombent sur les sommités sous forme de neige. L'eau ne s'écoulant pas immédiatement de ces hauteurs, le danger d'inondation est écarté par la neige ; c'est un fait d'expérience bien connu de tous ceux qui sont familiers avec le climat de nos montagnes..... » M. de Salis fait suivre ces observations si judicieuses d'aperçus relatifs aux difficultés insurmontables que présentent à ses yeux le règlement, même partiel, des eaux, sur les altitudes supérieures aux forêts. Nous pencent hommes soient réunis pour lutter contre dix, il est clair que vous serez vaincus.

Ainsi, indépendamment des pertes matérielles énormes causées par les eaux non réglées dans les parties hautes et moyennes, à

sons, ainsi qu'on a pu le voir, que si ces difficultés sont grandes, elles ne sont pas insurmontables, et, dans bien des cas, pourraient même être abordées sans qu'il fût nécessaire d'exécuter des travaux très-importants.

Souvent même il suffit d'aider la nature ou de ne pas aller à l'encontre de ce qu'elle fait. Mais il faut dire que, dans son remarquable rapport, rédigé pour l'*exposition géographique de Paris en* 1875, M. de Salis n'a abordé qu'une partie de la question : celle relative au règlement des cours d'eau dans les vallées ; et n'a parlé qu'incidemment des torrents supérieurs et des réservoirs au-dessus des forêts. Nous croyons utile de citer encore un passage de ce rapport émané d'une autorité aussi haute et résultant d'une longue pratique :

« Après avoir passé en revue les obstacles qui viennent restreindre le champ de l'activité humaine dans sa lutte contre la plaie des torrents, nous nous poserons encore une fois cette question : *Est-il permis, malgré tout, d'aborder une pareille entreprise avec quelque espoir de succès?*

« Avant de répondre, rappelons d'abord qu'il s'agit en première ligne de mettre un terme à l'extension des ravages dans les forêts. Nous ferons ensuite remarquer que ce serait avoir déjà beaucoup gagné que de ne plus entraver la nature dans son action réparatrice, comme on ne le fait que trop de nos jours par l'extension abusive des pâturages, et notamment de ceux à chèvres et à moutons.

« Le mal sera plus vite guéri quand le travail de l'homme concourra avec celui de la nature au raffermissement du sol et non à sa ruine.

« Mais ce qui nous paraît d'une importance décisive, ce sont les considérations que nous allons développer.

« Constatons premièrement que la formation des galets offre d'autant moins de danger pour la plaine qu'il faudra aller en chercher la source plus haut. En effet la majeure partie des charriages d'un torrent se dépose soit au pied du ravin, ce que nous appelons cônes de déjections supérieurs, soit en route dans les parties du lit d'une inclinaison relativement faible. Il n'arrive alors à la plaine que des matériaux réduits, par la trituration, à l'état de sable ou petit gravier.

« L'examen attentif du bassin de chaque cours d'eau alpestre fait voir que les sources de charriages les plus redoutables sont aussi les plus rapprochées de la plaine, c'est-à-dire celles qui se trouvent dans les régions inférieures de la montagne ; telles, par exemple, que les anciennes moraines frontales inférieures ou amas boueux glaciaires.

« Ceci s'explique, en outre, par le fait que la majeure partie des galets n'est pas alimentée par des débris rocheux de formation récente, mais bien par les dépôts de gravier datant de l'époque glaciaire ou aussi par des éboulements très-anciens.

« Naturellement ces vastes dépôts ne se trouvent pas dans les hautes régions des Alpes ; — c'est ce qui leur a permis de se recouvrir de forêts et de se garantir ainsi contre l'action des torrents. Mais, sitôt déboisées, ces pentes n'en ont été que plus rapidement ravagées. — Une fois attaqués, les immenses approvisionnements de ces réservoirs de galets ont pu fournir des quantités de charriages d'un volume assez considérable pour expliquer la rapidité avec laquelle les suites fâcheuses des déboisements se sont manifestées. Les détritus superficiels fournis annuellement par les partir des émissaires, on gaspille inutilement des millions à lutter contre des désastres périodiques, quand — ainsi qu'il arrive — ces travaux ne sont pas de nature à accroître encore l'étendue des désastres.

Mais il ne suffirait pas d'aller trouver le mal à sa source, il faudrait encore pousser la prévoyance plus loin.

Il est fort heureux que le lac de Genève termine la vallée haute du Rhône et que la nature ait disposé cet immense réservoir pour recueillir les eaux que lui envoie cette vallée, les emmagasiner et régler le cours de ce fleuve en aval ; car les travaux entrepris dans la vallée supérieure du Rhône seraient faits pour provoquer les plus terribles inondations inférieures. Le lac existant, il n'y a pas lieu de critiquer ces travaux du haut Rhône. La vallée, en se débarrassant le plus rapidement possible des eaux et graviers, travaille dans son propre intérêt, sans avoir à se soucier trop de ce qu'il adviendra au-dessous, puisque le lac est là et qu'il ne sera pas de sitôt comblé. Mais le malheur, c'est qu'habituellement, on procède de même dans des vallées débouchant, non dans un grand réservoir, mais dans des plaines fertiles. Nous devons donc dire quelques mots à ce sujet.

On a vu, figures 90, 91, 92, que, quand les torrents atteignent les remblais des vallées larges, ils tendent successivement à rendre plus sinueux leurs cours, réunis en un seul tronc ; qu'entre ces sinuosités, il reste des marais, parties basses, dans lesquelles les crues se répandent calmes jusqu'à ce qu'elles puissent s'écouler

agents atmosphériques n'auraient jamais pu donner naissance à des charriages aussi abondants ni aussi désastreux.

« Aussi l'on comprendra que ce n'est point dans les hautes régions, hors de la portée de l'activité humaine, qu'il faut aller combattre les maux les plus redoutables pour la plaine, mais plutôt, et fort heureusement, à une altitude où l'homme peut encore être aidé dans son œuvre par la puissance sans cesse renaissante de la vie végétale. »

Sans contredit, mais, pour que cette vie végétale puisse se développer, il faut bien, ainsi que nous l'avons démontré, arrêter, par exemple, l'effet des avalanches, formées au-dessus de ces forêts, suspendre le ravinage de certains torrents, retenir les eaux des pluies et fontes rapides le plus longtemps possible dans ces milliers de réservoirs supérieurs que la nature avait ménagés et que les bergers détruisent trop souvent, etc. De fait, l'étude attentive de l'ingénieur ne saurait se limiter à l'altitude forestière.

lentement. La nature avait ainsi disposé les choses et elle avait procédé prudemment. Parfois même, des réservoirs intermédiaires recueillaient les eaux excédentes des crues et les jaugeaient de façon à maintenir un courant égal dans les plaines pendant les temps de sécheresse.

L'homme a voulu s'emparer de ces vallées de remblai, à fond plat, si favorables à la culture. Il a voulu chaque jour augmenter la surface des terres cultivables et a aidé, autant qu'il l'a pu, à la vidange de ces lacs intermédiaires, lorsque leur peu de profondeur le permettait. Ainsi, découvrait-il de nouveaux champs arables ou de bonnes prairies. Puis, ces marais de relais, ne produisant que des roseaux, ne lui étant d'aucune utilité, il a essayé de les remblayer, en provoquant, sur leur surface, des atterrissements que des eaux torrentielles chargées faisaient sans dépense.

Puis, les sinuosités du courant, lors des crues, inondaient encore les terres émergées entre les coudes. Il a endigué les rives; mais il a bientôt reconnu que ces endiguements provoquaient l'exhaussement du lit du torrent troncal, et que celui-ci, franchissant parfois ces digues, se répandait sur les terres avec d'autant plus de violence que ce lit et ces digues s'élevaient davantage; qu'il travaillait alors à se creuser un nouveau lit en abandonnant celui qu'on avait endigué avec tant de peine. Donc l'homme s'est résolu à redresser ce courant sinueux, c'est-à-dire à couper les boucles par un canal. Il obtenait ainsi un écoulement plus rapide, il évitait l'atterrissement du lit, à cause même de cette rapidité du courant, et se débarrassait plus promptement des eaux.

Mais alors, il est arrivé que celles-ci atteignaient plus tôt leur point d'embouchure, et que, si elles tombaient dans un lac, elles augmentaient sensiblement leur delta ou cône de déjection terminal; si elles tombaient dans une plaine, elles y jetaient brusquement une beaucoup plus grande masse d'eau.

Ce système qui, comme nous venons de le dire, ne peut avoir d'autre inconvénient, si le cours d'eau aboutit à un lac, que de le combler plus rapidement, offre de grands dangers si ce cours d'eau se répand au débouché des vallées, sur des plaines; car, alors, il jette en quelques heures et même en quelques minutes la masse d'eau qu'il y eût jetée en l'espace de plusieurs jours, lorsque le cours était sinueux avec relais étagés.

Mais ce n'est pas tout. Dans son parcours, un torrent troncal, comme le Rhône, au-dessus du lac de Genève, reçoit de nombreux affluents descendant des vallées latérales. Tous ces torrents, à pente rapide, forment, en débouchant dans la vallée large, un cône

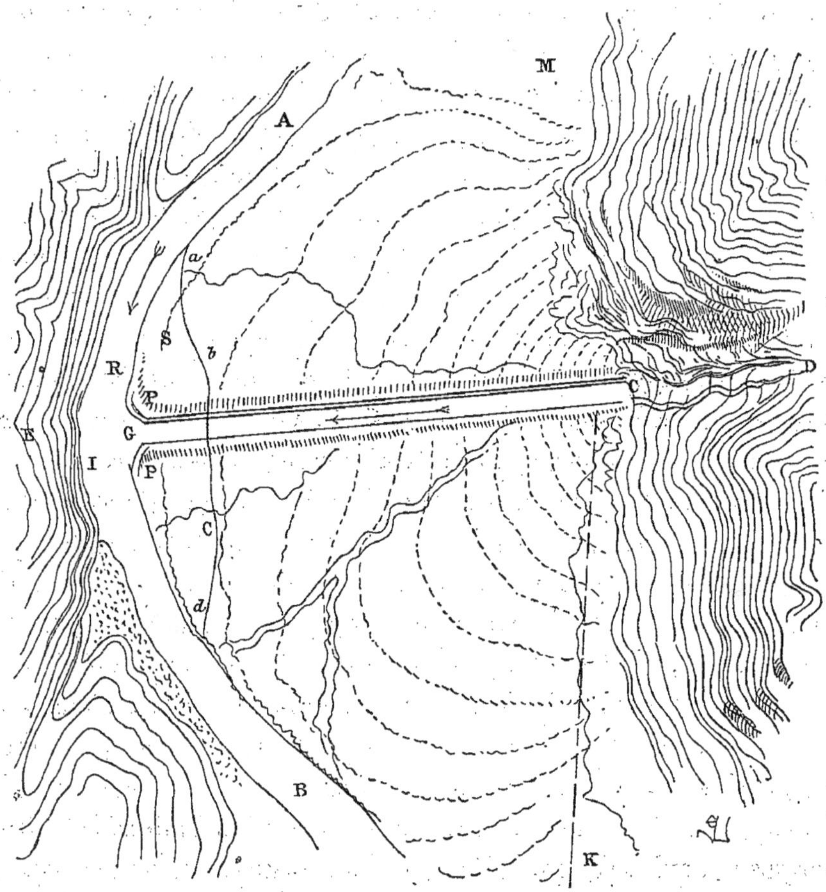

112. — Modification des cours torrentiels sur les cônes de déjection.

de déjection, produit des matières et cailloux qu'ils ont chassés jusque-là par suite de leur pente, mais qu'ils déposent sur le remblai troncal. Ces cônes, la plupart composés de graviers et de cailloux, sont infertiles, et les cours qui les ont formés se répandent capricieusement sur leur surface, changeant leur lit à chaque instant et par conséquent leur débouché dans le torrent troncal, laissent des marais en amont, retenus par la proéminence conique.

Ces barrages naturels tendaient encore à ralentir l'écoulement général et même à former des petits lacs intermédiaires nouveaux au fur et à mesure du comblement des lacs plus anciens.

Cela ne pouvait convenir aux habitants des vallées qui, un beau jour, trouvaient un vaste étang à la place occupée la veille par leur champ.

Ils voulurent donc se débarrasser rapidement de ces eaux capricieuses pour eux, et régler définitivement leur cours. Du débouché du torrent dans la vallée, ils établirent donc un canal, en droite ligne, sur le cône même et aboutissant perpendiculairement au courant troncal, figure 112. Soit AB, le courant troncal; un torrent DC, débouchant en C dans la vallée, a déposé le grand cône de déjection marqué par les courbes ponctuées et, sur ce cône, se répandait en plusieurs bras pour se jeter en filets dans le torrent troncal. Du point C, à ses diverses embouchures il déposait continuellement graviers et cailloux, et cet amas avait forcé le torrent AB de se jeter contre la rive escarpée E. Voulant prendre possession du cône de déjection et supprimer les marais M causés par l'atterrissement conique, on a fait le canal direct CG suivant la pente du cône et débouchant en G dans le torrent troncal.

Dans les crues, le torrent DC se précipite avec violence en G, barre le torrent AB et fait refluer ses eaux vers l'amont. Mais, en même temps, ce torrent DC charrie avec lui dans son canal tous les débris qu'il répartissait autrefois sur la surface du cône. Par suite du barrage liquide produit en G et du remous vers l'amont, ces graviers et cailloux se déposent, partie en R, et encombrent le lit. Cependant la crue d'amont, qui ne peut plus débiter, détruit la berge en S, enlève les musoirs P, produit un attèrrissement brusque de R en I, et il en résulte qu'après la crue, le courant principal passe en *abcd*, rongeant chaque jour la base du cône, encombrant le lit principal de matériaux et causant en aval des désordres tels, souvent, qu'en quelques heures on perd plus de terrain qu'on n'en a gagné par un travail d'une année et une dépense considérable.

Toute étude d'un cours d'eau principal, dans une vallée, devrait tendre, non à supprimer les sinuosités, à redresser les courants, mais au contraire à provoquer ces détours et à allonger les pentes, quitte parfois, au moyen de canaux directs ou de retenues avec écluses, à trouver les moyens de chasser les graviers sur les points où ils tendent à élever les lits.

Si, dans une vallée étroite, il est nécessaire de ne pas déranger l'économie naturelle des cours d'eau de médiocre importance, à plus forte raison s'il s'agit d'un fleuve large, recevant des affluents considérables et nombreux, coulant en plaine.

Alors, les dégâts prennent des proportions terribles, ainsi qu'on l'a vu lors des dernières inondations de la Garonne.

Dans la vallée du Rhône, au-dessus du lac de Genève, on a adopté, depuis quelques années, le système qu'indique notre figure 112, et ces torrents latéraux, pour aller se jeter dans le fleuve, doivent toujours franchir toute la largeur de la vallée, puisque ces torrents latéraux ont produit des cônes de déjection qui ont repoussé le lit du fleuve sur le versant opposé. Dans ces canaux transversaux les eaux se précipitent avec violence et entraînent nécessairement, dans le lit principal, les matériaux qu'elles déposaient sur leur cône de déjection.

Déjà le fait que nous signalons ici s'est produit sur plusieurs points, des musoirs de ces canaux ont été emportés. Le remède est donc ici parfois pire que le mal. C'est bien plutôt dans la direction C K, ou même, lorsque les niveaux le permettent, dans la direction C A, que ces canaux devraient être tracés, c'est-à-dire dans la direction que les torrents, livrés à eux-mêmes, prennent le plus souvent sur les cônes de déjection qui ont acquis une grande étendue à la base.

Mais encore ce moyen ne permet-il pas de déposer les graviers avant le débouché dans le torrent troncal. Il faut donc se résoudre à adopter prudemment les procédés employés par la nature, c'est-à-dire les relais, les réservoirs; et le terrain perdu ainsi sera largement compensé par l'ajournement indéfini des désastres.

Seuls, les réservoirs étagés à toutes hauteurs préviennent les effets ruineux des crues, permettent de régler les cours d'eau et d'alimenter les plaines pendant les saisons sèches. Si la nature, livrée à elle-même, comble peu à peu ceux qu'elle s'était réservés, elle en forme sans cesse de nouveaux; mais ici l'homme intervient et lui interdit ce travail. Il est la première victime de son manque d'entendement, de son égoïsme, et ce qu'il considère comme son droit à la possession du sol est trop souvent la cause d'un dommage pour son voisin ou pour lui-même.

Les peuples civilisés reconnaissent que, dans les villes qu'ils bâtissent, il est nécessaire d'édicter des lois de voirie, c'est-à-dire des règlements d'un intérêt public qui sont une restriction imposée au droit de propriété individuel absolu. Ces mêmes peuples civilisés ont établi des règlements analogues à la viabilité, aux cours d'eau dans les plaines, au droit de chasse, de pêche, mais ils se sont à peine préoccupés des contrées montagneuses, c'est-à-dire des sources de toute richesse territoriale ; car, là où les montagnes font défaut, il n'y a pas de fleuves ; partant, pas de terres cultivables, la steppe règne, bonne tout au plus à nourrir quelques rares troupeaux sur des espaces immenses.

Sous le prétexte que la montagne est difficilement abordable, ceux d'entre les humains qui sont chargés, de par la destinée, leur ambition ou leur habileté, du gouvernement des affaires des agglomérations appelées nations, trouvent plus commode de s'occuper des plaines que des pays montagneux.

Il est entendu que dans ces solitudes supérieures la nature est peu clémente et plus forte que nous; mais il arrive qu'un millier de bergers et de pauvres montagnards ignorants sont les maîtres de faire à ces altitudes ce que leur intérêt immédiat leur suggère. Qu'importe à ces bonnes gens ce qui se passe dans la plaine? Ils ont des bois que la scierie attend, ils les coupent là où le transport jusqu'à cette scierie est le moins pénible. La pente du couloir n'est-elle pas tracée tout exprès pour faire glisser les troncs d'arbre jusqu'à l'usine?

Ils ont des eaux en trop grande abondance, ils s'en débarrassent le plus vite qu'ils peuvent. Il ont de jeunes plants de sapin dont les chèvres sont friandes, et, pour faire un fromage qu'ils vendent cinquante centimes, ils détruisent pour cent francs de bois, laissant raviner les pentes et détruire leurs propres prairies. Ils ont des marais infertiles, ils les dessèchent en creusant une saignée qui leur demande deux jours de travail. Ces marais étaient remplis d'amas tourbeux qui, comme une éponge, retenaient une quantité d'eau considérable au moment des fontes de neige. Ils exploitent la tourbe pour se chauffer, et le roc, dénudé, envoie en quelques minutes dans les torrents les eaux que conservait cette tourbe pendant plusieurs semaines.

Parfois un observateur jette un cri d'alarme, signale ce gaspillage insensé de la fortune territoriale.

Qui l'écoute? Qui le lit?

Et cependant, l'été, vous voyez des processions de touristes parcourir ces vallées, ces sommets !

Qu'en rapportent-ils, la plupart? Des bâtons marqués aux endroits visités, des récits dans lesquels la vanité a plus de part que l'observation fructueuse, et la satisfaction d'avoir écrit leur nom sur les registres de vingt ou trente stations alpestres.

La nature, rigoureusement fidèle à ses lois, ne fait pas remonter la pente au caillou que le pied du voyageur a précipité dans la vallée, ne ressème pas la forêt que notre main imprudente a coupée, lorsque la roche nue apparaît et que la terre a été entraînée par les eaux des fontes et des pluies; ne rétablit pas la prairie dont notre imprévoyance a contribué à faire disparaître l'humus. Ces lois, loin d'en comprendre la merveilleuse logique, vous en détruisez l'économie ou tout au moins vous en gênez le cours; tant pis pour vous, humains! Mais alors ne vous plaignez pas si vos plaines sont ravagées, si vos villes sont rasées, et n'imputez pas, vainement, ces désastres à une vengeance ou à un avertissement de la Providence. Car ces désastres, c'est en grande partie votre ignorance, vos préjugés, votre égoïsme qui en sont la cause.

Si ces pages peuvent contribuer à éveiller l'attention du public sur ces questions, bien autrement importantes que la plupart de celles dont l'opinion se préoccupe, si elles peuvent provoquer chez les ingénieurs une étude attentive et pratique de l'aménagement des cours d'eau dans les montagnes, si elles font admettre dans les administrations compétentes que ce n'est pas dans les bureaux, mais sur le terrain, qu'il faut essayer de résoudre ces problèmes, nous nous considérerons comme largement payé de nos fatigues, de nos peines et de nos sacrifices.

Mais, quoi qu'il advienne, nous sommes assuré de trouver toujours, dans l'observation des grands phénomènes naturels, la plus complète et la plus sûre des récompenses ; car la nature réserve à ceux qui l'interrogent des jouissances infinies.

FIN.

TABLE DES MATIÈRES

FIN DE LA TABLE DES MATIÈRES.

TABLE DES FIGURES

FIN DE LA TABLE DES FIGURES.

Paris. — Typographie Georges Chamerot, rue des Saints-Pères, 19.

www.ingramcontent.com/pod-product-compliance
Lightning Source LLC
Chambersburg PA
CBHW060401200326
41518CB00009B/1214